# Comment on ORNE, on ENTRETIENT et on RÉPARE

# MAISON

## A LA VILLE ET A LA CAMPAGNE

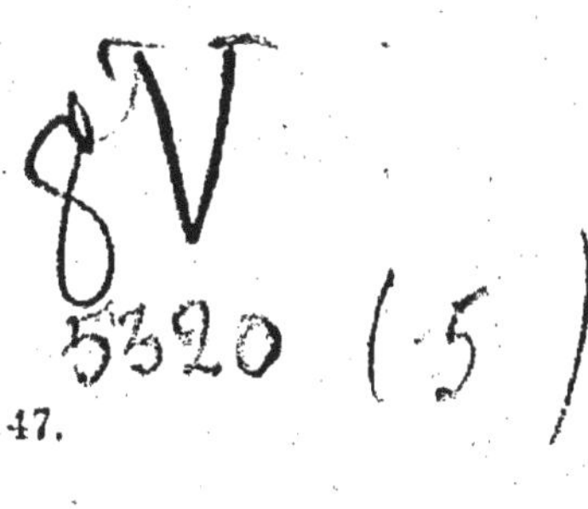

COLLECTION HETZEL

Avec 140 figures dans le texte

# Comment on Orne on Entretient et on Répare sa Maison à la ville et à la campagne



avec répertoires alphabétiques des termes techniques employés dans la construction d'une Maison, des objets décrits et des opérations manuelles expliquées dans l'ouvrage.

PAR

**H.-L.-A. BLANCHON**

Auteur de l'*Atelier de tout le monde*

**BIBLIOTHÈQUE DES PROFESSIONS**

**INDUSTRIELLES, COMMERCIALES, AGRICOLES ET LIBÉRALES**

HETZEL, ÉDITEUR, 18, RUE JACOB, PARIS (VI^e)

# INTRODUCTION

---

*Dans l'*Atelier de tout le monde, *nous nous sommes appliqué à montrer combien il était facile, par une sorte de « dressage de la main », d'acquérir une certaine adresse, utile dans bien des cas.*

*Ce nouveau volume donne des applications pratiques — tant à la ville qu'à la campagne — des notions précédemment indiquées.*

*En suivant nos conseils, le lecteur verra combien il est simple d'établir soi-même des objets d'utilité journalière, de tirer parti dans une habitation de multitudes d'objets qu'on allait rejeter ou reléguer au grenier.*

*Ce sera source d'économies et certainement passe-temps agréable qui fera d'autant plus aimer son « home », qu'on aura apporté une contribution personnelle à son ornement et à son ameublement.*

# Comment on ORNE, on ENTRETIENT et on RÉPARE sa MAISON

## A LA VILLE ET A LA CAMPAGNE

---

## CHAPITRE Ier

### L'ORNEMENTATION DE L'APPARTEMENT

*Origine de l'ornementation.* — Le désir d'orner sa demeure, que l'on constate chez la plupart des humains, ne provient pas entièrement, comme quelques-uns le prétendent, d'un sens inné de « la beauté en toutes choses ».

Ce sont plus probablement l'esprit d'ostentation, l'orgueil de posséder de belles armes ou des objets ayant exigé de la peine pour leur confection qui firent naître chez les races primitives leurs tentatives d'ornementation.

La superstition joua aussi un grand rôle, car certains

entrelacs, certaines dispositions du dessin formaient des charmes protecteurs du foyer.

Il en résulta une sorte de compréhension de l'harmonie du dessin et des couleurs, au point qu'on a pu croire que sa perception était naturelle à la race humaine!

Avec la civilisation, le goût du luxe augmenta jusqu'à ce qu'il devînt une nécessité, et il n'y a point d'exagération en assurant qu'actuellement, parmi les peuples cultivés, toute pièce entièrement privée d'ornementation ou d'objets décoratifs, donne la désagréable sensation d'être à moitié finie.

L'ornementation n'est pas obligatoirement coûteuse.

Il n'est point indispensable, pour produire l'effet le plus artistique, que la décoration d'un appartement entraîne une dépense considérable, ainsi que le supposent beaucoup de personnes du vulgaire, qui regardent beau et coûteux comme deux synonymes. Il n'en est rien : avec des moyens fort simples, avec des procédés fort économiques, on peut aisément arriver à une ornementation qui, au point de vue artistique, ne le cédera en rien à la décoration la plus fastueuse et la plus coûteuse.

La question du prix étant laissée de côté, on se demande comment une personne de goût hésite devant le désir de rendre sa demeure agréable et élégante, surtout si par des moyens simples chacun est capable de réaliser soi-même ce désir.

Il est absolument ridicule de déclarer, à propos de

décoration : Ceci doit être fait, on doit éviter cela; aucune loi fixe ne peut être établie en fait d'ornementation; le goût, le sens artistique sont les seuls guides, et il est impossible de limiter leur champ d'action.

Il est pourtant permis de donner quelques principes généraux.

La décoration d'une pièce est destinée à plaire aux yeux et, par suite, à plaire également à l'esprit, avec un sentiment de beauté, d'harmonie et de calme. Cette pièce peut en outre, par ses tonalités, servir à réjouir, à reposer les personnes qui viennent s'y retirer après le pénible labeur quotidien. Aussi l'usage principal d'une pièce sera le premier guide dans la décoration.

Il est nécessaire que chaque pièce ait sa décoration particulière, s'accordant pourtant avec le thème général qui doit prévaloir dans toute la maison ou tout l'appartement.

Les chambres à coucher auront les murs de tons clairs et gais ; les ornements, ainsi que les tableaux, gravures, bibelots suspendus aux parois, devront être peu nombreux, étant destinés à rompre la monotonie d'un mur nu plutôt qu'à attirer l'attention sur eux.

La salle à manger demande une note gaie et claire.

Le salon pourra recevoir une décoration plus élégante et plus complète ; c'est en effet la pièce de réception, qui doit être la plus riche de l'appartement, mais sans tomber toutefois dans la banalité courante ; pour cela, deux thèmes peuvent se présenter pour la décoration des murs :

soit une nuance terne faisant ressortir les objets d'art qui y sont suspendus; soit, au contraire, des papiers, des tentures ou des panneaux peints qui constituent d'eux-mêmes le principal ornement du lieu.

Le cabinet de travail, la bibliothèque seront sobres et de nuances plus sérieuses.

Le fumoir pourra être l'objet d'une ornementation fantaisiste, de style oriental.

# CHAPITRE II

## PEINTURE ET PAPIERS PEINTS

*Peinture à l'huile.* — La peinture à l'huile jouant un grand rôle dans la décoration des habitations, nous nous étendrons un peu plus longuement sur cet art, afin de faire saisir à nos lecteurs quelques petits trucs de métier qui, une fois connus, assurent la réussite et permettent de rivaliser facilement avec les gens du métier, car, on doit bien se le persuader, la peinture à l'huile n'offre en elle-même aucune difficulté insurmontable pour l'amateur.

Nous passerons très rapidement sur le matériel indispensable à la bonne exécution, en le réduisant autant que possible.

MATÉRIEL : *Pinceaux ou brosses.* — Ces outils de toute nécessité serviront à étendre les couleurs ou les vernis ; suivant les usages auxquels ils sont destinés, ils offrent des formes et des grosseurs différentes ; on les désigne sous les noms de brosses à lessiver pour laver et dégraisser les anciennes peintures, de taupettes et de brosses de ponce pour étendre les couleurs, de brosses à plafond, servant aussi à peindre les grandes surfaces, de brosses à lisser, de forme plate, qui, passées à sec sur les couleurs fraîchement appliquées, serviront à faire disparaître les coups de pinceau trop apparents.

Il existe différents autres modèles, mais ceux que nous venons de signaler serviront dans la plupart des cas ; pour quelques travaux particuliers, il faut quelques pinceaux spéciaux ; nous les indiquerons lorsque nous aurons à parler des genres de peintures qui exigent leur emploi.

Nous ne conseillons pas d'acheter des brosses et pinceaux dans les bas prix auxquels ils sont offerts dans certains bazars ; pour bien exécuter un travail, il faut que les brosses soient entièrement en soies. Mais si une bonne brosse coûte relativement cher, elle est d'un très long usage, pourvu qu'on sache en prendre soin.

Toutefois, si l'on s'arrête de peindre pendant quelque temps, il faut éviter que la brosse ne sèche avec la couleur qui l'imbibe, il ne faut pas non plus la laisser dans le pot à couleur, car les soies seraient brûlées et perdraient de leur souplesse, on doit au contraire la mettre tremper dans un récipient quelconque plein d'eau. (Si l'on se sert de vernis, on remplira ce récipient d'huile de lin ou bien d'eau.)

Si l'on ne doit reprendre le travail que dans deux ou plusieurs jours, le nettoyage complet des brosses est nécessaire ; pour cela on les rince à l'essence de térébenthine, puis on les lave au savon noir.

*Camions.* — Les peintres appellent ainsi des petits seaux en fer-blanc munis d'une anse en fil de fer, dans lesquels ils préparent leurs peintures. Il existe tout un jeu de camions, de contenance variable, depuis le 1/2 litre jusqu'à 5 litres; l'amateur pourra se contenter, s'il a de gros travaux à exécuter, de l'achat de deux ou trois camions de grande dimension; il pourra confectionner les autres lui-même, avec des boîtes de conserves en fer-blanc, qu'il munira d'une anse en fil de fer afin de faciliter leur transport et pouvoir les suspendre à un clou ou les tenir à la main lors du travail.

Pour éviter les suintements huileux qui font des taches désagréables là où l'on dépose ces récipients, il est utile, dans les camions neufs, d'appliquer sur le joint du fond du mastic de vitrier.

Lorsqu'un camion a contenu une couleur quelconque, il faut le nettoyer avec soin avant d'y en mettre une autre; cette opération se fait très rapidement si elle a lieu tout de suite, il suffit de verser un peu d'essence de térébenthine et de frotter avec une brosse; mais si l'on a laissé sécher la peinture dans le camion, il se forme des croûtes et des peaux, qu'on ne peut enlever ainsi; on est alors obligé de brûler le camion : après l'avoir vidé, on y verse un peu d'essence de térébenthine et on y met le feu avec un morceau de papier enflammé; puis, tout en maintenant le camion incliné suivant un angle de 45°, on lui donne un mouvement de rotation de manière à bien diriger la combustion sur toute sa surface intérieure.

La flamme éteinte, on gratte les cendres avec un couteau et l'on passe au papier de verre ; enfin un léger frottis de couleur claire (qu'on laisse bien sécher) fait avec une brosse à peindre sur toute la surface intérieure, empêche le noir et la rouille de salir les teintes qu'on y mettra dans la suite.

*Couteau à reboucher.* — C'est un couteau à lame plate et à tranchant peu accentué qui sert à introduire le mastic dans les fentes et les trous que l'on rebouche ainsi. Il en existe de plus ou moins larges de lame suivant les endroits à reboucher.

*Passoire.* — Les couleurs à peindre, même les mieux broyées, contiennent toujours des grumeaux, il faut donc, pour les travaux fins, tamiser la couleur afin d'arrêter ces grumeaux ainsi que les matières étrangères qui pourraient s'y trouver. Il existe des passoires spéciales, mais on arrive au même résultat en faisant passer la couleur au travers d'un morceau de toile à trame lâche.

*Balai à épousseter.* — Cet instrument est utile pour enlever la poussière sur les surfaces que l'on va peindre.

*Préparation des couleurs.* — On trouve actuellement dans le commerce des couleurs, en camions, prêtes à être employées ; ces couleurs sont excellentes ; pourtant nous ne pouvons conseiller leur usage, car elles ont toutes une composition identique, tandis que, pour être durable, cette composition doit différer suivant que la couleur est destinée à être appliquée à l'extérieur ou à l'intérieur.

Une couleur prête à l'emploi se compose toujours[1] de matières colorantes, détrempées dans de l'huile, de l'essence, auxquelles on ajoute un peu de siccatif.

La composition des matières colorantes est variable suivant la teinte que l'on veut obtenir; mais, cette composition étant obtenue et restant invariable tant qu'on veut conserver la même teinte, les proportions d'essence et d'huile varient suivant l'endroit et la matière sur laquelle est appliquée la couleur et suivant le nombre des couches que l'on donne.

Ainsi, pour peindre des objets *à l'extérieur*, des volets par exemple, les matières colorantes seront détrempées, pour la première couche avec 2/3 d'huile et 1/3 d'essence; pour la deuxième couche, 3/4 d'huile et 1/4 d'essence; pour la troisième couche, d'huile pure.

Pour peindre des surfaces *à l'intérieur*, on détrempera pour la première couche avec 3/4 d'huile et 1/4 d'essence; pour la deuxième, 1/2 d'huile et 1/2 d'essence; pour la troisième couche, d'huile pure.

Les teintes où il entre beaucoup d'huile sont dites *grasses*; celles où la proportion d'essence est assez forte, sont dites *maigres*.

On emploie en général dans la peinture l'huile de lin,

1. Nous ne parlons ici que de la peinture à l'huile; nous verrons plus loin que l'on peut peindre au vernis, à la colle, où la composition de ces couleurs est tout autre.

quoiqu'on puisse se servir à l'intérieur d'huile de noix et d'œillette. L'essence est toujours de l'essence de térébenthine.

L'huile et l'essence doivent se conserver dans des bouteilles bien bouchées, et au frais.

Le siccatif a pour but d'activer la dessiccation des couleurs ; on a des siccatifs liquides et des siccatifs en poudre ; les premiers dénaturant toujours un peu les teintes, on préfère les seconds pour les teintes claires.

Il faut employer le siccatif avec précaution, car lorsqu'on en met trop on a des peintures qui offrent en des places des brillants, en d'autres des mats, et il est difficile de passer une couche nouvelle, car alors elle refuse de prendre.

Les couleurs peuvent s'acheter en poudre, mais on ne s'en sert ainsi que pour la peinture à la colle ; pour les employer à l'huile, il faut les broyer à la molette ; il est donc préférable pour l'amateur de les acheter toutes *broyées à l'huile*. On conservera les couleurs, ainsi préparées, dans des petits camions que l'on remplit d'eau afin d'empêcher la couleur de sécher trop vite, on maintient le tout dans un endroit frais.

Nous ne pouvons détailler ici les innombrables couleurs employées dans la peinture à l'huile ; en les mélangeant entre elles, on obtient toutes les teintes imaginables, nous nous bornerons aux teintes les plus courantes.

Nous devons tout d'abord dire quelques mots sur la céruse, qui est la couleur la plus employée dans la peinture.

On a beaucoup parlé dernièrement du blanc de céruse ou carbonate de plomb, qui est la cause de maladies très graves d'empoisonnement chez les peintres. Les amateurs peuvent néanmoins s'en servir sans crainte, les accidents signalés ne surviennent qu'à la suite de manipulations journalières de ce produit du plomb, mais il ne faut pas oublier que la céruse est réellement un poison et qu'il pourrait arriver des accidents graves si l'on buvait un liquide ayant été contenu dans un récipient mal lavé où se trouvait auparavant de la céruse. La céruse est jointe dans la peinture aux autres teintes, pour les éclaircir et leur donner de la profondeur.

On cherche à remplacer la céruse par le blanc de zinc : celui-ci ne couvre pas aussi bien, mais il offre moins de danger à l'emploi. Le blanc de zinc donne de jolis tons surtout dans les couleurs tendres, le bleu pâle, le lilas, le rose.

Voici les tons les plus usités :

Amarante : mélange de rouge de Toscane et de vermillon avec une petite quantité d'outremer;

Ardoise : céruse, outremer, ombre crue avec une petite quantité de noir de fumée;

Bleu : toute la gamme des bleus s'obtient en les mélangeant avec plus ou moins de blanc;

Brun, brun de Bismarck : mélange de Sienne brûlée, chrome orange, ombre brûlée éclaircie avec un peu de céruse; brun jaune : chrome jaune, ocre jaune et un peu d'ombre brûlée; brun chocolat : ombre brûlée avec un peu de carmin;

Chair ; céruse additionnée d'ocre jaune, de rouge de Venise et de chrome jaune;

Crème : blanc de céruse avec très peu d'ocre jaune;

Gris : céruse avec très peu de noir de fumée ; on peut ajouter une pointe de bleu pour obtenir une légère teinte ardoisée, une pointe de vermillon pour une teinte rosée, et une pointe d'ocre jaune pour une teinte chaude;

Jaunes, teinte pierre : blanc de céruse, ocre jaune et une pointe de jaune de chrome; jaune citron : céruse, jaune de chrome et bleu de Prusse; jaune d'or : céruse, jaune de Naples, ocre jaune et une pointe de vermillon; jaune cuivre : trois parties de rouge de Venise, trois parties de jaune de chrome et trois parties de noir de fumée; jaune fauve : avec plus ou moins d'ocre; jaune écru : céruse avec un peu d'ocre, de Sienne brûlée et de noir de fumée; jaune orange : chrome jaune et vermillon;

Lavande : céruse, noir d'ivoire avec un peu de carmin et d'outremer;

Lilas : céruse et un peu de rouge indien et de bleu de Prusse.

Rouge : pourpre, partie égale de vermillon et de laque carminée; rose : blanc de zinc et laque carminée; rouge brique : céruse une partie, rouge de Venise une partie, vert deux parties.

Vert : les verts se composent ordinairement de blanc,

de jaune et de bleu, que l'on varie au moyen d'ocre, de noir de fumée, de terre de Sienne et de terre d'ombre; vert bronze : chrome vert, noir et ombre; vert bouteille : bleu de Prusse, avec un peu de noir de fumée et de chrome jaune; vert gris : blanc de céruse, outremer, chrome jaune et noir de fumée; vert olive : chrome jaune huit parties, une partie noir de fumée et bleu de Prusse une partie.

Violet : mélange de blanc, de bleu et de rouge.

Pour préparer les couleurs, on met d'abord dans un camion la céruse, si on emploie celle-ci, ou bien la couleur qui rentre en plus grande quantité dans le mélange; puis on ajoute l'huile et l'essence, on remue avec le pinceau de façon à bien délayer la couleur dans l'huile; on verse dans le camion le siccatif, on mélange de nouveau et l'on additionne les autres couleurs qui doivent former la teinte, en ayant soin de ne pas ajouter une nouvelle couleur avant que la précédente ait bien été délayée dans le mélange.

Les couleurs ainsi obtenues, sans être trop liquides, doivent couvrir parfaitement lorsque les trois couches ont été passées.

MODE OPÉRATOIRE : *Première couche.* — On commence par bien nettoyer et épousseter la surface qui doit recevoir la peinture, afin d'enlever le plâtre ou autres malpropretés qui pourraient y être attachées. Si le nettoyage ne se fait pas facilement, comme dans le cas où il y a des éclaboussures de plâtre, on se sert d'un grattoir triangulaire.

La première couche, dite couche d'impression, doit être assez liquide. On l'applique avec une brosse en soie très douce, en ne la chargeant pas trop et en appliquant la couleur de bas en haut dans le sens du fil du bois. Il ne faut pas, au début, chercher à obtenir la teinte désirée, qui ne sera acquise qu'au bout de trois couches, mais simplement à bien enduire le bois d'une façon régulière; pour cela, la couleur ayant été appliquée sur tout le panneau, on passe le pinceau en travers, soit de gauche à droite, soit de droite à gauche, puis on passe encore le pinceau de haut en bas.

*Ponçage.* — Lorsque la première couche est parfaitement sèche on procède au ponçage.

Le ponçage se fait au papier de verre et sert à enlever les grains et les aspérités qui se trouvent encore sur les boiseries. Il faut toujours poncer dans le fil adopté pour peindre et faire attention de ne pas frotter trop fort sur les moulures et autres parties saillantes, car on enlèverait la peinture sur les arêtes vives et on ne réussirait jamais à couvrir ces parties. Après le ponçage, on époussette et on commence à reboucher.

*Rebouchage.* — On appelle rebouchage l'opération que le peintre exécute pour faire disparaître les trous, les joints, les fentes, etc., en un mot, tous les défauts existant sur la surface à peindre. Le rebouchage se fait au mastic, teinté ou non teinté, et de la manière suivante :

Après en avoir préalablement échauffé un morceau en

le roulant entre les deux mains, on le réunit dans celle de gauche, puis avec le couteau que l'on tient de la main droite on prend de ce mastic par petites quantités, et on l'étend ensuite partout où il en est besoin. Pour bien appliquer le mastic, on doit appuyer l'extrémité du couteau et, en le tenant presque à plat, le faire glisser de haut en bas, ou de gauche à droite, selon la nécessité.

On exécutera de haut en bas le rebouchage. Lorsque la surface doit être enduite dans la suite, on ne prend pas autant de soin et l'on se contente de reboucher les plus gros trous; car l'enduit, en s'étendant, égalise le tout de la même manière.

*Deuxième couche.* — On procède alors à la deuxième teinte, la couleur employée sera plus épaisse que la première; on l'applique d'abord de bas en haut avec une brosse ronde, on repasse en travers et en long pour bien étendre la couleur comme précédemment, mais avec une brosse plate, dite *queue à lisser;* lorsque la couche est sèche, on donne un léger ponçage.

*Troisième couche.* — Avant d'y procéder, on fait la revision du travail, c'est-à-dire que l'on examine si rien n'a été oublié lors du premier rebouchage; s'il y avait encore quelques trous, on les boucherait au mastic; mais, pour éviter que le mastic ne fasse tache en ressortant sur la teinte, on l'additionne d'un peu de la couleur que l'on emploie. La troisième couche se passe exactement comme la seconde; il faut avoir soin qu'elle soit parfaitement étendue à l'aide de la queue à lisser. On laisse sécher et on vernit, si l'on désire une surface brillante.

*Observation générale.* — Il ne faut pas s'imaginer, comme sont tentés de le faire les débutants, qu'une ou deux couches *bien épaisses* donneront le même résultat que le passage des trois couches, il n'en est rien ; ces trois couches sont nécessaires pour exécuter un joli travail et de bonne durée.

Il faut aussi soigner particulièrement le ponçage et le rebouchage. Une peinture mal poncée et mal rebouchée paraîtra toujours à moitié finie.

*Emploi de la peinture à l'huile sur diverses matières.* — Nous ne nous sommes occupés de la peinture à l'huile que sur bois ; lorsqu'on veut peindre sur d'autres surfaces, il faut, en général, les préparer d'une manière spéciale.

*Peinture sur murs en pierre.* — On fait bouillir lentement de l'huile de lin dans laquelle on a mis un petit sachet contenant de la litharge, de la céruse ou du minium en poudre ; on passe une couche de cette huile très chaude sur toute la surface, on peint ensuite à l'huile comme d'ordinaire. Si les murs sont humides, passer d'abord une couche d'acide sulfurique qui absorbe l'humidité ; ensuite l'huile bouillante, puis peindre à l'huile.

*Peinture sur murs en ciment.* — Passer une couche d'acide sulfurique, puis, lorsque celle-ci est sèche, enduire la surface avec une encaustique composée de cire jaune dissoute dans de l'essence de térébenthine, égaliser en frottant avec un chiffon, peindre comme à l'ordinaire.

On peut aussi revêtir le ciment d'une couche de vernis à la gomme laque et peindre dessus.

*Murs en plâtre.* — Enduire la surface d'huile de lin bouillante comme pour les murs en pierre.

Si le plâtre est frais, opérer comme pour le ciment : passage à l'acide sulfurique, suivi d'une couche d'encaustique à la cire.

*Peinture sur plaques de tôle.* — Faire chauffer la plaque et passer à sa surface une couche de parties égales de céruse et de minium délayés dans du vernis ; laisser sécher au frais ; on pourra peindre par-dessus à l'huile sans danger des cloques.

*Peinture sur zinc.* — Par suite du poli de ce métal, la peinture prend difficilement, il faut le rendre rugueux par l'oxydation ; pour cela, on enduit toute la surface du zinc avec de l'acide sulfurique étendu d'eau et additionné d'un dixième d'acide chlorhydrique, on laisse sécher ; il se produit un dépôt blanc rugueux d'oxyde de zinc qui sert à maintenir la peinture ; passer par-dessus une couche de minium à l'huile, puis peindre comme à l'ordinaire.

*Peintures diverses.* — Il existe, ainsi que nous l'avons dit, divers procédés de peintures, dans lesquelles l'huile de lin est remplacée par d'autres substances.

*Peinture au vernis.* — La couleur en poudre est d'abord broyée à l'essence, puis mise à sécher sur une planche, afin que toute l'essence puisse s'évaporer ; on mélange ensuite cette couleur avec du vernis copal ou à l'alcool, au lieu d'huile de lin.

Pour la première couche, on délaye la couleur avec moitié vernis et moitié essence ; pour la deuxième, trois quarts vernis et un quart essence ; pour la troisième vernis pur.

On obtient ainsi des couleurs très dures et très brillantes ; l'application en est un peu plus délicate que celle des couleurs à l'huile, quoiqu'elles soient basées sur les mêmes principes.

*Peinture à l'essence.* — Ce procédé, rarement employé, donne des teintes absolument mates, sans aucun brillant ; on s'en sert surtout pour les fonds.

*Peinture à la colle ou à la détrempe.* — Dans ce procédé, l'huile de lin est remplacée par une dissolution de colle de peau dans de l'eau légèrement alunée ; cette peinture, fort économique d'ailleurs, doit être réservée pour les intérieurs, car elle ne saurait résister à la pluie ; les couleurs manquent aussi un peu de brillant ; on les emploie surtout pour la décoration des plafonds.

C'est avec la peinture à la colle que l'on brosse aussi les décors de théâtre. Voici comment on prépare les couleurs :

On délaye dans de l'eau pure les couleurs broyées en poudre impalpable ; on fait ensuite fondre au feu de la colle de peau dans la quantité d'eau juste suffisante et l'on ajoute quelques grammes d'alun ; on verse dans une passoire, de façon à enlever tous les grumeaux qui pourraient se trouver dans la dissolution de colle, et on délaye avec ce mélange chaud les couleurs choisies.

Les couleurs à la colle s'emploient comme les couleurs à l'huile, en évitant de les tenir épaisses, afin qu'elles s'étendent bien sous la brosse ; aussi faut-il les réchauffer de temps en temps pour qu'elles ne s'épaississent pas.

En séchant, les tons perdent de leur intensité, on doit donc faire les teintes un peu plus prononcées qu'on ne le ferait dans la peinture à l'huile.

*Badigeon à la chaux.* — Faire éteindre de la chaux vive dans l'eau, la laisser refroidir, broyer les couleurs à l'eau, y ajouter la quantité de chaux voulue, de manière à obtenir la teinte désirée, faire dissoudre dans la préparation 5 % d'alun, appliquer avec un gros pinceau à badigeon.

*Vernissage.* — Le vernissage est la dernière opération de la peinture ; il n'est pas indispensable et beaucoup de peintures restent non vernies ; le vernissage donne du brillant aux couleurs.

Le vernis est un liquide composé de gommes, huiles et essences, il s'étend comme la peinture à l'huile, à l'aide de brosses plates spéciales ; il faut l'appliquer et l'étendre avec rapidité, car il sèche très vite, et éviter absolument de repasser dessus avec le pinceau dès qu'il commence à poisser, sans cela on le rayerait infailliblement.

Le vernis ne prend pas sur les surfaces grasses, et cela arrive lorsque la peinture à l'huile a été employée trop

Fig. 1.

Fig. 2.

Fig. 3.

grasse, on peut y remédier en dégraissant le panneau en le frottant avec un morceau de drap imprégné de blanc d'Espagne dissous dans un peu d'eau ; il faut aussi que le panneau à vernir soit absolument sec, l'humidité est une des causes de non-réussite dans le vernissage.

Le vernis réussit mieux et devient beaucoup plus brillant lorsqu'on l'emploie dans une pièce chaude, la température de 20 ou 21 degrés est celle qui convient le mieux pour son application. Il faut que les couches de couleur passées précédemment soient absolument sèches avant le vernissage, sans quoi le vernis est picoté.

Les cloques ou boursouflures viennent, la plupart du temps, de ce que, après l'application du vernis, le soleil frappe dessus ; il faut donc maintenir autant que possible le travail dans une ombre modérée.

*Décoration au pochoir.* — La décoration au pochoir, dite aussi peinture au patron, est un procédé d'une application si pratique et si facile, tout en donnant des résultats très artistiques, que nous nous y arrêterons un peu plus longuement.

La décoration au pochoir est un procédé qui permet de reproduire avec un pinceau tout dessin qui peut être perforé dans une feuille de papier, de métal ou de carton. Le pochoir consiste en une plaque de papier, de métal ou de carton silhouetté à jour selon le dessin que l'on veut représenter, de sorte qu'il n'y a qu'à passer n'importe comment un pinceau enduit de couleur sur l'ensemble de ce pochoir pour que le dessin se reporte sur la surface choisie, la couleur ne traversant le pochoir qu'à l'endroit découpé à jour.

« L'art du pochoir, ainsi que le dit M. Bayard, est tour à tour une vulgaire besogne de manœuvre, ou l'occupation charmante d'un artiste, parce que l'on peut traiter cette pratique mécaniquement ou avec originalité, c'est-à-dire d'après des formes convenues ou bien inédites.

« Il existe en effet dans le commerce des jeux de formes de pochoir qui suffisent, comme ingéniosité courante, à la peinture industrielle et pour le bâtiment, tandis qu'il sera loisible à l'artiste de découper lui-même ses pochoirs d'après ses propres dessins, de créer, en somme, des dessins inédits.

« Et pourtant, la nuance entre les deux genres ne réside que dans le choix spirituel et personnel du pochoir, puisque la manière de le décalquer est la même dans ce double cas, mais il y a la qualité très différentielle, chez l'artiste, de l'harmonie des couleurs et de la disposition de ces empreintes.

« L'art du pochoir se résume, en effet, surtout, par du soin et de la méthode, car son application est toute symétrique, au grand attrait de sa beauté particulière. »

Cet art n'est pas nouveau, et Viollet-le-Duc a beaucoup fait pour le remettre à la mode.

Dans son *Histoire d'une Maison*, à laquelle nous empruntons quelques modèles (fig. 1 à 3) dessinés par le célèbre architecte, nous voyons qu'il existe à Reims des tentures obtenues par ce procédé et datant du XVe siècle, qui sont d'ailleurs d'une parfaite conservation.

En répétant le dessin du pochoir un certain nombre de fois sur la surface à décorer, on peut, en plaçant le pochoir à une même distance, chaque fois, du point précédent, obtenir des semis, des bordures, etc., en le maintenant sur une même ligne, de façon que le dessin se raccorde toujours.

Suivant que la décoration est en une ou plusieurs couleurs, on emploie deux sortes de pochoirs, dits simples ou superposés, c'est-à-dire que les uns donnent leur complet résultat immédiatement après une seule opération de décalque, tandis qu'il faut, au contraire, pour les autres autant de juxtapositions qu'il y a de couleurs.

En un mot, avec le pochoir simple, on exécute un motif simple et d'une seule couleur, tandis qu'avec les jeux de pochoirs, on exécute des modèles composés de plusieurs couleurs.

Les principales recommandations à faire dans le choix du dessin consistent à recourir à un modèle peu chargé et où les lignes seules puissent rendre l'effet désiré sans chercher un modèle en demi-teintes. Le dessin devra être balancé, c'est-à-dire que toute la surface sera garnie sans laisser trop de vides, à moins que ces vides ne soient disposés pour faire opposition à d'autres points ; les lignes du dessin doivent être fortement marquées, les courbes, gracieuses. Dans un dessin géométrique, les parties répétées doivent être absolument semblables. Il est inutile d'insister sur ces considérations générales, le sens artistique de nos lecteurs y suppléera, nous en sommes certain. Une partie sur laquelle nous appellerons particulièrement leur attention, ce sont les points d'attache, c'est peut-être la seule difficulté dans la confection du dessin; car, si ces points sont mal disposés, le dessin aura lui-même l'air d'être interrompu. On comprendra que si l'on découpait entièrement le dessin dans la feuille de papier ou de métal, différentes parties seraient entièrement détachées, rien ne les reliant; il faut donc ménager, entre toutes les parties, des petites bandes qui les rattachent les unes aux autres. Ce sont là les points d'attache qui causent une interruption dans les lignes du dessin reproduit. Il s'agit de combiner ces points d'attache de manière à ce que l'interruption ne soit pas trop visible et même qu'elle contribue à l'effet du dessin lui-même. Les bandes qui servent d'attaches seront donc proportionnées aux lignes elles-mêmes, et, lorsque le dessin reprend, les lignes doivent toujours être dans la continuation de la partie précédente, et leurs places elles-mêmes doivent être combinées de manière à éviter toute discontinuité; ainsi, dans un dessin représentant des fleurs et des feuilles, on placera les points d'attache des feuilles tout près de la tige, ceux des pétales autour du centre de la fleur, ceux des fruits à l'extrémité de la feuille, etc.

L'art du pochoir convient excellemment à la décoration

de la maison de campagne, des rendez-vous de chasse, des villas à la mer et dans toutes les pièces auxquelles sied l'originalité, comme les salles de billard ou de bain.

Indépendamment de l'emploi d'une ou plusieurs couleurs, on peut peindre au pochoir, en camaïeu, c'est-à-dire en vert clair sur vert foncé et réciproquement en vert foncé sur vert clair, et ainsi de suite pour tous les tons.

La décoration au pochoir s'adapte à différents caprices de dessins, soit en bordure, soit en semis serrés ou larges. Si l'on exécute deux bordures, l'une à la partie supérieure, l'autre au bas d'une cloison, il est préférable de ne pas donner à ces bordures la même largeur ; la première bordure sera très large, afin d'accentuer sensiblement la différence avec la seconde.

Le semis n'est autre que la répétition en alignement mathématique de petits motifs alternés. Les semis sont réservés à la décoration sévère ou pour triompher d'une bordure peu intéressante.

Lorsque les pochoirs doivent servir une infinité de fois pour des décorations que nous pourrions qualifier *d'industrielles,* on les découpe dans une feuille de métal, mince feuille de cuivre généralement ; on emploie aussi le carton, le celluloïd, mais pour les travaux courants, le papier est parfaitement suffisant. On se sert avec avantage du parchemin artificiel que l'on trouve dans le commerce, ce papier permettant de décalquer le dessin.

Une feuille de papier à dessin ordinaire ferait au

besoin l'affaire. On procède alors de la façon suivante :

Sur un châssis en bois on cloue, seulement aux quatre coins, une feuille de papier à dessin ordinaire; le papier tendu, avec un large pinceau on passe de chaque côté une couche de vernis copal siccatif. Il faut répéter cette opération cinq ou six fois, jusqu'à ce que le papier devienne tout à fait transparent; on doit laisser trois ou quatre heures d'interruption entre chaque couche; sept à huit jours sont nécessaires pour le sécher entièrement et le rendre propre à l'usage désiré. Lorsque le papier est trop vieux, il ne vaut plus rien ; devenant trop sec, il se déchire facilement. Quand le papier est fraîchement préparé, il faut avoir soin, au nettoyage, d'intercaler du papier de soie entre les feuilles, pour éviter que celles-ci ne s'attachent ensemble.

La transparence du papier verni facilite également le découpage. On place le papier sur le dessin choisi et on fixe le tout sur une planche à dessin à l'aide de punaises. On calque alors les traits du dessin en se servant d'un petit poinçon, qui raye la surface vernie. Le calque terminé, on pose le papier sur un morceau de verre et on le découpe avec un canif bien aiguisé. On tient la lame plutôt un peu droite que trop penchée, cela donne plus de sûreté à la main. Il faut également appuyer assez fort pour couper net du premier coup, on peut seulement revenir dans les coins, la partie découpée doit s'enlever sans qu'on ait besoin de l'arracher, autrement on abîmerait la découpure.

Lorsque le dessin comporte plusieurs couleurs et nécessite, par conséquent, l'emploi d'autant de pochoirs qu'il y a de couleurs, on lève fidèlement le calque de chaque couleur et l'on découpe plusieurs pochoirs d'après le procédé indiqué plus haut.

On fait sur chaque pochoir des marques correspondantes pour repérer les différentes parties du dessin.

Pour employer le pochoir, on fixe en premier lieu par des traits la position qu'il doit occuper. Si c'est une bordure que l'on veut exécuter, on marquera ses limites par des lignes. On peut les tracer, soit à la règle, soit à la corde ; ce dernier procédé est préférable. Il consiste à fixer la limite choisie à un commencement du panneau et d'y planter une petite pointe à laquelle on attachera une ficelle enduite de craie sur toute sa longueur. Ensuite, on tend à l'autre extrémité cette ficelle, tenue à la main, à la limite équivalente ; on pince ensuite cette ficelle par le milieu, entre le pouce et l'index, à la manière d'un arc que l'on tend, et on la laisse retomber sur le mur qu'elle cingle et marque d'un trait blanc ; ou, si la ligne à tracer ainsi est trop longue, on fixe la ficelle par des clous plantés à ses deux extrémités et l'on pince sans difficulté.

On agit de la même façon pour indiquer la disposition des semis ; pour ce genre de décoration, on divise la surface à peindre en carrés ou en rectangles, suivant la forme du pochoir, et les angles de ces divisions marquent le centre de chaque motif du semis ; on pose alors le pochoir et on fixe à l'aide de quatre épingles plantées dans la surface à décorer, de façon que des encoches ou marques pratiquées dans ledit pochoir, au point d'intersection des perpendiculaires tirées du centre au milieu des côtés, se trouvent sur les lignes ainsi tirées; puis, à l'aide de brosses dures et courtes, dites à *l'orientale*, on applique la couleur par-dessus le pochoir, soit en frottant ou en tamponnant, suivant la consistance de la couleur; on maintient les couleurs à l'huile toujours un peu épaisses, et, pour celles-ci, on tamponne plutôt qu'on ne frotte.

La brosse doit être chargée de couleur sans trop-plein; à cet effet, on a bien soin d'expulser ce trop-plein en pressurant la brosse contre les bords du camion.

On étend la couleur en commençant par les contours du pochoir et en finissant par le milieu du motif. On frappera bien perpendiculairement à la surface à décorer, afin que cette couleur ne déborde pas sous le pochoir, ce qui altérerait la netteté du dessin; quelques praticiens, pour éviter même ce dernier accident, enduisent légèrement le verso du pochoir d'un corps gras quelconque.

Lorsque le coup de pinceau est donné uniformément sur la partie ajourée du pochoir, il faut enlever celui-ci sans le faire glisser ni remuer, ce qui gâterait la peinture. On nettoie aussitôt, avant de continuer le travail, l'envers du pochoir avec un chiffon imbibé d'essence. On porte le pochoir plus loin et on opère de même à l'endroit voulu.

Lorsque la décoration polychrome comprend l'emploi

d'un jeu de pochoirs, on fait d'abord une première impression avec une couleur, on laisse sécher, puis, se servant des points de repère, on emploie le deuxième pochoir pour faire la seconde impression dans un autre ton, et ainsi de suite.

La décoration au pochoir convient spécialement aux tentures murales; on emploie pour cela des toiles ordinaires, et comme couleur on se sert des couleurs dites à tapisseries.

*Filets.* — On marque d'abord leur emplacement au moyen de la *corde,* en opérant comme nous venons de le dire; on applique ensuite une règle sur la ligne ainsi marquée et l'on fait glisser tout le long de cette règle une brosse de grosseur appropriée, peu chargée de couleur. Tracer hardiment, avec le moins de reprises possible. La règle, appuyée par une extrémité, doit être légèrement soulevée à l'autre bout par la main qui la tient.

Agir de même lorsqu'on voudra limiter deux tons par une baguette, soubassement et fond, par exemple, quand une baguette ne les sépare pas.

*Peintures des plafonds.* — Les plafonds peuvent être peints soit à la colle, soit à l'huile.

*Peinture à la colle.* — La peinture à la colle est la plus généralement employée pour la peinture des plafonds.

Lorsqu'on peint un plafond nouvellement fait, on doit avant tout s'assurer qu'il est parfaitement sec; on égrène ensuite le plâtre sur toute sa surface avec le grattoir triangulaire ou, plus simplement, on le passe au papier de verre fort. On commence par écraser à la molette, en l'imbibant d'eau, la quantité nécessaire de blanc d'Espagne ou de Meudon. On fait alors fondre sur un feu doux de la colle de peau dans de l'eau : deux cents grammes de colle par litre d'eau ; on remue de temps en temps avec un pinceau, de façon que la dissolution de la colle soit complète; on ajoute alors le blanc de Meudon en quantité suffisante pour obtenir une couleur assez épaisse. Pour rendre la teinte moins crue, on met un peu de noir de fumée ou de bleu. Si l'on voulait peindre le plafond dans une teinte quelconque : crème, rose, bleu ciel, vert d'eau, etc., on adjoindrait alors au blanc de Meudon une assez forte proportion de l'une de ces couleurs (ou un mélange de couleurs donnant cette teinte), également broyées finement à l'eau. Il faut, dans cette préparation, tenir compte qu'en séchant la teinte baisse considérablement.

Les couleurs étant versées dans la dissolution chaude de colle, on ajoute 10 pour 1000 d'alun en poudre et on remue vivement avec un pinceau, de façon à ce que le mélange soit bien complet et qu'il ne reste pas de grumeaux.

Afin d'éviter des changements de tons dans la teinte du plafond, il faut avoir soin de préparer en une seule fois la quantité suffisante pour enduire tout le plafond.

La couleur s'emploie à chaud, car elle s'épaissit vite en refroidissant ; si la surface à recouvrir est grande, il convient donc de faire réchauffer la préparation par un aide.

La brosse utilisée est une brosse spéciale dite brosse à plafond; une brosse neuve ne donne jamais un très bon résultat; il vaut mieux l'user un peu sur un autre travail avant de s'en servir pour le plafond.

Il faut, bien entendu, monter sur une échelle, ou mieux sur un échafaudage mobile, afin de se trouver à portée de la surface à enduire.

On commence par peindre du côté d'où vient la lumière, en partant d'un des angles; on évitera ainsi que la lumière ne se heurte dans les rayures qui sont toujours occasionnées par les poils de la brosse.

On devra étendre la couleur vivement de droite à gauche, *sans arrêt,* en ayant soin d'appuyer la brosse lorsqu'on la relève pour la ramener en arrière. Pour les parties difficiles à atteindre avec la brosse, on se sert d'un petit pinceau. Une couche suffit en général, parfois on en passe deux, surtout dans les plafonds teintés.

La peinture terminée, il est essentiel qu'elle sèche rapidement, aussi doit-on ouvrir portes et fenêtres pour établir un courant d'air dans la pièce.

*Pose des papiers peints.* — La première chose à faire lorsqu'on veut tapisser une pièce est de se rendre compte de la quantité de papier qu'il faudra employer.

Les rouleaux de papier ordinaire ont en général 8 mètres de long sur 48 centimètres environ de large.

Il est donc facile, en mesurant la hauteur de la pièce, de voir combien de hauteurs donnera chaque rouleau;

on mesure ensuite les contours et, divisant le chiffre obtenu par 0,48 multiplié par le nombre de hauteurs que fournit le rouleau, on a la quantité totale de rouleaux. On comptera un dixième en plus comme déchet. Il faudra ensuite couper le papier aux dimensions voulues.

Les rouleaux ont sur leurs bords une largeur d'un centimètre qui n'est pas décorée. Une de ces bandes devra être enlevée sur toute la longueur du rouleau et toujours du même côté; on emploie pour cela de longs ciseaux dits de peintre; ce découpage doit se faire avec soin, en ligne droite, sans empiéter sur le dessin, car on aurait plus tard des blancs, les deux côtés du papier ne se joignant plus.

On pose sur une table le papier dont on déroule une longueur d'un mètre environ, on coupe la bande, on enroule la partie coupée et on déroule une nouvelle longueur d'un mètre que l'on coupe et que l'on roule également et ainsi de suite, la fin de l'ancien rouleau se trouvant ainsi au commencement et le commencement à la fin.

Dans les papiers épais, comme le papier velours et le papier gaufré, on supprime la bande des deux côtés, mais le collage est alors beaucoup plus délicat. Dans le cas de papiers épais, au lieu de ciseaux on se sert d'une règle en fer et d'un instrument bien tranchant, soit un couteau spécial, soit un tranchet de cordonnier. On divise ensuite le papier en morceaux de longueur équivalente à la hauteur du mur que l'on veut recouvrir.

Mais auparavant il faut décider dans quel sens le papier

doit être posé; cela est subordonné au dessin et il est évident que la pointe des feuilles devra être dirigée vers le haut, que les oiseaux ne devront pas être renversés; pour certains ornements, la question est plus délicate et dépend pour beaucoup du goût de l'opérateur; enfin, pour certains petits semis, pour les papiers unis, le sens a peu d'importance.

On décide aussi quelle partie du dessin convient le mieux pour le haut près du plafond, car le même motif devra se trouver dans la même position, près du plafond, tout autour de la pièce. On coupe alors une première longueur en tenant compte des conditions susindiquées, première longueur qui devra partir du plafond jusqu'au bas du mur ou jusqu'aux boiseries ou soubassements, s'il y en a. Cette première coupe servira de point de départ pour les autres, c'est-à-dire que les motifs de chaque lé devront se compléter sur le suivant, toutes les lignes s'accordant avec précision.

Si on n'agissait pas de cette façon, on aurait des dessins qui ne se continueraient pas de largeur en largeur : l'effet serait déplorable. On conserve les déchets, qui serviront pour les petits raccords. Les longueurs sont disposées sur une table les unes sur les autres, face en dessus; lorsqu'elles sont toutes placées, on retourne le paquet et la première coupée se trouve ainsi la première en dessus.

*Collage. — Préparation de la colle.* — Pour faire la colle de pâte, on met dans une casserole 250 grammes de farine, de façon à faire une crème claire; on remue bien avec le pinceau pour écraser tous les grumeaux; on porte le tout sur un feu doux en remuant sans cesse pour que la pâte ne se prenne pas au fond; la colle s'épaissit rapidement. Lorsqu'elle est suffisamment épaisse, on la retire du feu et on la laisse refroidir avant de l'employer.

On se sert, pour le collage, soit d'une table, soit de deux planches posées sur des tréteaux. La colle est appliquée sur le verso du papier peint, à l'aide d'une grosse brosse à plafond; il faut charger le pinceau avec beaucoup de modération et étendre la colle uniformément, les bords doivent être encollés avec soin.

On commence généralement la pose des papiers par l'angle le plus éloigné de la fenêtre.

Avant de coller, il faut s'assurer que la ligne formant le coin du mur de cet angle est bien verticale, on s'en assure donc au fil à plomb; si ne elle l'était pas, on tirerait la verticale du haut de l'angle sur le plafond jusqu'au sol et on la marquerait par une ligne tracée au crayon; c'est en suivant cette verticale que l'on collerait le bord droit du papier. Le lé du papier est rendu plus ou moins fragile par suite de l'humidité de la colle; on doit toujours le manier avec précaution; il serait du reste impossible de le transporter commodément s'il était étendu dans toute sa longueur. Il faut, pour faciliter son collage, opérer de la façon suivante : Prendre environ 1m,50 du lé et doubler à moitié sur la partie *encollée*; faire de même et rabattre le pli sur le côté *non encollé*. Pour porter le papier, on met les deux mains sous ce dernier pli et on marche à reculons en soulevant le papier. Arrivé au mur, on juge d'un coup d'œil la longueur qui pourra être couverte par la partie tenue entre les mains; on place alors le bord du papier sur la ligne du fil à plomb; on le frotte avec un chiffon tenu de la main droite de manière à faire adhérer le collage, puis on dédouble la tête repliée en remontant jusqu'au plafond et en veillant à ce que le bord suive bien la ligne verticale tracée au crayon; on colle en appuyant avec une brosse particulière[1] ou avec un chiffon doux : on évitera autant que possible de presser avec les mains, qui risquent d'être maculées de colle et de tacher ainsi le papier. Si le papier fait des plis ou s'il n'est pas collé très droit, on soulève la feuille et on recommence l'opération.

Le haut du papier étant collé, on procède de même façon pour le bas. Si la colle ressortait, ce qui arrive avec certains papiers à bon marché et peu épais, il faudrait l'absorber avec un chiffon humide ou une éponge mouillée; de même pour la colle qui déborderait sur le papier.

A côté de ce premier lé, on en place un second en agissant de façon identique, et cela jusqu'à ce que tous les murs soient garnis, en exceptant bien entendu les places des portes et fenêtres, dont les dessus sont recouverts avec des morceaux coupés spécialement à la longueur voulue.

1. Un petit balai en crin à épousseter le devant de feu remplit parfaitement le but désiré.

Il est utile de vérifier au fil à plomb si chaque lé tombe bien perpendiculairement, pour pouvoir au besoin y remédier en plaçant le lé suivant.

Les bordures se coupent et se collent de la même façon en les étendant horizontalement au lieu de verticalement.

Le collage des papiers veloutés est plus délicat, car un des côtés des lés ne chevauchant pas sur la bande non peinte de la précédente, comme dans les papiers ordinaires, ils sont collés bout à bout et doivent bien joindre.

S'il existe des petites boursouflures causées par une certaine quantité d'air emprisonné sous le papier, on perce celui-ci avec une épingle, l'air s'échappe et l'on peut alors appliquer et coller le papier contre le mur, faisant ainsi disparaître le défaut; si la boursouflure est de quelque étendue, le même traitement est applicable, mais il est préférable de soulever le papier et de le recoller à nouveau. En résumé, le collage du papier est des plus faciles; il n'exige qu'un peu d'adresse, du coup d'œil et surtout, nous insisterons sur ce point, une grande propreté.

## CHAPITRE III

### COMMENT ON ENTRETIENT LES PEINTURES

*Ravivage des peintures à l'huile.* — Lorsqu'une peinture à l'huile a perdu son éclat, par suite de la poussière, de la fumée ou toute autre cause, il faut d'abord la laver avec une eau contenant quelques gouttes d'eau seconde (très peu, pour ne pas attaquer la couleur), puis rincer à l'eau claire. Après séchage, on lave de nouveau avec une eau dans laquelle on a versé un peu d'huile que l'on a fortement battue en mousse pour opérer le mélange. Le panneau ainsi lavé et essuyé reprend un nouveau brillant.

On indique aussi le procédé suivant pour nettoyer les peintures vernies et plus particulièrement les parties des portes qui sont salies par les mains.

On met dans un verre d'eau une cuillerée de soude et on emploie ce mélange à froid à l'aide d'une éponge ou d'un linge ; il n'est pas nécessaire de frotter la partie sale, car les taches disparaissent au bout de quelques minutes, mais il importe d'essuyer la partie lavée avec un linge sec et propre, autrement il se forme des nuages sur le vernis, nuages que l'on peut enlever sur-le-champ en lavant avec de l'eau pure et en finissant par bien essuyer.

Si ces procédés ne réussissent pas, on doit peindre ou vernir à nouveau.

*Moyen d'enlever les vieilles peintures.* — Avant de refaire une vieille peinture, il faut, afin d'éviter les cloques et les fendillements qui ne manqueraient pas de se produire, il faut, disons-nous, faire disparaître absolument l'ancienne peinture.

Un des moyens les plus usités consiste dans le *lessivage*.

On lessive à l'*eau seconde*, dissolution de potasse d'Amérique dans de l'eau, à raison de 10 grammes pour 100. Avec un gros pinceau, dit brosse à lessiver, on lave et on frotte toute la surface à peindre en commençant par le haut ; après quoi on lave vivement à grande eau avec de mauvaises éponges pour arrêter l'action mordante de la potasse. Après séchage, reboucher les trous au mastic et passer la surface entière au papier de verre n°s 4 et 5.

On conseille également le procédé suivant qui donne un très bon résultat.

Mélanger :

1 kilogramme de potasse caustique liquide à 40 degrés ;
3 kilogrammes de colle de pâte ;
500 grammes de savon noir ;
250 grammes de dégras.

Former une pâte que l'on étend sur les vieilles peintures à enlever, on les laisse bien s'imbiber, puis on racle au moyen du racloir triangulaire; il suffit de frotter à l'eau avec une brosse à lessiver pour que la peinture disparaisse. Si une première application ne suffit pas, on en passe une seconde et on rince avec de l'eau légèrement acidulée.

On rebouche, puis on ponce au papier de verre comme précédemment.

Dans les travaux importants, les professionnels trouvent plus expéditif de brûler la peinture en promenant à sa surface la flamme d'une lampe spéciale, construite sur le principe de la lampe à souder; on passe ensuite au papier de verre.

Ce procédé est peu pratique pour l'amateur.

*Vieux plafonds.* — Les plafonds peints à la colle ne peuvent se laver que très difficilement, le mieux est de leur donner une nouvelle couche de peinture, mais si elle était donnée sans que le plafond soit complètement nettoyé, l'effet en serait désastreux, elle déteindrait et délayerait toutes les saletés qui se trouveraient sur l'ancienne; les couleurs des deux couches étant très solubles, elles se mélangeraient.

Bien entendu, la pièce sera débarrassée au préalable des meubles qu'elle contient, ou tout au moins ceux-ci seront remisés au milieu de la pièce, recouverts de draps ou toiles; dans ce dernier cas, il faudrait les changer de position, suivant la partie du plafond sur laquelle on travaille.

Les papiers peints des murs seront protégés à l'aide de journaux ; pour fixer contre les parois ces journaux protecteurs, on intercale, entre les journaux et le mur de petites rondelles de liège qui seront traversées par les fines pointes qu'on enfoncera ensuite dans le plâtre.

Il est bon d'étendre sur le parquet une couche de sciure de bois, on évitera ainsi les taches qui pourraient se produire, et un simple coup de balai le nettoiera complètement dans la suite.

On enlèvera la vieille couche au moyen d'une éponge et d'eau chaude ; il est préférable d'appliquer tout d'abord l'eau chaude avec un morceau de toile très rude, en frottant de façon à bien pénétrer dans la couche à faire disparaître, et l'on termine en passant l'éponge que l'on rince souvent dans de l'eau chaude claire.

Si l'eau chaude seule ne suffisait pas à faire disparaître la couche de couleur, ce qui a lieu parfois dans de très vieilles peintures, on y ajouterait un peu d'ammoniaque ou alcali volatil.

On laisse sécher le plafond, et, s'il est encore trop humide, on l'essuie au besoin avec une éponge sèche.

Lorsqu'il est sec, on égrène avec le grattoir triangulaire ou l'on passe au papier de verre fort numéro la surface en plâtre.

S'il y a des fissures ou des craquelures dans le plafond, on introduit dans la cavité la pointe d'une fine truelle, de façon à faire sortir les poussières qui s'y trouveraient, et à l'aide du couteau à mastiquer on bouche avec un mélange de plâtre de Paris et de blanc de Meudon délayés dans de l'eau ; on peut également utiliser du plâtre délayé dans de la colle forte très liquide, on mastique au couteau, puis on passe au papier de verre pour égaliser. Si le plâtre est endommagé autour de la fente, il vaut mieux faire sauter le plâtre sur une largeur de quelques centimètres et le remplacer par une nouvelle quantité de plâtre que l'on applique avec une truelle.

S'il y a des taches que l'on n'a pu faire disparaître lors du lavage, on les recouvre d'une couche de blanc délayé dans de l'essence de térébenthine.

En fin de compte, on passe toute la surface au papier de verre, on essuie avec un linge rugueux, et le plafond est prêt à recevoir la nouvelle peinture.

*Nettoyage et réparation des papiers peints.* — Lorsque le papier peint est simplement un peu sale, on arrive assez bien à le nettoyer en frottant sa surface avec de la mie de pain rassis.

Si le dommage est plus grand, il faut adopter le procédé suivant : on prend 100 grammes de pierre ponce en poudre que l'on mélange à 125 grammes de farine. Lorsque le mélange est bien fait, on ajoute une quantité d'eau suffisante pour obtenir une pâte homogène. On fait de cette masse plusieurs rouleaux de la largeur des rouleaux du papier à détacher, et de cinq millimètres de diamètre. On entoure chacun de ces rouleaux d'un morceau de coton et on les fait bouillir dans l'eau pendant trois quarts d'heure. Au bout de ce temps, ces rouleaux sont devenus fermes et on peut enlever leur enveloppe de coton. On frotte alors avec ces rouleaux les parties tachées du papier. Non seulement on enlève la saleté, mais aussi les taches de graisse. Il ne reste plus qu'à épousseter soigneusement le papier avec un linge propre et, s'il reste encore quelques taches, on recommence à frotter comme ci-dessus.

Lorsque, pour une raison ou une autre, on a retiré un clou planté dans le mur, il laisse, surtout si le papier peint est de nuance foncée, une tache blanche produite par le plâtre qui apparaît. Pour y remédier, on découpe, dans les morceaux que l'on a eu soin de conserver lors du tapissage, une petite rondelle de la grandeur d'une pièce de cinquante centimes, prise dans une partie du foncé, ou du dessin correspondant avec la place trouée. On dispose cette rondelle sur une plaque de verre, son *verso* en dessus, et l'on amincit autant que possible son contour au moyen de papier de verre n° 0, en agissant avec une grande précaution, de façon à ne pas la déchirer. On enduit cette rondelle de colle de pâte et on l'applique sur le trou en ayant soin de bien raccorder le dessin si la pièce tombe sur un ornement. Fait proprement, ce raccord est invisible.

S'il s'agit de grandes parties à réparer, comme le plus souvent le papier a déjà, par suite de la lumière, subi une certaine altération dans sa vivacité et dans son éclat, il faut en premier lieu exposer en plein soleil le nouveau papier que l'on va employer, et cela pendant plusieurs heures ou plusieurs jours, jusqu'à ce qu'il soit arrivé au même ton affaibli des autres panneaux. On mesure l'étendue du désastre dans sa hauteur et, pour peu qu'il soit important, il est préférable de remplacer toute une largeur ou laize, qu'on découpe dans le nouveau papier en haut et en bas, non en ligne droite, mais en suivant les irrégularités et contour des ornements.

On étale ensuite le papier ainsi découpé sur une table bien plane, *verso* en dessus, on use tous les bords avec du papier de verre n° 0, on étend la colle en ayant soin de n'en déposer qu'une très faible épaisseur sur les bords, et on met en place en faisant le raccord avec soin.

Le travail terminé est invisible, car il ne reste aucune ligne de démarcation entre le nouveau papier et l'ancien.

Lorsqu'on veut retapisser une pièce, si le précédent papier est non seulement sali, mais aussi endommagé, il vaut mieux l'enlever complètement.

Pour cela on le détache, et on gratte les parties adhérentes à l'aide d'un couteau; si le mur est lui-même détérioré, on bouche de plâtre les trous, puis on passe un encollage.

# IV

## SONNERIES ÉLECTRIQUES

Parmi les petites installations que l'amateur se plaît à faire lui-même, les sonneries électriques, les allumoirs, les avertisseurs divers offrent un intérêt particulier dans leur établissement, qui est des plus faciles à exécuter.

*Sonneries électriques.* — Réduit à sa plus simple expression, le système comprendra toujours au moins quatre parties : 1° le générateur d'électricité : une pile ; 2° la canalisation formée de conducteurs convenablement isolés ; 3° le contact destiné à fermer le circuit, c'est-à-dire établissant, lorsqu'on le fait agir, une communication électrique entre la pile et la sonnerie ; 4° la sonnerie elle-même.

*Piles.* — La pile qui convient le mieux pour les sonneries est, sans contredit, la pile Leclanché (fig. 4).

Le modèle ordinaire consiste en un vase en verre rempli d'une dissolution concentrée de chlorhydrate d'ammoniaque, dans lequel plonge une baguette de zinc amalgamé qui forme le pôle négatif, et un vase en terre poreux ; ce vase poreux est rempli de charbon de cornue

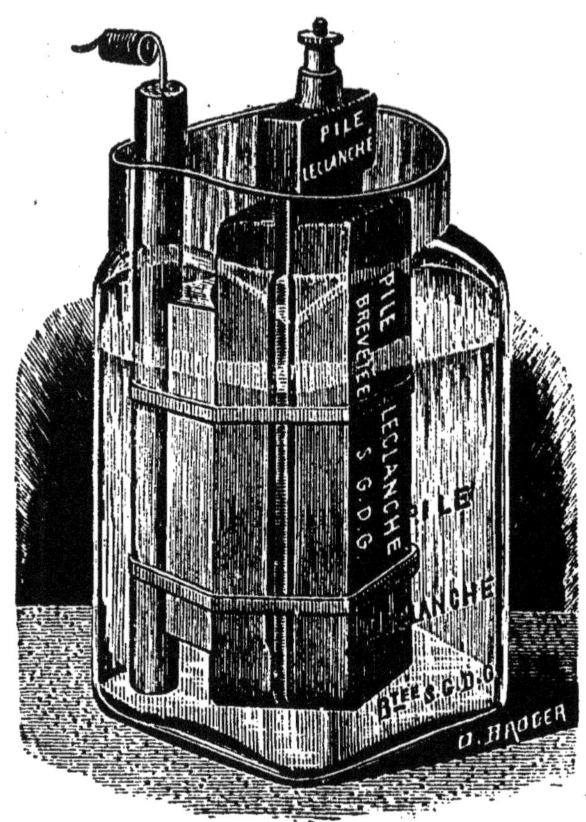


Fig. 4.

concassé, mélangé à de petits morceaux de peroxyde, de manganèse entourant un fort morceau plat de charbon, le pôle positif de la pile.

Le charbon et le zinc sont munis à leur extrémité supérieure d'écrous ou serre-fils permettant d'y fixer les conducteurs qui formeront la canalisation.

On emploie également le modèle à agglomérés, dans lequel le vase poreux est supprimé ; le charbon positif plonge dans le même vase que le zinc, mais il est entouré de 1, 2 ou 3 plaques agglomérées, obtenues en soumettant à une pression considérable dans des moules d'acier surchauffés, le mélange habituel de charbon de cornue et de peroxyde de manganèse. Ces plaques sont maintenues contre le charbon au moyen de bracelets en caoutchouc. Les piles Leclanché à vase poreux suffisent lorsqu'on veut faire usage exclusivement de sonneries. Lorsqu'on veut installer en même temps des allumoirs, des avertisseurs, etc., il vaut mieux employer des éléments à trois agglomérés, dits disque ; quatre éléments disque en tension suffisent dans la plupart des cas.

*Chargement des piles Leclanché.* — Pour opérer le chargement et le montage de la pile à vase poreux, on place celui-ci au centre du vase en verre, on met ensuite dans ce dernier et autour du vase poreux la quantité de sel ammoniac nécessaire (100 grammes pour le n° 1, et 50 grammes pour le n° 2).

Puis, ayant rempli le vase d'eau jusqu'aux 2/3 de sa hauteur, on place le cylindre de zinc dans ce vase à l'endroit du bec et on le fait plonger jusqu'au fond.

Pour opérer le montage et le chargement des modèles à agglomérés, on place directement sur le charbon de cornue le bloc aggloméré, du côté concave, puis l'isolateur en porcelaine et enfin la baguette de zinc dans l'isolateur ; tout le système est réuni par deux bracelets de caoutchouc et plonge dans la dissolution de sel ammoniac contenue dans le vase. Pour l'élément à deux plaques, on place en plus la deuxième plaque de l'autre côté de la lame à charbon.

Pour l'élément disque à trois plaques, on dispose une plaque de chaque côté du charbon de cornue, la troisième sur une tranche de celui-ci et le support de porcelaine avec son zinc sur l'autre tranche, le tout maintenu par des bracelets de caoutchouc. Il est bon de glisser sur le haut du zinc un bout de caoutchouc, de façon à éviter le contact de ce zinc avec la tête métallique du charbon monté.

Il faut observer que l'aggloméré doit toujours être isolé de son zinc par une cloison, un support en bois ou en terre poreuse, ou encore par des rondelles de caoutchouc, afin d'éviter que la pile ne marche à circuit fermé, ce qui arriverait si le zinc touchait l'aggloméré dans l'intérieur de l'élément.

Les charges de sel ammoniac sont de 100 grammes pour le modèle à trois et deux agglomérés et de 60 grammes pour celui d'un seul aggloméré.

Il est essentiel pour le chargement des piles Leclanché de n'employer que du chlorhydrate d'ammoniaque exempt de sels métalliques et surtout de plomb.

Pour que les éléments fonctionnent bien et durent longtemps, il faut :

1° Placer les éléments dans un endroit sec et de température moyenne ;

2° Enduire intérieurement le col du vase, s'il n'a été préalablement paraffiné, d'une couche d'huile ou de suif sur une hauteur de 2 à 3 centimètres pour éviter que les sels ne grimpent ;

3° Quand, par suite de l'évaporation, le niveau de l'eau s'est trop abaissé, en ajouter de façon à ramener ce niveau jusqu'aux 2/3 de la hauteur du vase ; pour les piles à agglomérés, avoir soin que le caoutchouc supérieur soit toujours immergé ; on évitera ainsi sa rupture ;

4° Lorsque le liquide, de limpide qu'il était, devient laiteux ou pâteux, c'est un indice qu'il manque de sel ammoniac et qu'il faut en mettre de nouveau ;

5° Gratter les cristaux qui se déposent parfois sur les zincs ou sur les éléments, surtout quand il y a excès de sel ammoniac.

*Couplage des piles.* — Quoiqu'une seule pile puisse faire marcher la sonnerie, lorsque les conducteurs n'ont pas plus de 20 mètres, il est toujours préférable d'employer deux piles réunies ; une batterie de deux piles suffira pour les besoins ordinaires d'une maison, pourvu que la ligne n'ait pas plus de 100 mètres. Pour de très longues lignes en circuit, il en faut quatre et plus.

Il y a deux procédés pour réunir les piles entre elles.

On peut les monter soit en *série* ou en *tension* (fig. 5), soit en *quantité* ou *batterie* (fig. 6).

Dans le montage en quantité, tous les charbons et tous les zincs sont reliés ensemble, on a ainsi une batterie qui donne une quantité de courant proportionnelle au nombre d'éléments.

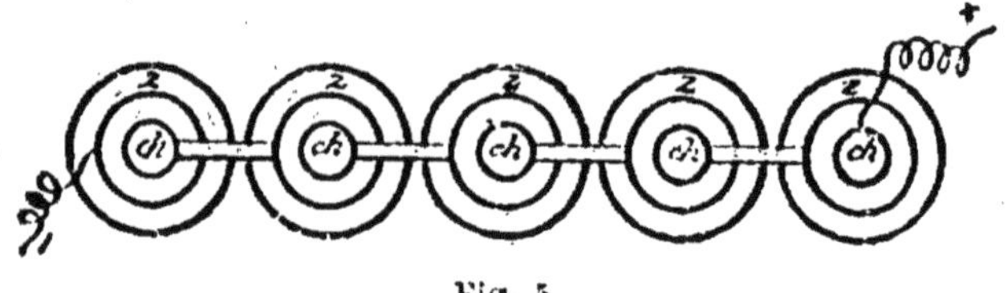

Fig. 5.

Avec le montage en tension, le zinc de chaque élément est réuni au charbon du suivant, la quantité du courant est égale à celle d'une seule pile, mais sa puissance pour parcourir les conducteurs ou les appareils placés sur son parcours augmente proportionnellement au nombre d'éléments.

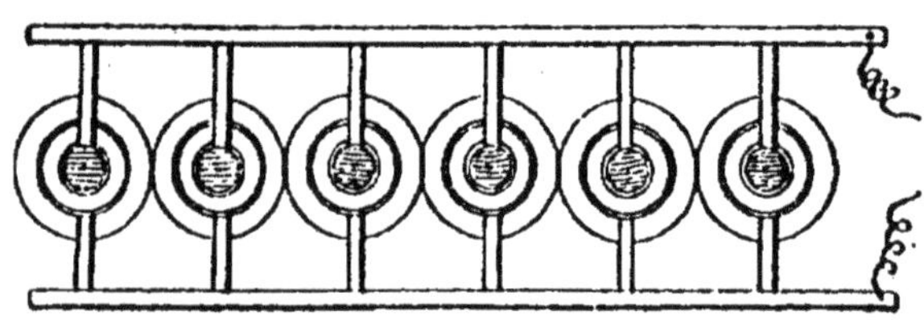

Fig. 6.

Un exemple assez facile fera comprendre cette différence. Comparons le courant à une prise d'eau.

Dans le premier cas la quantité d'eau est augmentée de une, deux ou trois fois, suivant le nombre d'éléments.

Dans le second cas la quantité d'eau reste la même, mais

sa pression est une, deux, trois fois (suivant le nombre d'éléments), plus forte ; l'eau pourra donc monter plus haut et forcer des obstacles.

Il existe des montages intermédiaires qui consistent à monter un certain nombre d'éléments en tension et de réunir chaque groupe en quantité (fig. 7).

Quel que soit le montage, les conducteurs qui formeront la canalisation partent toujours l'un du pôle positif (charbon) de la première pile et l'autre du pôle négatif (zinc) de la dernière. On peut également employer divers modèles de piles sèches, mais celles-ci sont plus coûteuses et de moindre durée.

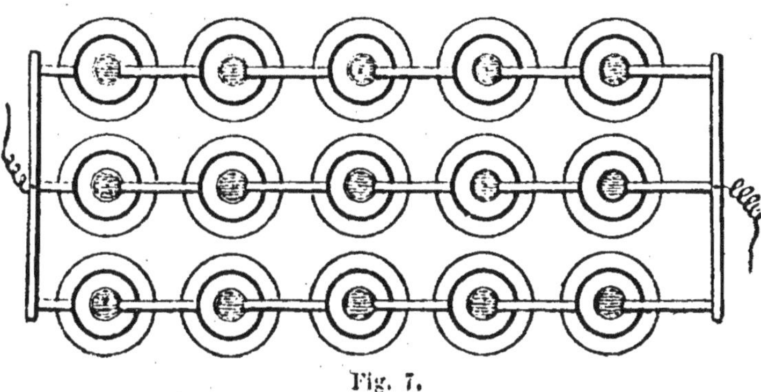

Fig. 7.

*Moyen de fabriquer des éléments Leclanché.* — Quoique les piles Leclanché soient d'un prix modique, nous indiquons le moyen d'en construire à très bon compte ; on les désigne sous le nom de piles sac.

Il suffit de choisir un récipient quelconque de dimensions convenables, et de se procurer un crayon de zinc et une plaque du charbon de cornue. On achète aussi du peroxyde de manganèse que l'on concasse en morceaux de la grosseur d'un pois et que l'on mélange par parties égales avec du menu coke ou mieux du charbon de cornue, également concassé en menus morceaux. On confectionne un sac en grosse toile dans lequel on place le charbon et on l'entoure du mélange de charbon et de peroxyde. Le sac ainsi garni, remplacera le vase poreux de la pile ordinaire, le montage et le chargement se font exactement comme pour les piles ordinaires.

*Amalgamage des zincs.* — Les baguettes de zinc utilisées dans les piles doivent être amalgamées, afin d'éviter leur rapide usure; pour cela on place dans une assiette un peu de mercure et d'acide sulfurique du commerce. On frotte les zincs avec un chiffon pour étendre le mercure qui s'étale comme un étamage, on lave ensuite à grande eau.

*Canalisation.* — Les conducteurs placés à l'intérieur des maisons sont presque exclusivement en cuivre rouge. Ils sont enduits d'un mélange de poix, de bitume ou de gomme laque ou encore d'une gaine de gutta plus ou moins épaisse, afin de bien les isoler, le tout est recouvert de coton et de soie de couleurs assorties à la tenture ou à la peinture de la pièce. Dans les endroits secs et pour les canalisations de peu de longueur, il est préférable de toujours employer des fils de cuivre soigneusement isolés.

Dans certains cas, comme pour un bouton de sonnette placé sur une suspension, près d'un lit de malade, on se sert de fils souples, formés de un ou deux faisceaux de fils de cuivre très fins et entourés de soie. Ces conducteurs souples ne s'emploient que dans l'intérieur des appartements, la pluie ou l'humidité rendant l'enveloppe soyeuse bonne conductrice.

Les fils sont de grosseurs différentes suivant la longueur du circuit, la nature des appareils desservis et le nombre d'éléments dont on dispose. Nous nous bornerons à un projet qui pourra guider dans tout autre cas, c'est du reste une installation assez fréquemment employée aujourd'hui que nous prenons pour type; la pile est placée dans la cave et le circuit dessert les sonneries extérieures et intérieures des appartements, sis aux divers étages; dans ces conditions on fera usage de trois grosseurs de fils : 1° fils de onze dixièmes de millimètre entre la pile et l'escalier; 2° fils de dix dixièmes de millimètre dans l'escalier; 3° fils de neuf dixièmes de millimètre pour les communications dans l'intérieur des appartements.

D'une façon générale, il ne faut pas craindre d'employer de gros fils, l'usage de conducteurs d'un faible diamètre est une mauvaise économie.

Pour maintenir les fils en place, on se sert pour les parties droites d'isolateurs en os, maintenus sur le mur à l'aide de clous, et on y arrête le fil en lui faisant faire un tour sur lui-même, on se sert aussi de clous émaillés recourbés en U et connus sous le nom de *cavaliers;* il faut les planter avec soin en évitant de faire sauter l'émail dont ils sont recouverts, car ils n'isoleraient plus alors la ligne; pour les angles rentrants on emploie des crochets recourbés.

Pour que la sonnerie fonctionne bien, il faut apporter un grand soin dans l'établissement de la canalisation.

Si le fil vient de l'extérieur, son entrée dans la construction devra se faire de bas en haut, afin d'éviter l'écoulement de l'eau de pluie le long du fil.

Le percement des planchers, plafonds, cloisons et murs se pratique au moyen de mèches ou cuillers américaines soudées à des tiges d'acier ou de fer bien étirées; pour les murs composés de matériaux particulièrement durs, on a recours aux tamponnoirs ou casse-briques avec lesquels le percement se fait à coups de marteau.

Il n'est pas possible de passer les fils dans les trous ainsi faits, tels quels, c'est-à-dire sans être préservés contre les détériorations que pourraient produire les aspérités. Si le percement est fait dans un endroit humide ou susceptible de l'être parfois, comme une voûte de cave ou un mur extérieur, on protège les fils par des tubes en matière dure, porcelaine, caoutchouc, verre, métaux, en ayant soin d'en arrondir les angles; si on emploie des tubes métalliques (et le mieux est d'employer un tube en caoutchouc introduit dans un deuxième tube en cuivre), il faut enlever à la queue de rat les bavures intérieures et ensuite recouvrir le fil d'une gaine isolante supplémentaire débordant les extrémités du tube. On se sert aussi dans ce but de *bouchons* en bois tourné et percés d'un trou pour le passage des fils, que l'on fixe contre les deux parois du mur, à la sortie et à l'entrée du tube en cuivre. Dans les murs secs, on entoure simplement le conducteur avec du fil de jute goudronné, et on place le tout dans une moulure en bois imperméabilisé. Il faut bien tendre les fils avant de les arrêter aux isolateurs ou de les fixer avec les cavaliers.

Si, par suite de l'épuisement d'une bobine de fil, il devient nécessaire de faire une connexion, elle doit se trouver en deçà ou au delà du passage dans le mur et autant que possible on évitera que deux connexions soient en face l'une de l'autre. Il est d'une importance capitale de bien faire les raccords. On commence par dérouler la garniture à l'extrémité de chacun des fils à connexer sur quelques centimètres, en ayant soin de ne pas rompre le fil. On enlève avec les ciseaux toute la matière adhérente au métal, de manière à le rendre bien nu et brillant, on n'emploiera pas de substances décapantes liquides, qui offrent des dangers dans la suite.

On pose les deux fils de cuivre l'un sur l'autre, en croix, à angle droit, en veillant à ce que le point de rencontre soit de 1 à 2 centimètres environ de l'extrémité du métal dénudé. On maintient les deux fils fortement serrés à leur point de rencontre par l'extrémité d'une pince plate et, pour les fils de petit diamètre, entre le pouce et l'index de la main gauche ; on saisit à la fois, entre les mêmes doigts de la main droite, l'extrémité du fil dénudé et l'arrivée de l'autre fil et on les tord en les serrant; on en fait autant pour l'angle opposé par le sommet. On abat les bavures et, pour plus de sûreté, on réunit les fils enroulés par quelques gouttes de soudure[1]; ensuite on entoure les fils de cuivre d'un morceau de toile isolante Chatterton ou d'une feuille très mince de gutta, et l'on enveloppe cette partie avec un peu de coton assorti à la nuance voulue pour que le tout ait un aspect convenable.

Il arrive souvent que l'on ait à brancher des fils secondaires sur les deux fils de ligne principale; c'est une *dérivation*. Le procédé à employer ressemble fort à celui utilisé pour raccorder deux fils bout à bout. On dénude sur une petite partie de leur longueur, un centimètre environ, les deux fils de ligne et si ces derniers sont parallèles et très près l'un de l'autre, on s'arrange pour que les deux parties dénudées ne se trouvent pas en jeu sur une même perpendiculaire à leur direction. On enroule chacune des extrémités des fils secondaires, préparés comme nous l'avons précédemment indiqué autour des fils principaux. On veille à ce que les spires soient bien serrées et sans ballottage et on termine par les recouvrements de toile isolante et de coton.

*Contacts.* — On désigne sous le nom général de contact tout appareil qui, par un simple mouvement mécanique,

1. Pour les sonneries et dans l'intérieur des appartements, on supprime la soudure : si la connexion est bien faite, le courant circule parfaitement ; toutefois il faut toujours souder les connexions de fils souples.

permet d'obtenir une communication électrique, de *fermer* un circuit sur un appareil ou une série d'appareils.

La disposition la plus simple du contact est le bouton ordinaire à deux paillettes que tout le monde connaît, il varie de forme, de grandeur, de nature, etc., suivant les besoins. Le prix du modèle le plus simple ne dépasse pas 50 centimes, c'est le vulgaire bouton de sonnette que l'on rencontre partout. On le fixe simplement contre un mur, un panneau, à l'aide de deux vis à bois, en *tamponnant* préalablement, si le bouton est fixé contre un mur. Avant de fixer le contact, on a fait passer par les trous percés autour les extrémités des fils de ligne, on dégarnit soigneusement leurs bouts du coton qui les entoure et on les décape attentivement; on les recourbe légèrement et on les introduit sous les petites vis qui sont à la base des lames à *paillettes* métalliques. On serre fortement ces vis afin que le contact soit parfait.

Les poires qui se suspendent aux conducteurs souples sont basées sur le même principe que les autres contacts; mais, de peur d'interrompre rapidement le contact, il ne faut en aucun cas faire supporter de tension aux attaches des conducteurs avec les *paillettes*. C'est pourquoi il faut faire un nœud au fil à l'intérieur de la poire, nœud destiné à supporter les tensions extérieures sans que les contacts se trouvent arrachés.

Nous ne pouvons passer ici en revue les divers modèles de contact qui existent; nous avons des contacts multiples ou plaques de touches permettant d'actionner plusieurs sonneries; des contacts par tirage auxquels on suspend un cordon qui les fait manœuvrer; des pédales de parquet, des contacts d'ouverture de portes qui font agir la sonnerie soit seulement lorsqu'on ouvre la porte, soit tout le temps que celle-ci reste ouverte.

Nous nous bornerons à indiquer un contact très facile à établir soi-même et qui peut être utile lorsqu'on veut faire agir une sonnerie sans en avoir l'air, quand on veut congédier un visiteur importun, par exemple. L'on fait aboutir les deux extrémités d'un même fil à deux vis métalliques que l'on enfonce dans un coin de son bureau, les deux vis étant à une petite distance l'une de l'autre, il suffit de les réunir par un objet métallique quelconque, porte-plume, couteau à papier pour que la sonnerie se fasse aussitôt entendre.

*Sonneries.* — On emploie généralement des sonneries dites trembleuses qui sont d'un prix très modique et d'une forme des plus simples; pour varier les sons, on peut installer des trembleurs à grelot, à clochette, etc.

Il existe aussi des timbres électriques à un ou plusieurs coups, des trompettes ziz-zanz ou sirènes, etc.

*Montage.* — Suivant les besoins, que l'on veuille faire agir une seule sonnette ou plusieurs, qu'il y ait un seul contact ou un plus grand nombre, on monte la ligne d'une manière différente; nous allons passer en revue les cas les plus usités.

I. *Pose d'une sonnerie et d'un seul bouton au contact.* — C'est le cas le plus simple et celui qui sert de base à tous les autres.

Si nous faisons aboutir les deux fils partant de la pile aux deux bornes de la sonnette (fig. 8), cette dernière sonnera sans interruption, tant que la pile donnera du courant. Si nous coupons le fil positif en un point, l'électri-

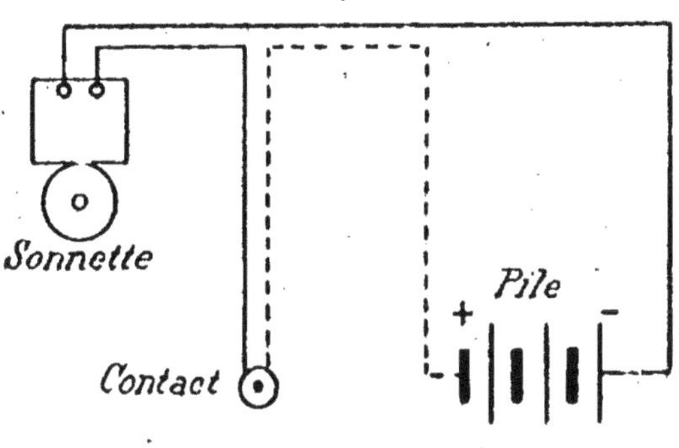


Fig. 8.

cité ne passe plus dans la sonnette et la sonnerie s'arrête. Il s'agit donc de livrer passage au courant pour mettre la sonnerie en action, et d'intercepter ce passage pour l'arrêter. On arrive à ce but en plaçant, en ce point, un contact ou bouton de sonnerie. Si l'on appuie avec le doigt sur le téton du bouton, les deux paillettes font contact, le courant passe et la sonnette tinte; si on enlève le doigt, les paillettes se séparent et le passage du courant ne pouvant plus se faire, la sonnette s'arrête.

*De là la règle générale pour toutes poses de boutons :* 1° On fait aboutir le pôle positif directement ou par des branchements à l'une quelconque des paillettes de tous les boutons en contact ;

2° On fait aboutir le fil négatif à l'une des bornes de toutes les sonnettes ;

3° On établit un fil de ligne entre la paillette restée libre de chaque bouton, et la borne restée libre de la sonnette qu'il doit commander.

Il est évident que si plusieurs boutons doivent faire fonctionner la même sonnerie, il ne faut qu'un seul fil de ligne ; si au contraire toutes les sonneries doivent être indépendantes, il faudra autant de fils de ligne que de sonneries.

Cela étant dit, il nous suffira de donner la légende des autres figures.

II. *Deux boutons faisant agir une même sonnerie.* —

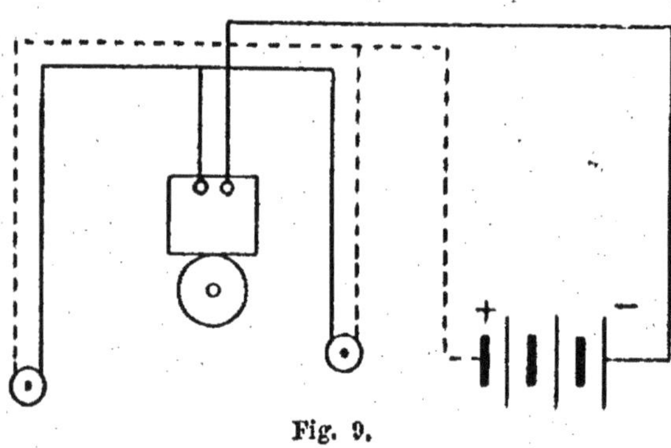


Fig. 9.

Le fil positif va aux deux boutons ; les deux autres paillettes communiquent à l'une des bornes de la sonnerie dont l'autre est occupée par le fil négatif (fig. 9).

III. *Pose d'une sonnerie avec interrupteur.* — Le fil de ligne va du bouton à l'interrupteur et à l'une des bornes de la sonnette. Ce plan est utilisé dans les magasins où le contact automatique, placé à une porte, peut être suspendu à volonté au moyen de l'interrupteur (fig. 10).

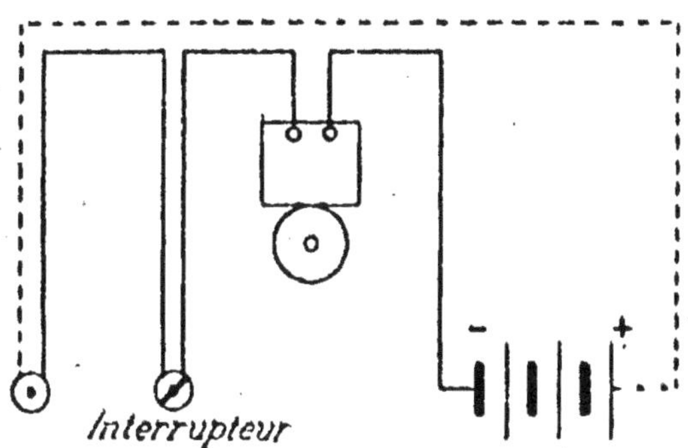


Fig. 10.

IV. *Pose d'un bouton agissant en même temps sur deux*

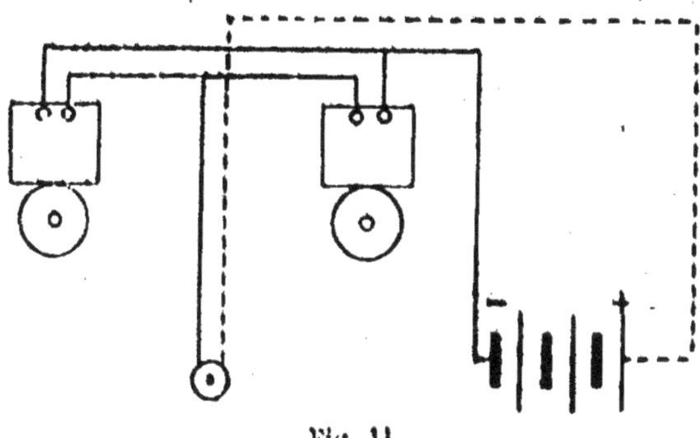


Fig. 11.

*sonnettes éloignées.* — L'employé est obligé de quitter le magasin de réception pour aller d'un étage à un autre ou dans un autre bâtiment, la porte, en s'ouvrant, actionne dans ce dernier la sonnerie qui avertit l'employé qu'on vient d'entrer dans le magasin (fig. 11).

V. *Bouton agissant séparément sur trois sonnettes.* —

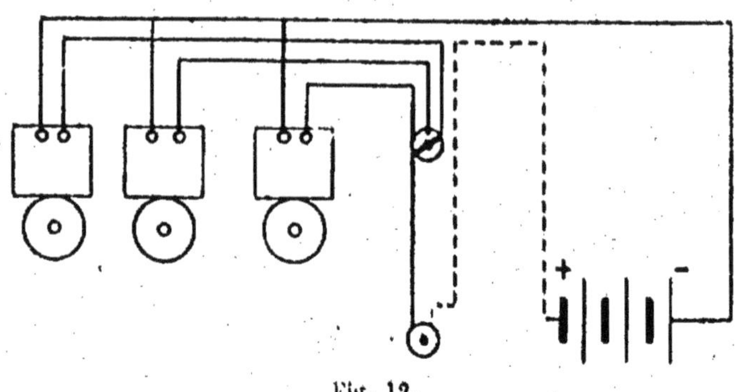


Fig. 12.

Le contact actionne les trois sonnettes non pas ensemble, comme dans la figure 11, mais séparément en se ser-

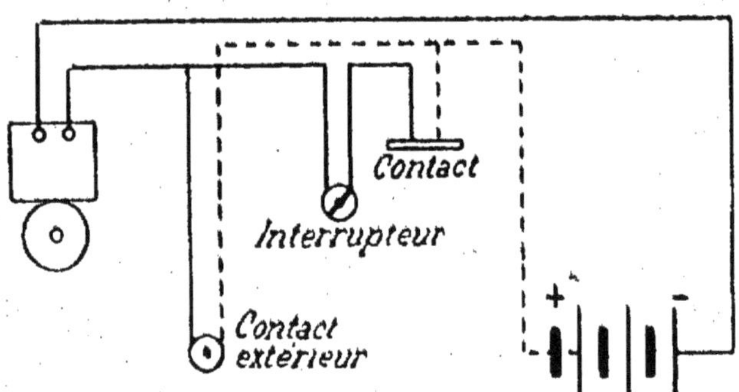


Fig. 13.

vant du commutateur à trois directions qui est posé sur le fil de ligne (fig. 12).

VI. *Contact automatique de porte faisant sonner à volonté.* — Le contact fixé à la porte d'entrée est suspendu à volonté au moyen de l'interrupteur et remplacé par le bouton placé extérieurement et dont le circuit n'est pas coupé par l'interrupteur (fig. 13).

VII. *Faire sonner avec la même pile les sonnettes de porte*

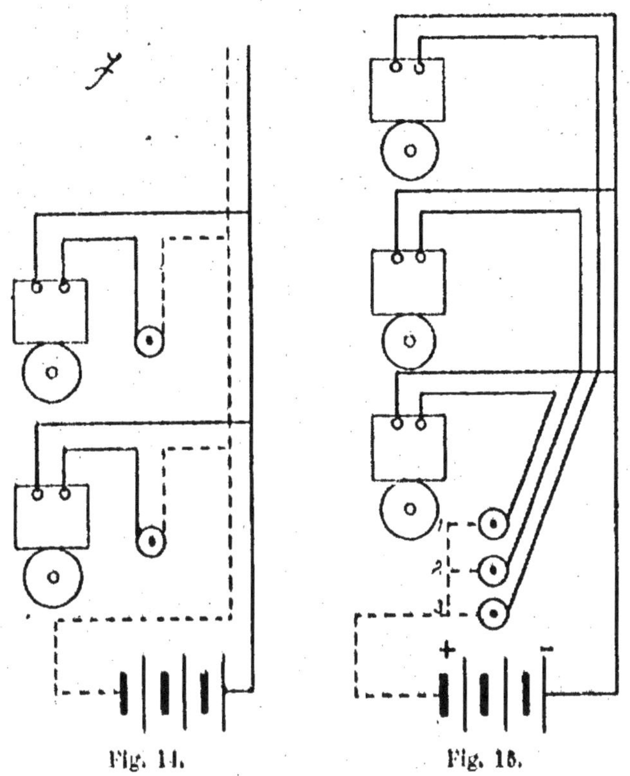


Fig. 14. Fig. 15.

*d'entrée de plusieurs étages.* — La pile est placée à la cave ou bien au grenier (fig. 14).

VIII. *De la porte d'entrée sonner en trois endroits ou trois étages.* — Les boutons, au lieu d'être à la porte du logement sont placés à la porte d'entrée avec indication, au-dessus, du nom du locataire et de l'étage (fig. 15).

IX. *Correspondre au moyen de deux sonnettes par trois*

*fils seulement.* — Ce genre d'installation n'est plus guère utilisé depuis le téléphone; il ne s'applique que pour des demandes et réponses simples et convenues d'avance (fig. 16).

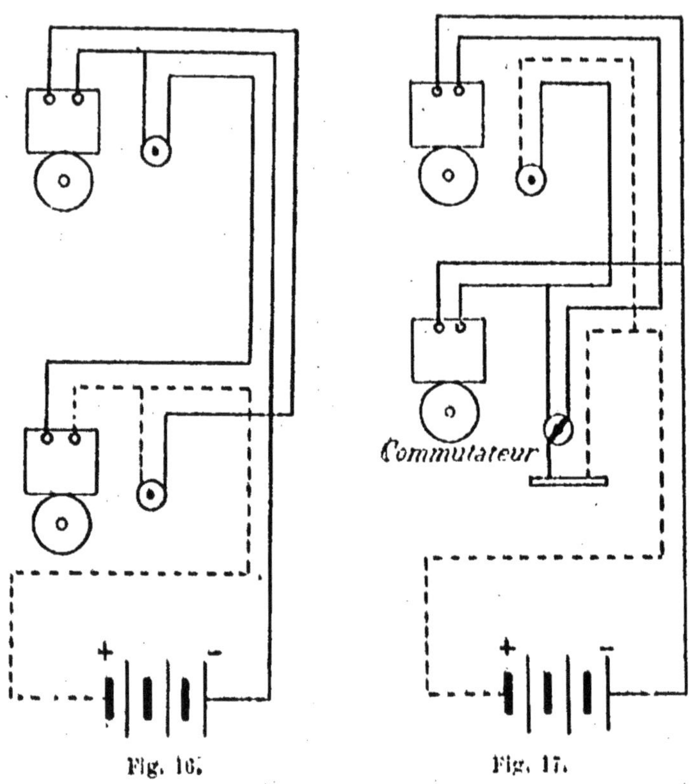


Fig. 16. Fig. 17.

X. *Porte d'entrée sonnant dans le magasin du rez-de-chaussée ou à volonté, dans un logement situé à un étage supérieur; ce dernier pouvant en même temps sonner au magasin.* — Cette installation convient pour les boutiquiers dont le logement est à un étage supérieur ou dans l'arrière-magasin. Lorsque le magasin est fermé, le levier du commutateur est mis en contact avec le plot du fil de droite correspondant à la sonnette du logement (fig. 17).

Aucune des deux sonnettes ne marchera si on transforme le commutateur en interrupteur, c'est-à-dire si on place le levier entre les deux plots.

De l'étage supérieur, au moyen du contact placé à cet étage, on peut appeler sur la sonnerie de l'autre étage.

*Réparation des sonneries électriques.* — Lorsqu'une sonnette cesse de fonctionner, c'est le plus souvent que la pile manque d'eau, ou a besoin d'être renouvelée, mais la cessation de marche peut tenir aux trois causes suivantes :

1° *Épuisement de la pile ;*

2° *Dérangement dans les appareils ;*

3° *Dérivations ou rupture des fils.*

1° *Pile.* — Il y a plusieurs manières de s'assurer si la pile fonctionne. Le plus simple consiste à tâter le courant ; lorsqu'il y a plusieurs éléments, en réunissant les deux pôles, on doit avoir un échauffement, et même à l'ombre, une petite étincelle. Aucun de ces moyens ne donnant de résultats, on regarde si l'eau contenue dans les vases extérieurs n'est pas évaporée, dans ce cas on la remplace. Si après cela la sonnerie ne vibre pas encore sous la pression du bouton ou si le son est faible, il faut inspecter la pile à fond. Le moyen le plus sûr d'opérer est de se servir d'un galvanomètre qu'on intercale au moyen de deux fils courts entre les pôles de la pile. Lorsque l'aiguille ne dévie pas, c'est que la batterie ne fonctionne plus, souvent par suite d'une couche de tartre qui encrasse les contacts ; c'est alors un nettoyage complet à faire.

La polarisation peut se produire aussi sur le zinc, qui dans ce cas devient noir ; on le retire du vase, on le frotte avec une lame de couteau ou avec du gros papier de verre ; s'il est rongé, il faut l'amalgamer ou même le remplacer. On gratte ensuite les presses qui coiffent le charbon jusqu'à ce que le cuivre soit redevenu brillant ; s'il s'est formé des sels grimpants sur le vase poreux, on plonge celui-ci un moment dans de l'eau tiède et on lave pour enlever les cristaux qui ne sont pas dissous. On enlève de même les dépôts de sels qui se sont formés et adhèrent aux parois intérieures du verre.

*Paraffine.* — La paraffine est une espèce de cire blanche extraite du pétrole, qui a la propriété de rompre la marche des corps acides, et par suite d'empêcher les sels de la pile de se livrer à leur exercice favori de grimpage le long des conducteurs, ce qui interrompt la production électrique. On évite leur action, un temps assez long, en trempant la partie supérieure, environ de 2 à 3 centimètres, des charbons, des vases poreux et même des vases extérieurs dans de la paraffine fondue dans un récipient *ad hoc* sur un bain-marie ; ce corps se refroidissant vite, on peut remettre en place aussitôt les éléments.

La pile étant remontée, on s'assure avant de la remettre dans le circuit qu'elle fonctionne.

*Accidents de rupture.* — Disons aussi que les vibrations électriques en secouant les atomes de cuivre créent des vides intermoléculaires qui font casser les fils, principalement à côté des vis de serrage. Un conducteur ayant servi quelque temps au passage d'un courant, même faible, se casse par plaisir et les deux bouts restent à côté l'un de l'autre, mais sans se toucher. Il est donc toujours urgent, avant d'accuser les piles, d'ouvrir l'œil sur le défaut de contact ou les accidents de rupture qui auraient pu se produire, sonneries ou téléphones. Si cet examen indique un bon fonctionnement, il reste à rechercher si le dérangement est dû à la sonnerie ou aux fils. On commence par détacher la sonnerie et on met un des boutons en circuit, en réunissant les deux paillettes à l'aide d'une pièce de métal, et on s'assure par un des moyens ci-dessus si le courant arrive. Deux cas se présentent : le circuit transmet l'électricité fournie par la pile, ou il ne la rend pas. Dans le premier cas le dérangement provient de la sonnerie, et, dans le second, du circuit.

2° *Dérangement de la sonnerie.* — On commence par vérifier les points de contact des bornes, ensuite on examine si l'écrou de la vis de réglage est assez fortement serré et si le rapport de l'armature avec l'électro est régulier.

On continue l'examen en s'assurant que la tige du marteau est solidement ajustée dans l'armature ainsi que dans la tige frappant sur le timbre ; que le mouvement d'ébat de cette tige est bien libre dans l'encoche de la boîte; enfin que le rapport entre le marteau et le timbre est bien établi. Il arrive aussi quelquefois que les sonneries *tintent sans cause ou sans appel;* cela provient des contacts des boutons ou poires. Il faut, dans ce cas, les démonter les uns après les autres jusqu'à ce que la sonnerie s'arrête.

3° *Dérivation ou rupture des fils.* — Dans une pose faite avec des fils de mauvaise qualité, ce qu'il y a de plus simple et de plus économique c'est, lorsqu'elle ne marche plus, de la refaire avec des fils bien isolés. Les pertes de courant peuvent provenir de la mise en communication accidentelle des fils conducteurs ou d'une dérivation dans le parcours, soit qu'il suive une autre voie ou qu'il s'annihile en un point du circuit; ce sont là autant de causes de perturbations qui épuisent rapidement la pile. Il faut chercher quelquefois longtemps et les recherches sont d'autant plus difficiles et ennuyeuses que les fils sont plus nombreux et dissimulés. On procède ainsi :

On suit les fils qui viennent du bouton, et, de distance en distance, à l'aide d'une lame de canif placée en croix avec les fils, on appuiera pour produire une petite saignée dans l'isolant : la lame de canif réunit ainsi les fils comme ferait le bouton. On suit jusqu'à la sonnerie en répétant l'opération; si la sonnerie ne tinte pas, le défaut est certainement dans le fil qui, partant de la pile, aboutit directement à la sonnerie ou dans le fil qui va de la pile au bouton.

On examine attentivement tous les angles, tous les crochets et surtout les ligatures; le plus souvent l'un de ces fils est brisé, d'autres fois ils sont dépouillés et deux fils communiquent ensemble, ce qui met la pile en court circuit.

Presque toujours, s'il y a un fil brisé, c'est, ainsi que nous l'avons dit, près des points de fixage. S'il y a dérivation dans les fils de pile, il faut déposer successivement les crochets jusqu'à ce que la sonnerie fonctionne, en calant les boutons; on replacera ensuite avec soin les crochets en évitant de serrer les fils ou mieux en les fixant séparément.

*Dérangement des tableaux indicateurs.* — Il est plus difficile que pour la sonnerie de trouver leur défaut et d'y porter remède, si on n'a pas l'habitude et la connaissance du système de mécanisme, car il y a plusieurs genres de déclanchement.

Ce qui se passe le plus souvent, c'est que les aiguilles se désaimantent ou perdent leur équilibre par suite de l'humidité ou de la sécheresse; ensuite le jeu de ces aiguilles peut être mauvais : trop serrées, elles ne peuvent manœuvrer, et trop libres, elles buttent contre la glace ou les bobines, ce qui empêche leur disparition. De même, le ressort antagoniste doit repousser très énergiquement les poussoirs, afin qu'il n'y ait pas contact avec les paillettes. Ce qui se produit encore parfois, c'est un mélange dans les appels par suite de communications entre les fils de jonctions.

# CHAPITRE V

## TÉLÉPHONE ET ALLUMOIRS

*Téléphone.* — Les dérangements dans les postes téléphoniques peuvent provenir de causes locales qu'il nous est difficile de prévoir, et d'autres fois d'oubli ; c'est ainsi qu'on peut oublier, après une conversation, de remettre les récepteurs au crochet. Alors la ligne reste isolée de la sonnerie et par suite les appels n'ont plus lieu.

Dans toutes les recherches, il faut donc commencer par s'assurer si tout est bien en place, si les bornes ou les vis ne sont pas desserrées, si les cordons ne sont pas défectueux et si les fils des bobines des récepteurs ne sont pas cassés. On regarde si la clef d'appel fonctionne régulièrement, si le ressort n'est pas trop dur ou trop mou, et s'il n'y a pas un contact oxydé. Le ressort antagoniste du commutateur peut être affaibli et les paillettes donnent un mauvais contact avec la masse du levier. Les charbons du microphone peuvent ne plus être en place et la planchette vibrante être fendue, ce qui arrive parfois l'été par un coup de soleil.

Les appareils accessoires doivent aussi être visités, les piles surtout ; un vase fêlé laissant écouler le liquide, une tête de charbon oxydée et parfois même la chute d'un peu de vert-de-gris détaché du cuivre et tombant dans le liquide sont des causes d'arrêt.

Le plus souvent, c'est la pile qui est cause des dérangements et il est prudent d'en avoir une de rechange, prête à fonctionner.

En parlant des sonneries, nous nous sommes étendus longuement sur les soins à donner aux piles, nous y renvoyons nos lecteurs.

*Allumoirs.* — Il est assez curieux de remarquer combien les allumoirs électriques sont peu employés, pourtant il est inutile d'insister sur leur supériorité sur les allumettes; allumage certain, dangers d'incendie écartés, etc. La plupart des allumoirs peuvent se brancher sur les lignes de sonnerie, à la condition pourtant que les piles soient assez puissantes, trois éléments agglomérés ou sacs montés en tension au minimum.

La construction d'un allumoir électrique rentre parfaitement dans le domaine d'un amateur.

*Allumoirs à fil de platine.* — Chacun sait que le courant électrique en traversant un conducteur d'une résistance considérable échauffe ce conducteur jusqu'à le rendre incandescent ; c'est du reste sur ce principe que sont basées les lampes à incandescence ; un allumoir à fil de platine n'est autre chose qu'une spirale de fil de platine portée à l'incandescence par le passage d'un courant ; cette spirale étant approchée d'une lampe allume celle-ci.

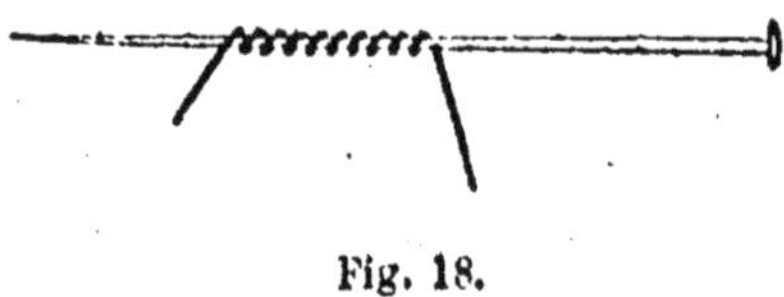

Fig. 18.

Voici comment on peut bien simplement fabriquer et monter une spirale de platine. Pour faire la spirale, il suffit d'enrouler sur une épingle (fig. 18) un fil de platine de 1/20 de millimètre de diamètre et 5 à 6 centimètres de longueur.

Pour la monter, on prend un fil de cuivre bien isolé dans de la gutta, de 15 centimètres de longueur et de quinze dixièmes de millimètre d'épaisseur et, après l'avoir recourbé

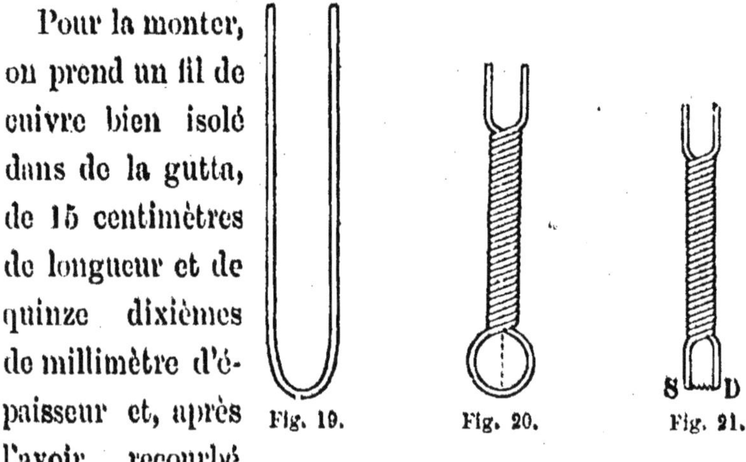


Fig. 19. Fig. 20. Fig. 21.

comme le montre la figure 19, on en fait une torsade entre les doigts, en conservant seulement 15 millimètres à chaque extrémité. Cela fait, on coupe suivant le trait pointillé (fig. 20) et l'on a deux fils séparés, dont on dénudera les quatre extrémités. On étamera deux extrémités en regard en les trempant dans du chlorure de zinc, puis dans un alliage fondu d'étain et de plomb. Cela fait, il n'y aura plus qu'à enrouler sur les deux parties étamées les extrémités de la spirale *S* et *D* et à chauffer pour souder la spirale. Toutes ces opérations peuvent se faire sur la flamme d'une bougie.

Si on met en communication les deux extrémités restées libres (fig. 21) avec les deux pôles d'une pile assez forte pour porter au rouge la spirale, il suffit d'approcher une lampe à essence minérale pour en enflammer immédiatement la mèche.

On pourrait également enflammer une bougie, mais l'allumage d'une lampe à essence est plus rapide ; le liquide étant assez solide pour émettre des vapeurs à la température ordinaire et il n'est pas nécessaire d'amener la mèche au contact de la spirale.

La spirale peut se fixer soit sur une tablette de bois contre un mur, soit sur un manchon mobile relié à la ligne par un fil souple ; il suffit d'établir un contact quelconque pour que la spirale devienne incandescente.

On peut ainsi avec une seule batterie de piles faire fonctionner un nombre indéfini de spirales (une seule à la fois pourtant). On pourra par exemple en avoir une dans chaque pièce ; pour s'en servir il suffira d'appuyer sur un bouton de contact disposé à proximité. La figure 22 donne la place d'une installation nouvelle. Deux fils *f* et *f'* partant des pôles d'une pile P traversent les diverses chambres ; dans chacune d'elles on établit une dérivation aboutissant à un allumoir S et muni d'un bouton de contact B. Quand on aura besoin d'allumer une lampe, on appuiera sur le bouton B, afin d'établir le contact : aussitôt la spirale S rougira et en approchant la mèche de la lampe (que l'on peut installer sur un petit support tout près), celle-ci s'enflammera instantanément. Si dans l'obscurité on avait

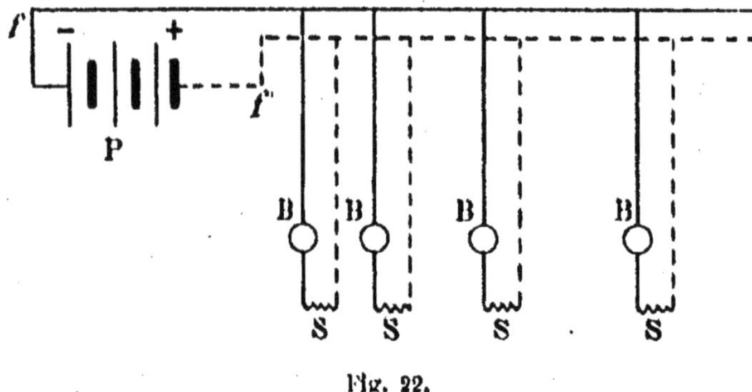


Fig. 22.

besoin pendant quelques instants d'une lumière peu intense, par exemple pour regarder l'heure d'une montre, l'éclat projeté par la spirale suffira à lui seul.

On peut sur le même principe construire un allumoir portatif qui comprendra à la fois une pile, une lampe et une spirale. — On prend un vase quelconque en verre ou en grès, mais préférablement un bocal à large col. Ce vase aura environ 20 centimètres de hauteur : dans le col, on adapte un bouchon en caoutchouc ou en liège de bonne qualité, parfaitement verni et paraffiné, qui puisse fermer hermétiquement le vase. A la partie inférieure du bouchon, on fixe une plaque de zinc de 10 centimètres de longueur sur 5 ou 6 de largeur et, de chaque côté du zinc, une plaque de charbon de mêmes dimensions. Deux fils de cuivre, passant au travers du bouchon, communiquent, l'un avec le zinc, l'autre avec les charbons. Ces fils dépassent le bouchon et sont réunis en torsade d'abord, puis par une spirale de platine. Sur ce même bouchon on fixe aussi deux gros fils de fer ou de cuivre terminés par un anneau à l'extrémité supérieure; et dans ces anneaux, on pose en bascule une petite lampe à pétrole ou à alcool pivotant sur un fil de cuivre.

Le bocal est à moitié rempli d'une solution chromique (bichromate de potasse 250 gr., acide sulfurique 550 gr., eau 1.000 gr.). En couchant le bocal horizontalement le liquide vient baigner le zinc et les charbons, lesquels forment un élément de pile fournissant un courant assez intense. Ce courant passe dans la spirale et la rend incandescente. En même temps la mèche de la petite lampe à pétrole basculant s'approche de la spirale jusqu'à la toucher presque. Aussitôt la lampe s'allume : on redresse le bocal, le liquide excitateur ne baignant plus le zinc, il ne se produit plus de courant, la spirale s'éteint, mais la lampe reste allumée. Avec le liquide de charge de la pile et quelques centimètres cubes de pétrole on peut produire à volonté des milliers d'éclairage.

Les installations, les applications des allumoirs électriques varient à l'infini, nous ne pouvons nous y arrêter et nous renvoyons nos lecteurs aux traités spéciaux. Nous croyons intéressant néanmoins d'emprunter au *Guide de l'amateur Électricien*, de M. Keignart, une ingénieuse application de l'allumoir, qui montrera comment on peut rendre automatique l'usage des allumoirs et appareils électriques; idée qui aura peut-être aussi l'avantage de faire surgir d'autres combinaisons répondant à des besoins spéciaux.

« Un réveille-matin ordinaire, de n'importe quel système, est relié, d'une part, au moyen d'un fil conducteur, à une pile montée en permanence; d'autre part, un second conducteur est agencé de façon à être mis en communication électriquement avec le premier, à une heure voulue, par la marche des aiguilles ou des rouages : par exemple, un quart d'heure avant la sonnerie. La communication étant établie entre les deux conducteurs, le courant de la pile passe par une spirale de platine disposée en contact avec la mèche d'une lampe à alcool ou d'un petit fourneau au pétrole, qui s'allumera au moment voulu. Au-dessus de la lampe est disposé un ballon de verre, plein d'eau, dont le bouchon en liège ou en caoutchouc est traversé par un tube deux fois recourbé à angle droit. Ce tube descend jusqu'à quelques centimètres du fond du ballon. Son extrémité, celle du dehors, se trouve au-dessus d'une cafetière renfermant la provision de café en poudre. La lampe à alcool étant allumée, chauffe l'eau du ballon. Quand celle-ci est devenue bouillante, sa vapeur renfermée dans un espace clos exerce sur la surface de l'eau une pression qui devient vite supérieure à celle de l'atmosphère. L'eau bouillante est chassée dans le tube abducteur, et se déverse dans la cafetière. — Cette opération se fait en une quinzaine de minutes, pendant le sommeil du dormeur, et celui-ci à son réveil, c'est-à-dire au moment où la sonnerie l'éveillera, pourra se verser une tasse de café bouillant. — On aura soin de ne pas faire descendre le tube jusqu'au fond du ballon; toute l'eau serait chassée, et la flamme briserait le verre : on laisse quelques centimètres cubes au fond, afin que le ballon ne soit point à sec avant que le dormeur puisse venir lui-même éteindre la lampe. »

En modifiant un peu la disposition précédente, on pourrait faire en sorte que l'horloge envoie le courant dans une sonnerie électrique, et ainsi on transformerait aisément une horloge ordinaire en réveille-matin. Aussitôt éveillé, en manœuvrant un commutateur à portée de la main, on pourrait envoyer le courant dans l'allumoir.

Il serait facile d'allumer son foyer par le même procédé, soit automatiquement au moyen de l'horloge, soit à la main avec un commutateur. Un allumoir, disposé à une place convenable, met le feu à un bout de mèche grasse, de mèche soufrée, ou même à une allumette, qui communique l'inflammation au combustible du foyer. — On allume ainsi des lustres, des candélabres, par l'intermédiaire d'une mèche de coton-poudre, dont l'extrémité touche un espirale de platine.

## CHAPITRE VI

### APPAREILS D'ÉCLAIRAGE

*Comment s'éclairer.* — « De la lumière, encore de la lumière », s'écriait Gœthe expirant, et c'est le cri de nous tous, à cette aube du siècle. Les chandelles, les bougies coulantes sont reléguées, les lampes se perfectionnent de plus en plus et la brillante clarté de l'électricité éclipse tous les autres procédés d'éclairage.

*Lampes.* — Il n'est pas donné à tout le monde de pouvoir éclairer son intérieur par le gaz ou l'électricité, aussi les lampes restent l'éclairage domestique par excellence et, pour obtenir d'elles un maximum d'éclairage, doit-on les entretenir avec soin et d'une façon méthodique.

*Verres de lampes.* — Quel que soit le système employé, lampes à huile, au pétrole ou à incandescence d'alcool, le verre est une des parties des plus délicates et demande les plus grands soins.

Les verres de lampes doivent être nettoyés tous les jours, comme les lampes elles-mêmes du reste, mais il est préférable de commencer par les verres alors que les mains n'ont rien touché qui puisse être graissé par l'huile ou l'essence.

En enlevant les verres, on a soin de les mettre toujours sur une table en bois ou sur un linge quelconque, jamais sur du marbre, de la pierre, de la faïence ou de la fonte dont le contact froid risquerait de les faire se casser.

En général, il suffit, pour les nettoyer, de passer à l'intérieur un chiffon bien sec et bien propre, que l'on introduit dans le verre au moyen d'une baguette en bois; on peut aussi employer un goupillon spécial, il faut éviter de nettoyer à l'intérieur en tournant, car on risque ainsi de briser le verre.

L'extérieur se polit avec un morceau de papier de soie.

Quand les verres sont encrassés ou tachés de points jaunâtres, on les nettoie soit avec du papier émeri très fin, soit avec un linge imbibé d'alcool ou d'esprit-de-vin, ce qui donne un très beau brillant. Une décoction chaude et forte de bois de Panama, une dissolution de carbonate de soude tiède, ou encore de la lessive, dans lesquelles on trempe le linge qui sert à nettoyer les verres à l'extérieur et à l'intérieur, rendent également parfaitement clairs les verres tachés.

Lorsque les verres ont été tellement négligés que l'on ne puisse les remettre en état par les moyens indiqués ci-dessus, on peut les faire bouillir dans de la lessive ou dans de l'eau contenant en dissolution quelques cristaux de soude. Pour cela on place les verres dans une bouilloire où ils puissent tenir droits, ou dans une casserole longue où ils seront couchés, en ayant bien soin de les séparer par des couches de foin ou des linges pour éviter qu'ils ne s'entre-choquent lors de l'ébullition ; on remplit le récipient du liquide *froid* et on augmente graduellement la chaleur de façon à la porter au point d'ébullition ; on entretient cette température pendant près d'une heure et on retire les verres quand l'eau est encore tiède, on frotte avec un linge doux et toutes les taches s'en vont rapidement ; on rince à l'eau tiède pure et on essuie minutieusement.

Il ne faut jamais nettoyer un verre de lampe avec du blanc d'Espagne, car il éclaterait dès qu'il chaufferait.

Les globes, les tulipes, doivent être essuyés journellement et lavés de temps en temps dans de la lessive ou de l'eau de carbonate chaude, puis rincés dans une eau contenant un peu d'ammoniaque ou alcali volatil.

Quand on a nettoyé un verre de lampe ou un globe avec un liquide quelconque, il est essentiel de bien l'essuyer et de parfaitement le sécher avant de s'en servir à nouveau, car s'il conservait la moindre trace d'humidité, il éclaterait lorsqu'on allumerait la lampe.

Dans tous les cas, qu'un verre ait ou n'ait pas été lavé, il est bon de ne pas monter tout de suite entièrement la mèche, de crainte de casser le verre ; on le laissera au contraire s'échauffer doucement avant d'élever la mèche.

On a conseillé plusieurs procédés pour empêcher le verre de lampe de se casser, nous n'en retiendrons que deux : le premier consiste à pratiquer, à l'aide d'un diamant, une toute petite fente sur toute la longueur du verre ; le second réside dans la recuisson des verres avant d'en faire usage. A cet effet, on place les verres dans un récipient quelconque en bourrant de paille autour d'eux comme nous l'avons indiqué plus haut, on remplit d'eau froide, on chauffe jusqu'à l'ébullition complète que l'on maintient pendant une demi-heure, on retire du feu et on laisse refroidir avant de sortir les verres, qui sont alors minutieusement essuyés et séchés; on ne doit s'en servir que vingt-quatre heures après.

*Lampes à huile.* — Les lampes à huile, d'un emploi général autrefois, sont aujourd'hui fort délaissées et remplacées par les lampes à pétrole, qui ont un pouvoir éclairant supérieur, tout en dépensant moins ; néanmoins, la douceur de la lumière et l'absence d'odeur les font préférer par certaines personnes. Elles demandent beaucoup d'entretien pour bien fonctionner, car elles s'encrassent facilement.

Les deux conditions primordiales pour qu'une lampe à huile donne une belle lumière sont que l'huile soit de bonne qualité et que la mèche soit bien coupée.

Il faut se servir exclusivement d'huile de colza très pure, très liquide et très claire ; toute huile épaisse, jaunâtre, doit être rejetée ; l'huile vieille rancit, s'évente et ne vaut rien. La chaleur faisant épaissir l'huile, on la conservera dans un endroit frais, en des bidons en fer-blanc ou des vases de grès. La burette qui sert à remplir les lampes sera souvent rincée à l'eau de carbonate tiède, afin qu'il ne reste point de vieille huile qui pourrait rancir ou s'épaissir. On rince ensuite à l'eau fraîche et on laisse égoutter.

Les lampes doivent être garnies journellement et en même temps la mèche est coupée avec des ciseaux mouchettes qui recueillent la découpure de la mèche et empêchent les débris de tomber à l'intérieur. On peut se passer des ciseaux mouchettes en enfilant sur le calibre de la mèche une collerette en carton qui doit recevoir les rognures. S'il arrivait cependant qu'en coupant la mèche il en tombât quelques parcelles dans la lampe, il faudrait les enlever aussitôt avec un petit bout de bois ou de baleine. La mèche sera coupée bien horizontalement, pour cela on l'abaissera de manière à ce qu'il ne paraisse en dehors du bec que la partie que l'on veut retrancher, et on coupera au ras tout ce qui dépasse. Il ne faut jamais enlever complètement la partie noircie, mais en laisser toujours un à deux millimètres à la mèche, on l'allume ainsi plus facilement, elle charbonne moins et la flamme est plus blanche. On nettoie aussi avec un petit morceau de papier roulé l'intérieur du bec.

On essuie ensuite la lampe elle-même avec un torchon ou une flanelle. Si elles sont très sales, on nettoie les lampes en verre ou en porcelaine en les frottant avec un chiffon imbibé d'eau savonneuse ; pour celles en cuivre ou en nickel, on emploie une pâte à polir pour métaux, puis on passe la peau de chamois.

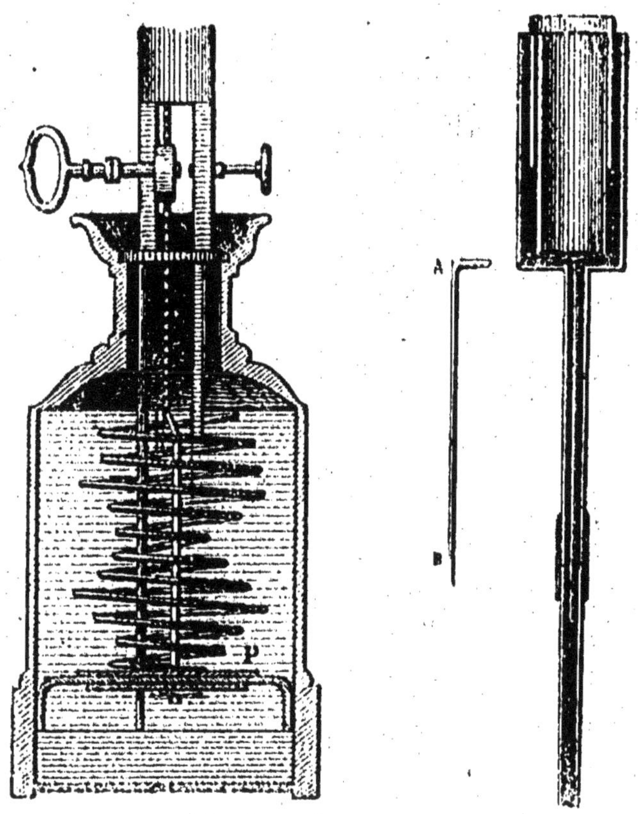


Fig. 23.

*Quand une lampe à huile brûle mal*, qu'elle donne une pauvre lumière, qu'elle file ou fume, c'est que le mécanisme est sale et encrassé. Il faut pratiquer un nettoyage complet que l'on peut exécuter facilement soi-même sans être obligé pour cela d'avoir recours au lampiste ; il suffit, si la lampe est bien entretenue et n'est pas fortement encrassée, de dévisser l'intérieur, de retirer la tige de fer et de l'essuyer méticuleusement. Mais si la lampe a été longtemps négligée, il faut, après l'avoir dévissée, préparer un litre d'eau bouillante dans laquelle on fait dissoudre 30 grammes de potasse ; on verse cette eau bouillante dans la lampe ; on remet la tige, on laisse l'eau un moment, puis on rince en agitant ; on jette le résidu et l'on recommence jusqu'à ce que toute l'eau ait été employée. En dernier lieu on rince à l'eau bien chaude et on fait égoutter puis sécher au soleil ou près du feu (fig. 28).

On peut aussi introduire dans la lampe une certaine quantité de pétrole de demi-heure en demi-heure pendant une journée ; après avoir bien versé le pétrole, on laisse sécher la lampe pendant quelques jours avant d'y remettre de l'huile, le pétrole nettoie très bien les mécanismes gras.

*Lampes à pétrole.* — Le pétrole étant un liquide très inflammable, il faut le manier avec certaines précautions et autant que possible ne garnir les lampes qu'à la lumière du jour. Si, une lampe ayant été renversée, ou pour toute autre cause, le feu se communiquait au pétrole, il faudrait bien se garder d'y verser de l'eau, car le pétrole, plus léger, monterait à la surface de l'eau et le feu n'en serait que plus étendu. On peut au contraire y verser du lait, si on en a sous la main.

Si l'on n'en a pas, il faut étouffer le feu et intercepter

l'air en couvrant la partie en combustion avec des linges humides ou des couvertures mouillées ; on peut aussi jeter dessus des cendres, du sable, de la terre ; en tout cas il importe d'agir promptement avec ce que l'on a à sa portée et éviter de laisser les vêtements s'imprégner de liquide.

Le pétrole bien rectifié ne contient point d'essence qui le rend inflammable ; si l'on en met une petite quantité dans une assiette et que l'on y jette une allumette enflammée, celle-ci doit y brûler un instant et s'éteindre.

Le bon pétrole est à peu près incolore, plutôt bleuâtre et inodore.

Quelques personnes assurent que l'on augmente le pouvoir éclairant du pétrole en mettant dans le récipient de la lampe un petit morceau de camphre.

Il faut remplir, sans excès pourtant, le réservoir de la lampe.

La mèche ne doit pas être mouchée avec des ciseaux, on se contente d'essuyer la partie supérieure de la mèche avec du papier, puis avec un chiffon pour enlever la partie brûlée.

Pour nettoyer la cheminée de la lampe, il suffit d'introduire un petit chiffon roulé, ou une petite brosse spéciale, sorte de petit goupillon qui recueille tout ce qui a pu s'introduire dans le bec.

On voit sur la cheminée, après avoir dévissé la partie qui soutient le verre, trois petits trous que l'on doit déboucher de temps en temps avec une aiguille, ceci pour la libre circulation de l'air.

La mèche plate, qui entoure le bec rond d'une lampe à pétrole, se dérange facilement lorsqu'on ouvre le récipient pour y verser du pétrole, car le mouvement fait pour dévisser la monture lui donne en même temps une certaine torsion, et il devient ensuite très difficile de la faire manœuvrer. Il est facile d'éviter cet inconvénient ; chaque fois que l'on visse, que l'on dévisse ou que l'on revisse le bec, on aura soin de remonter la mèche de 2 à 3 centimètres : quand le tout est remis en place, on baisse la mèche à hauteur voulue.

Si les dents du mécanisme, se trouvant toujours à la même place, avaient fini par fatiguer ou par trouer la mèche, l'empêchant de monter et descendre aisément, il faudrait couper avec des ciseaux 2 centimètres environ de la mèche ; on change ainsi le point de contact avec la roue, et le fonctionnement est rétabli.

Certaines personnes recommandent, lorsqu'on met une mèche neuve, de faire brûler à sec la partie supérieure avant de l'imprégner de pétrole.

*Réparations.* — Deux accidents arrivent assez fréquemment dans les lampes à pétrole : elles suintent ou le réservoir en verre se détache de son pied. Les lampes de bonne fabrication, même après un certain usage, se mettent souvent à suinter, ce qui est fort désagréable. On peut les en empêcher de la façon suivante : après avoir vidé la lampe, on l'essuie à plusieurs reprises jusqu'à ce qu'elle soit tout à fait sèche. On fait alors à chaud un mélange de parties égales de glycérine et de gélatine blanche, on le verse à chaud dans l'intérieur de la lampe et on enduit toutes les parois en tournant le récipient dans tous les sens, on renverse ensuite la lampe de manière à la débarrasser du liquide en excès, et on la laisse sécher, débouchée, pendant douze heures au moins. Le mélange glycérine et gélatine, fluide quand il était chaud, se durcit en refroidissant et rend tous les joints imperméables.

Pour fixer à nouveau le récipient sur son socle métallique, on se sert d'un ciment composé comme suit : Faites bouillir 3 parties de résine et 1 partie de soude caustique dans 3 parties d'eau, mélangez 3 ou 4 parties de plâtre de Paris et appliquez de suite, le ciment demande une demi-heure pour prendre.

On conseille aussi la préparation suivante : délayer du plâtre de Paris avec une dissolution de gomme arabique dans de l'eau.

La première formule est préférable.

*Lampes à essence.* — L'essence est beaucoup plus dangereuse que le pétrole, par suite de la plus grande facilité avec laquelle ce produit s'enflamme; les lampes à essence éclairent peu du reste et servent à remplacer les bougies pour circuler dans la maison, aller à la cave.

Le meilleur système est celui dit Pigeon, dont l'intérieur est garni de feutre destiné à absorber l'essence ; on n'en peut mettre que la quantité qui imprégnera le feutre, aussi, même en renversant la lampe, aucun accident n'est à craindre, puisqu'il ne peut se répandre d'essence.

La mèche doit être essuyée chaque jour avec un morceau de papier ou de chiffon.

*Lampes à gaz d'alcool.* — L'entretien de ces lampes est fort simple, elles brûlent sans mèche au moyen d'un manchon à incandescence. Lorsque le manchon a servi, ne fût-ce qu'une fois, il ne faut pas le toucher, car il tomberait en poussière ; aussi ces lampes sont-elles munies d'une ouverture par où on peut introduire l'alcool sans rien dévisser, en soulevant un simple bouchon.

Pour nettoyer le verre il faut l'enlever avec une grande délicatesse pour ne pas toucher le manchon ; d'ailleurs, comme il n'y a pas de flamme qui le salisse, on n'est obligé de le nettoyer que rarement.

*Éclairage au gaz.* — Nous avons peu de chose à dire sur l'éclairage au gaz, cette installation doit être faite par des spécialistes ; elle demande du reste fort peu d'entretien lorsqu'il s'agit des becs ordinaires, papillons ou autres : il suffit de nettoyer de temps en temps les globes, tulipes, etc., qui garnissent les lampes ; on procède comme nous l'avons dit précédemment, en ayant toujours bien soin de les essuyer et sécher avant de les remettre en place, sous peine de les voir se briser.

L'éclairage à l'incandescence est fort employé pour le gaz, et nous rappelons ce que nous venons de dire au sujet de la fragilité des manchons à propos des lampes à alcool.

Un amateur adroit peut parfaitement arriver à fabriquer lui-même ces manchons ; nous ne le conseillons pourtant pas, le commerce les livre aujourd'hui à des prix si bas, que l'opération est peu avantageuse ; mais l'amateur peut très facilement remplacer lui-même ses manchons, il suffit d'avoir vu faire une fois ce travail par un ouvrier, pour y réussir soi-même. Le manchon, quand il est neuf, est beaucoup moins fragile, que lorsqu'il a servi une seule fois, par suite de la couche de collodion dont on le garnit.

A part le changement des manchons lorsqu'on se sert de l'éclairage par l'incandescence, les réparations à faire aux appareils sont nulles, elles regardent presque toutes la canalisation.

*Les fuites du gaz* sont en effet assez fréquentes et on les constate par l'odeur qui se répand dans l'appartement. Il n'y a aucun danger lorsque la fuite est de peu d'importance ; il n'en est pas de même dans le cas contraire, car le gaz répandu forme, avec l'air ambiant, un mélange éminemment explosible ; aussi, dans la recherche des fuites, faut-il apporter les soins commandés par la prudence.

Après avoir au préalable fermé le compteur, il *faut éviter toute lumière,* pénétrer dans l'appartement, ouvrir toutes grandes portes et fenêtres et les laisser ainsi ouvertes jusqu'à ce que l'air intérieur saturé de gaz ait eu le temps d'être renouvelé par l'air du dehors, ce dont on se rend compte par la diminution de l'odeur dans la pièce où était la fuite.

On peut alors rouvrir le compteur et rechercher les causes de l'accident. Pour reconnaître si la fuite ne vient pas d'un robinet mal fermé ou si ce robinet quoique bien fermé laisse échapper du gaz, on présente le dos de la main au-dessus du bec ; si l'on sent de l'air, à la main, la fuite provient de cet endroit : dans le cas contraire, on poursuit les recherches le long des tuyaux ; l'odorat doit seul guider en pareille circonstance et il faut absolument éviter de recourir à la lumière pour trouver la fuite, si l'on ne veut s'exposer à un danger sérieux.

Une fois le point trouvé, on ferme le compteur, on applique aussitôt un peu de suif épais sur le trou, on en enduit assez grassement un chiffon de calicot ou de toile et on entoure le tuyau à l'endroit de la fuite, pour bien boucher cette dernière.

On prévient ensuite le gazier. Nous indiquerons dans la partie traitant des réparations locatives, comment on peut réparer soi-même les conduites de gaz.

*Lumière électrique.* — L'installation des lampes électriques, quoique n'étant pas en réalité très difficile, demande certaines connaissances en électricité qu'il ne nous appartient pas d'exposer ici. Si les amateurs électriciens peuvent tenter souvent avec succès d'installer chez eux la lumière électrique, il est pourtant préférable de laisser opérer des professionnels, auxquels une longue pratique permet de réaliser les combinaisons les plus avantageuses.

Nous nous bornerons à donner quelques considérations générales sur l'emploi de la lumière électrique.

*Unités électriques et appréciation de la dépense.* — Mesurer l'électricité, c'est mesurer une force. Une force est le produit de deux facteurs dont l'énoncé peut se ramener à ces deux termes : masse et pression.

Dans une distribution d'eau, par exemple, la puissance dépendra du débit et de la hauteur du niveau en pression. En électricité nous avons des éléments identiques sous un autre nom. L'énergie produite dépend de la *quantité* d'électricité et de la *pression* qui met en mouvement cette quantité.

Pour mesurer une longueur, nous la comparons à une autre prise comme unité, soit le mètre. Si nous avons à mesurer une surface, nous avons à faire intervenir deux longueurs dont le produit nous donnera la valeur de la surface. La mesure d'un rectangle ne s'obtient pas directement comme celle d'une longueur, il est nécessaire de multiplier ses deux éléments (hauteur et largeur) l'un par l'autre. Il en sera de même pour une force dont les deux éléments multipliés l'un par l'autre donnent la grandeur. Les deux facteurs de l'énergie électrique sont la quantité, dont l'unité est l'*ampère,* et la pression, dont l'unité est le *volt;* l'unité d'énergie électrique produit des deux facteurs précédents, est le *watt*[1].

1. On a donné aux unités électriques le nom de trois savants qui se sont distingués dans l'étude de cette science.

Le calcul de l'énergie électrique se fait aussi facilement que celui d'un rectangle : 1 ampère × 1 volt = 1 watt ; 2 ampères × 100 volts = 200 watts.

Voyons maintenant comment un compteur peut enregistrer la quantité d'électricité dépensée.

Supposons, par exemple, qu'au lieu de fournir un éclairage, l'électricité soit destinée à alimenter un moteur quelconque. A côté de ce moteur plaçons un deuxième moteur de très petite dimension. Ce petit moteur dépensera une quantité tellement faible d'énergie que la marche de son voisin n'en sera nullement affectée ; de plus, nous pouvons le régler de telle façon que, quand il passera une unité de force dans ce petit moteur, on pourra déduire qu'il en est passé cent mille ou un million de fois plus dans le grand. Le nombre des tours effectués par le petit moteur servira à calculer l'énergie dépensée par le grand.

Le compteur électrique remplit l'office de ce moteur minuscule, et que la majeure partie de l'électricité soit dépensée à alimenter un moteur ou des lampes électriques, peu importe ; sa vitesse dépendra et de la quantité d'électricité (ampères) et de la pression (volts) ; un mouvement d'horlogerie correspondant à un cadran enregistrera le nombre de tours ou mieux l'énergie électrique qui y correspond.

L'unité d'énergie électrique, le watt, a deux multiples : l'*hectowatt* qui vaut 100 watts et le *kilowatt* qui vaut 1000 watts ; les compteurs marquent en hectowatts et kilowatts.

Sur la plaque du compteur est inscrit le genre d'unités marquées par l'instrument, soit hectowatts, soit kilowatts, et il y a autant de petits cadrans qu'il faut pour exprimer un nombre. Un compteur ayant 4 cadrans pourra marquer 9999, puis en marquant 10.000 il repassera au zéro. Au-dessus de chaque cadran est indiqué l'ordre des chiffres représentés (unités, dizaines, centaines, etc).

Pour connaître le nombre que marquera le compteur, il suffira de lire de gauche à droite les chiffres donnés par les aiguilles. Lorsque l'aiguille est entre deux chiffres, il faudra prendre le moins élevé; il peut pourtant y avoir hésitation lorsqu'une aiguille se trouve voisine du trait, soit par exemple l'aiguille des mille. Pour savoir si l'on doit lire le chiffre antérieur ou postérieur, il faut regarder le cadran précédent (centaines dans ce cas); si l'aiguille de ce cadran est avant le zéro, il faut prendre le chiffre de mille le plus faible ; si au contraire il a passé le zéro, il faut prendre le chiffre de mille le plus fort.

*Lampes électriques, leur consommation.* — La lampe à incandescence consiste en un filament de charbon placé dans une ampoule de verre ; le courant électrique en traversant le charbon le porte à l'incandescence et le rend éclairant. Si le filament était à l'air, le courant électrique le brûlerait tout de suite, mais on a eu soin de faire le vide dans l'ampoule, et comme dans le vide il n'y a pas de combustion, la chaleur produite par le courant électrique ne sert qu'à éclairer.

Une lampe à incandescence consomme en énergie électrique proportionnellement à l'intensité lumineuse pour laquelle elle est construite; l'intensité lumineuse se mesure en bougies décimales. Les lampes les plus employées sont de 5, 10, 16, 20 et 32 bougies.

La consommation des lampes actuelles varie suivant le mode de construction et dans la première période de leur usage de 2 watts à 3 watts 1/2 par bougie.

Dans la plupart des calculs, on peut prendre comme moyenne 3 watts par bougie heure, c'est-à-dire qu'une lampe d'une bougie brûlant pendant une heure consommerait 3 watts.

Les lampes sont étalonnées et marquées par le constructeur. Les marques sont indiquées soit par une étiquette, soit par des chiffres gravés sur l'ampoule; la mention 100 watts, dix bougies, sur une lampe, indique que cette lampe placée sur un courant de 100 volts donnera un éclairage de 10 bougies décimales.

*Contrôle approximatif de la dépense.* — Ainsi que nous l'avons vu, le compteur nous indique à première lecture la quantité d'électricité dépensée depuis son dernier réglage.

Il se peut que, pour une raison ou une autre, on s'aperçoive que la dépense d'électricité augmente d'une façon notable. Cela peut provenir soit de la négligence des domestiques, qui abusent de la lumière ou oublient d'éteindre les lampes, soit d'erreurs commises par le compteur.

Il est facile de contrôler d'une manière approximative

le compteur : on additionne durant un certain temps le nombre de lampes allumées et la durée de leur éclairage, en ayant soin de bien noter le point où se trouvait le compteur au début de l'expérience ; si durant cette période on a allumé :

| | | |
|---|---|---|
| 1 lampe de 16 bougies pendant 5 heures | $16 \times 5 =$ | 80 |
| 3 lampes de 10 bougies pendant 20 heures | $3 \times 10 \times 20 =$ | 600 |
| | | 680 |

on aura eu un éclairage total de 680 bougies heures, et comme la consommation moyenne d'une lampe est de 3 watts par bougie-heure, le compteur aura dû marquer, en plus du chiffre constaté au commencement de l'expérience, $680 \times 3 = 2040$ watts.

*Quelques conseils sur l'emploi des lampes à incandescence.* — Le pouvoir éclairant d'une lampe ne dépend nullement de la grosseur ni de la forme de l'ampoule, mais bien des dimensions, longueur et diamètre du filament.

Dans une lampe neuve et alimentée d'un courant suffisant, le filament doit être blanc et non rouge. Dans les lampes usagées, le filament est rouge et éclaire bien moins ; les lampes étant d'un prix modique, il est préférable de les changer avant qu'elles soient hors d'usage, et cela dès qu'elles faiblissent.

## CHAPITRE VII

### DÉCORATION DU MOBILIER. — ENTRETIEN ET RÉPARATION

Si la confection d'un meuble soigné est au-dessus de la compétence d'un amateur, il n'en est pas de même de la décoration et de la mise en couleurs des divers meubles que le menuisier peut vous fournir à l'état plus ou moins brut.

Il est facile, en le décorant avec goût, de transformer entièrement un mobilier et de faire d'une acquisition modeste et économique un ensemble des plus élégants.

Parmi les procédés que nous avons à notre disposition, nous citerons :

1° Le vernissage, après ou sans mise en couleurs préalable ;

2° La peinture et le laquage ;

3° La décoration au pochoir ;

4° La décoration à la bruine ou crachis ;

5° Le vernis Martin.

*Vernissage.* — Tandis que la peinture cache complètement le bois, le vernissage, au contraire, le laisse apparaître dans son état naturel ou légèrement modifié par diverses teintures, il permet de tirer parti de l'effet décoratif des veines variées, des nœuds et autres particularités qui donnent de l'élégance à tous les bois, quels qu'ils soient.

Le vernis revêt le bois d'un enduit translucide permettant de voir son dessin et sa coloration naturelle ou artificielle, la disposition des placages ; l'enduit sera dur afin de résister longtemps aux accidents extérieurs et d'être difficilement rayé ; il doit, en outre, être brillant et poli comme un miroir, pour faire mieux ressortir la beauté des bois employés, leur dessin et leurs dispositions.

Ces desiderata sont parfaitement obtenus au moyen du vernissage, qui consiste dans l'application, à l'aide du tampon ou du pinceau, d'une couche de gomme ou de résine dissoute dans de l'alcool, de l'essence de pétrole, ou de l'essence de térébenthine ; ces produits restent sur le bois après l'évaporation du dissolvant ou la dessiccation de l'huile.

On obtient des résultats à peu près analogues par deux autres procédés : le passage à l'huile et l'encaustiquage.

Dans le passage à l'huile, le bois est recouvert d'une mince couche de résine qui se produit lors de l'oxydation à l'air de l'huile de lin ; le résultat en est souvent très heureux.

Pour l'encaustiquage, l'enduit se compose de cire d'abeille qui, ayant été dissoute dans de l'essence de térébenthine, reste sur le bois après évaporation de l'essence ; ce dernier procédé donne de bien moins beaux résultats, mais il demande beaucoup moins de main-d'œuvre.

*A quel procédé donner la préférence?* — Il est difficile de trancher cette question d'une manière générale, car elle dépend du goût de chacun, du plus ou moins de temps qu'on veut consacrer à ce travail et enfin de la mode. L'encaustiquage convient particulièrement au noyer et au chêne.

Nous remarquerons qu'il y a actuellement une tendance à choisir les gros meubles en bois cirés, c'est-à-dire passés à l'encaustique, puisqu'on trouve dans des milieux élégants des mobiliers en palissandre ciré.

Le passage à l'huile ne donne pas un brillant aussi accentué que les vernis, mais il fait admirablement ressortir les veines du bois ; son application est facile.

Ajoutons que ces deux procédés ont l'avantage d'être plus économiques que le vernissage, car, avec les droits dont sont frappés les alcools, les bons vernis, dans lesquels ne doivent entrer que des alcools supérieurs, sont d'un prix de revient assez élevé.

Le vernissage est donc réservé aux meubles de prix et, en particulier, aux petites pièces dont on veut faire bien ressortir la richesse. Ainsi que nous l'avons dit plus haut, il existe deux sortes de vernissage : le vernissage au tampon et le vernissage au pinceau ; les résultats obtenus avec ce dernier procédé ne peuvent être comparés à ceux obtenus à l'aide de la première méthode ; néanmoins on y recourt assez souvent, et il faut reconnaître qu'un vernis au pinceau bien appliqué est préférable à un vernis au tampon mal fait.

Le vernis au pinceau est, en général, réservé au sapin, qu'il fait admirablement valoir ; le vernissage au tampon sur cette essence est très délicat, des spécialistes peuvent seuls le réussir ; aussi, comme la plupart des meubles en sapin ne sont pas destinés à être vendus cher, on leur applique cette première méthode ; il en est de même de ces mobiliers en pitchpin, encadrés de baguettes de bambous, si à la mode actuellement ; ils sont très souvent fabriqués avec du bois de sapin légèrement teinté en rouge, puis verni au pinceau.

Le vernis au pinceau ou anglais et le vernis au tampon, quoique basés sur les mêmes principes et comprenant des matières premières semblables, ne sont pas fabriqués identiquement.

Il est parfois fort difficile, à une personne qui n'en a pas l'habitude, de reconnaître si un objet a été verni au pinceau ou verni au tampon ; par contre, un connaisseur ne s'y trompera pas et à première vue saura discerner la différence, car, bien appliqué, le vernis au tampon donne toujours une surface belle, douce au toucher, polie comme un miroir.

*Mise en couleurs.* — La mise en couleurs peut avoir trois buts distincts :

1° Teinture des bois communs ou des bois blancs pour imiter les bois précieux : ébène, noyer, acajou, palissandre, etc. ;

2° Modification de la teinte naturelle du bois pour lui donner l'apparence d'une essence de meilleure qualité ou de plus haute valeur ; tel l'assombrissement du chêne clair ordinaire pour lui donner l'aspect du vieux chêne fumé, etc. ;

3° Décoration du bois en couleurs variées pour obtenir un résultat analogue à celui de la marqueterie.

La mise en couleurs est une pratique courante qui s'applique à tous les bois, même les plus précieux ; si l'on ne cherche pas toujours à imiter soit une essence précieuse, soit une marqueterie, on applique le plus souvent une petite teinte, comme l'huile rouge ou autre produit, pour avantager le plus possible l'œuvre de l'ébéniste.

Dans certains cas, on emploie des couleurs que l'on trouve toutes préparées dans le commerce (et qu'il est facile de préparer soi-même) ; dans d'autres cas, on se sert, pour obtenir la coloration, de produits chimiques qui, mélangés d'après certaines préparations, agissent sur la coloration primitive et la modifient complètement.

Le commerce fournit toute une gamme de colorations soit liquides, soit en poudre ; elles sont ordinairement peu coûteuses et de bonne qualité, et il faut remarquer que dans ces derniers temps, depuis que la mode est aux travaux pyrogravés, les fabricants se sont ingéniés à produire des teintures d'un usage très pratique pour les simples amateurs.

Les couleurs en poudre sont plus transportables que les teintures toutes préparées, leur dissolvant est l'eau; elles sont donc d'un emploi très facile.

La plupart des teintures vendues aujourd'hui ont pour base des couleurs d'aniline; elles ont à peu près entièrement remplacé les couleurs végétales, quoique celles-ci leur soient toujours préférables. Les couleurs d'aniline sont à bon marché, mais elles ont le grand défaut de s'affaiblir à la lumière; il est vrai qu'en mettant un peu de vinaigre dans le dissolvant on peut retarder l'affaiblissement de la vivacité de la teinte.

Les couleurs d'aniline sont de deux sortes, les unes se dissolvant dans l'eau, les autres dans l'alcool.

Nombre de couleurs peuvent être tirées des végétaux communs qui poussent autour de nous. La myrtille bouillie avec un peu d'alun et de couperose donne une excellente couleur bleue. Traitée de la même manière avec de la noix de galle, on a une teinte brun foncé; avec l'alun, le vert-de-gris et le sel ammoniac on a des nuances variées de pourpre et de rouge. Les fruits du sureau donnent du bleu quand on les traite par l'alun. Le troène bouilli avec une solution de sel de cuisine produit une couleur jaune, et les baies bien mûres de cet arbuste fournissent un beau rouge. Les semences du fuchsia commun, traitées par le chlorhydrate d'ammoniaque ou sel ammoniac, donnent un beau rouge pourpre ; l'écorce du groseillier, traitée par une solution d'aniline, donne du brun. En les faisant bouillir dans de l'eau et en les traitant par l'alun, on a des jaunes de diverses nuances avec les écorces de pommier, de buis, de frêne, de peuplier ou d'orme. La graine de genêt fournit un beau vert.

On mélange quelquefois les teintures[1] à des vernis afin d'effectuer la mise en couleurs tout en faisant le vernissage ; les marchands vendent, du reste, ces vernis colorés tout préparés. Ce procédé n'est pas recommandable, car l'obtention de la nuance voulue nécessite l'application de couches successives plus ou moins nombreuses ; la couche de couleur devient ainsi trop épaisse et le vernis reste mou et est bientôt couvert de rayures et de marques.

Il y a deux façons d'employer les couleurs et teintures.

La première consiste à appliquer la préparation avec un pinceau sur toute la surface du bois, comme s'il s'agissait d'une peinture ordinaire : il se forme une couche qui ne pénètre pour ainsi dire pas dans le bois.

La seconde consiste à appliquer la préparation avec

1. Si l'on veut employer ainsi des couleurs d'aniline, il faut toujours les faire dissoudre dans de l'alcool pour les mêler aux vernis, à l'essence ou à l'alcool ; elles donnent des résultats inférieurs avec les vernis à l'huile.

une éponge à la façon d'un léger lavage; on colore le bois jusqu'à une petite profondeur, suffisante dans la plupart des cas.

Après le passage des couleurs à l'éponge, le bois est en général gonflé (par suite de l'eau qui a servi à préparer les couleurs), le grain ressort et le meuble entier a perdu son poli et est rugueux au toucher; il faut donc, après la mise en couleurs, rendre le poli au bois par un passage au papier de verre; mais ce polissage ayant pour effet de diminuer la teinte, il faut appliquer une seconde fois de la teinture et terminer par un dernier passage au papier de verre.

En tous cas, il faut que le bois, après la teinture, soit parfaitement poli pour pouvoir être verni ou ciré.

Telle est la manière générale d'opérer; nous signalerons les quelques différences qui peuvent se présenter dans le mode opératoire, en donnant les diverses recettes pour colorer les bois.

## IMITATION DES DIVERSES ESSENCES

*Ébénisation.* — Il est souvent désirable de rendre semblables à l'ébène les bois tels que le cerisier, l'acajou, etc.

Le *Scientific american* indique le procédé suivant :

« Pour imiter l'ébène, mouillez d'abord le bois avec une solution de bois de campêche et de sulfate de fer bouillis ensemble, et appliquez à chaud. Dans ce but, on mettra 65 grammes de fragments de bois et 15 grammes de couperose dans 1, 1 litre d'eau. Lorsque le bois est sec, mouillez de nouveau la surface avec une mixture de vinaigre et de limaille de fer. Cette mixture peut être obtenue en dissolvant 65 grammes de limaille de fer dans 30 grammes de vinaigre. »

*Teinture noire pour le bois de poirier.* — Le procédé suivant donne une jolie couleur noire bien foncée, pour des ouvrages en poirier, sculptés et tournés, non polis. On mélange deux parties de noix de galle noire pulvérisée avec quinze parties de vin ordinaire et on laisse reposer ce mélange quelques jours dans une chambre chaude ou à l'air par temps chaud. On tranvase ensuite le liquide ou on le passe à travers un linge en toile, s'il reste beaucoup de petits morceaux de noix de galle surnageant, puis on y ajoute une quantité d'eau égale à la moitié de son volume. On prépare de la même manière une dissolution de vitriol opérée dans l'eau. Si l'on enduit le bois du premier liquide et qu'après que la couche est sèche on étende la solution de vitriol, on obtient une couleur noire qui est d'autant plus foncée que la seconde solution est plus concentrée.

*Moyen de colorer le bois en noir.* — On enduit d'abord la pièce de bois d'une solution aqueuse de chlorhydrate d'aniline additionnée d'une petite quantité de chlorure de cuivre; on laisse sécher, puis, à l'aide d'un pinceau ou d'une éponge, on donne une couche avec une solution aqueuse de bichromate de potassium.

En renouvelant ce traitement deux ou trois fois, le bois prend une belle coloration noire, d'une durée indéfinie, inaltérable par l'humidité, la lumière et le chlorure de chaux.

*Autre recette.* — Il suffit de plonger l'objet en bois à ébéner dans une solution de permanganate de potasse pendant un temps plus ou moins prolongé, suivant le degré de concentration, et faire sécher ensuite ; on obtient une très belle teinte, qui devient brillante par un léger frottement, teinte due à l'oxydation (carbonisation) du bois. Une solution faible le colore en violet, le permanganate cédant très facilement de l'oxygène aux matières organiques avec lesquelles il est en contact.

*Coloration du bois blanc.* — Voici une bonne recette pour teindre le bois en couleur noyer :

| | |
|---|---|
| Eau................................ | 1 litre. |
| Terre de Cassel impalpable............ | 30 grammes. |
| Potasse d'Amérique ou cendre gravelée. | 20 centigr. |

Faire bouillir pendant un quart d'heure.

Pour le vieux chêne :

| | |
|---|---|
| Eau................................ | 1 litre. |
| Terre de Sienne naturelle............. | 30 grammes. |
| Ombre calcinée........................ | 30 centigr. |
| Potasse................................ | 20 grammes.

*Procédé pour ébéner le bois de chêne.* — Le bois débité est immergé pendant quarante-huit heures dans une solution d'alun saturée à chaud, puis arrosé à plusieurs reprises d'une décoction de bois de campêche; les petites pièces peuvent aussi être plongées, pendant un temps plus ou moins long, dans cette décoction. Celle-ci se prépare de la manière suivante : on fait bouillir une partie de bois de campêche de la meilleure qualité avec dix parties d'eau, on filtre sur de la toile, on évapore le liquide à une douce température jusqu'à ce que son volume soit réduit de moitié, et on ajoute à chaque litre de ce bain dix à quinze gouttes d'une solution saturée d'indigo soluble complètement neutre. Après avoir arrosé plusieurs fois de cette solution les pièces alunées, on frotte le bois avec une seconde solution saturée et filtrée de vert-de-gris (acétate de cuivre basique) dans l'acide acétique concentré et chaud, et on répète cette opération jusqu'à ce qu'on obtienne une teinte noire ayant l'intensité voulue. Le chêne teint de cette façon ne le cède en rien à l'ébène véritable.

*Chêne demi-foncé :* mettre de la terre d'ombre naturelle à la place de la terre d'ombre calcinée; faire toujours bouillir un quart d'heure.

*Ébène :* étendre simplement du pyrolignite de fer avec un pinceau.

*Préparation du bois pour le vernissage.* — Le bois destiné à être verni devra être absolument poli; tous les trous, tous les défauts auront été bouchés au mastic ou à la gomme laque ; s'il a été mis en couleurs, il devra être parfaitement sec avant d'être verni.

Il reste maintenant à boucher les pores du bois de façon qu'elles n'absorbent pas trop de vernis ; certains bois, comme le frêne, l'acajou, le noyer, sont dits gourmands, car leurs pores relativement larges sont très absorbants ; il faut les boucher avant d'appliquer le vernis.

Dans les travaux communs on encolle la surface du bois avec une solution chaude de gélatine, à laquelle on ajoute un peu de rouge vénitien pour l'acajou, d'ombre brune pour le chêne et le noyer, d'ocre jaune pour le pin et le frêne.

On applique la gélatine chaude au pinceau et, avant qu'elle soit prise, on la frotte légèrement avec un linge dans le sens des veines du bois.

Pour les bois particulièrement poreux, on renouvelle une seconde fois l'opération.

Lorsqu'on veut exécuter un travail soigné, il est préférable d'utiliser la préparation ci-dessous, qu'il est très facile de faire soi-même : Prenez une certaine quantité de kaolin en poudre fine ou de bonne farine de blé, versez dessus de l'huile de lin bouillie et remuez jusqu'à ce que vous ayez obtenu une pâte de la consistance du mastic de vitrier, ajoutez un peu de siccatif et rendez la composition à peu près liquide au moyen d'essence de térébenthine. Appliquez sur le bois à l'ai d'une brosse dure, de façon que le produit rentre bien dans les pores, laissez ainsi pendant une demi-heure et enlevez l'excès avec une poignée de copeaux d'abord, puis avec une brosse dure. Si le bois à vernir est de nuance très claire, on remplace dans la préparation ci-dessus l'huile de lin cuite par de l'huile crue et on choisit un siccatif incolore.

*Conditions nécessaires pour exécuter un bon travail.* — La température joue un rôle important dans la réussite du vernissage, les débutants n'y font pas assez attention. On n'obtient jamais qu'un mauvais travail dans une chambre froide et humide, le vernis devient alors opaque et nuageux. Il faut toujours vernir dans un endroit chaud ; la meilleure température varie entre 20 et 22 degrés centigrades. Si l'on s'aperçoit que le vernis se trouble, on augmentera la chaleur de la chambre. On peut faire disparaître les nuages causés par le froid en chauffant légèrement la surface du bois : à cet effet, s'il s'agit de petites pièces, on les présente au feu ; s'il s'agit de grandes pièces, on peut arriver au même résultat en ayant à peu de distance de la pièce quelque chose de chaud, une plaque de fonte, par exemple, mais sans qu'il y ait contact ou trop grande approche, crainte de roussir le bois.

*Vernissage au tampon.* — Le tampon peut s'établir facilement ; mais, pour avoir un bon instrument, il faut choisir les matériaux qui doivent le composer et accorder quelques soins à un tampon en usage pour le conserver et l'améliorer.

Nous connaissons deux types de tampons, le type français et le type anglais.

Nous empruntons la description du premier à M. Duchêne :

« Le tampon comprend deux parties, le tampon proprement dit et son enveloppe. La première est en laine, drap, flanelle ou coton, selon les travaux à faire. La seconde est un chiffon de toile ou de coton. D'une façon générale, le tampon proprement dit est formé de flanelle et d'une étoffe de laine douce et épaisse ; un fragment de vieille couverture blanche propre convient. On le roule en une boule assez serrée de quatre à huit centimètres de diamètre ; comme elle ne doit pas être défaite fréquemment, on l'attache avec un fil ou une ficelle. La seconde partie n'est autre chose qu'un morceau de vieux linge pas trop clair, mais doux et épais ; s'il est trop clair on le double ; on entoure le tampon avec ce linge en relevant les extrémités de l'enveloppe sur le dessus, puis on les tortille pour serrer l'enveloppe, mais sans mettre de lien. Il faut que le tampon et sa couverture soient absolument exempts de faux plis qui produiraient des rayures et des irrégularités sur la couche de vernis. »

Tel est le tampon employé par les professionnels ; nous préférons le type anglais et croyons que les débutants seront de notre avis.

Pour le constituer, on déchire (ne pas employer les ciseaux) une bande de 6 centimètres de large dans un morceau de laine ou de drap, en évitant de prendre un bord garni de lisière, qui serait trop rude; on enroule cette bande sur elle-même de façon à obtenir une sorte de disque de quatre à huit centimètres de diamètre, suivant le travail que l'on veut exécuter; le tampon ainsi formé, on l'enveloppe comme précédemment d'un linge fin, dont on relève les extrémités que l'on tient dans la main.

On peut faire de même de tout petits tampons, leur donner une forme pointue pour pénétrer dans les angles.

L'enveloppe extérieure, coton ou toile, ne devra jamais présenter de couture, qui rayerait le vernis, il est préférable d'utiliser un morceau usagé; si l'on n'en avait pas à sa disposition, on prendrait un morceau neuf qu'on laverait soigneusement avant de s'en servir.

Les matériaux qui entrent dans la confection du tampon doivent être absolument exempts d'humidité.

Les tampons ayant déjà servi sont meilleurs que les neufs, c'est pourquoi il faut les conserver avec soin. On les enferme dans des boîtes métalliques à l'abri de l'air et de l'humidité; les vieux tampons laissés à l'air se durcissent et ne valent plus rien; à la longue même, enfermés dans une boîte, le même accident arriverait, si l'on ne versait de temps en temps quelques gouttes d'alcool dans la boîte.

Il est bon d'imbiber d'alcool les tampons neufs vingt-quatre heures avant de s'en servir et de les renfermer ensuite dans une boîte bien close.

*Mode opératoire.* — Nous ne donnerons pas de formules

pour la fabrication des vernis, ces questions ne sont pas à la portée de tous les amateurs ; mieux vaut se procurer le vernis nécessaire dans une bonne maison de produits chimiques ; on demandera du vernis à tampon.

La première opération consiste à charger de vernis le tampon préparé comme nous l'avons dit. Pour cela, on enlève l'enveloppe en toile et on verse *quelques gouttes* de vernis sur la base du tampon, soigneusement. Il ne faut pas en mettre trop, mais tout juste de quoi humecter la laine et voir le vernis perler au travers de la deuxième enveloppe lorsqu'elle a été remise en place.

Pour bien répartir le vernis, on presse le tampon avec assez de fermeté contre la paume de la main gauche, tout en maintenant le tampon modérément serré dans la main droite.

On peut alors commencer à vernir.

On passe rapidement le tampon sur toute la surface, de façon à l'enduire modérément de vernis, puis, sans arrêt, on repasse sur toute la surface, frottant légèrement en tournant.

On ne doit jamais s'arrêter, ni laisser le tampon séjourner en un point ; si on veut lever le tampon, il ne faut pas le faire brusquement, mais l'enlever en continuant le mouvement, en le soulevant graduellement jusqu'à ce que tout contact ait cessé. Il faut attendre que le tampon soit sec pour le recharger, en évitant tout excès.

Pour que le tampon glisse bien sur le bois, — car il arrive qu'il tire, — on verse sur le chiffon une goutte d'huile de lin, mais pas plus, l'huile de lin compromettant la durée du vernis.

On continue de même, repassant toujours régulièrement sur la surface avec un mouvement circulaire jusqu'à ce que le bois paraisse ne plus absorber de vernis; à ce moment commence à apparaître un certain brillant.

Il convient alors d'arrêter l'opération et de laisser le travail à l'abri de la poussière jusqu'au lendemain.

Le lendemain, opérant exactement de la même façon, on passe une seconde couche de vernis.

Le nombre nécessaire de couches de vernis dépend de la plus ou moins grande porosité du bois; ceux à larges pores en demandent plus que les autres.

En moyenne, pour un travail soigné, il faut compter quatre couches successives.

Un point important est de manœuvrer le tampon jusqu'à ce qu'il soit complètement sec et, par conséquent, de le charger le moins souvent possible.

On a ainsi étalé la couche de vernis, mais cette couche n'a pas encore tout son brillant : on l'atteint en passant au tampon une légère couche d'alcool de bois; mais pour obtenir un résultat parfait, il faut opérer avec certaines précautions; la transition du vernissage ne doit pas être brusque.

La dernière couche de vernis ayant séché tout un jour, on reprend le tampon et on le charge avec trois parties de vernis et une d'alcool, on passe l'instrument sur tout le travail, en opérant comme précédemment et jusqu'à ce que le tampon soit sec ; on le recharge ensuite avec moitié vernis et moitié alcool, on opère de même, et, la troisième fois, on recharge avec un 1/3 de vernis et 2/3 d'alcool. La quatrième fois, on prendra de l'alcool pur. Il est bon d'employer un autre tampon réservé pour le passage à l'alcool ; la partie extérieure de ce tampon sera formée de trois épaisseurs de chiffon, afin de pouvoir rejeter son enveloppe dès qu'elle commence à se charger de la gomme que l'alcool dissout plus ou moins dans cette opération ; on continue à frotter avec le tampon imprégné d'alcool jusqu'à ce qu'il soit sec et on le recharge si besoin est ; il faut veiller à ne mettre que quelques gouttes d'alcool, le tampon ne devant en être que très légèrement imbibé.

On arrête l'opération lorsqu'on juge le poli suffisant.

*Vernissage au pinceau.* — Le vernissage au pinceau est beaucoup plus expéditif ; on applique le vernis, dit anglais, avec un pinceau sur toute la surface à vernir, il faut agir rapidement et ne pas repasser sur les parties déjà enduites ; on peut, suivant les besoins, passer deux ou trois couches.

Ayant déjà parlé de l'emploi des vernis, nous n'avons rien à ajouter et nous renvoyons à l'article *Peinture*. (Voir p. 19.)

*Passage à l'huile.* — Le passage à l'huile ne peut donner un brillant comparable à celui obtenu avec les vernis, mais sa simplicité et le ton chaud qu'il donne au bois le font recommander.

Le procédé consiste à enduire le bois d'huile de lin et à bien frotter l'enduit avec un morceau de drap ou de flanelle. L'huilage et le frottage doivent être continués à divers intervalles. Un bon résultat ne peut être obtenu qu'avec le temps et la friction. Il n'y a là aucune difficulté, l'opération est seulement longue et fastidieuse; plus la surface est frottée, meilleur est le résultat final; dans la patience et l'énergie réside tout le secret de la réussite.

L'huile de lin est l'unique ingrédient employé : les uns l'emploient cuite, les autres préfèrent l'huile crue, d'autres encore font un mélange à parties égales des deux qualités; toutefois, pour les travaux ordinaires nous recommandons l'huile cuite.

On applique l'huile sur le bois avec un chiffon, il faut éviter que celui-ci en soit trop imbibé, il suffit de quelques gouttes et on appuie fortement de façon à bien faire pénétrer l'huile dans les pores du bois, on continue jusqu'à ce que le chiffon soit complètement sec; on prend alors un morceau de drap ou de lainage et on frotte vigoureusement toute la surface, et cela jusqu'à ce qu'en passant le doigt sur le bois on n'ait plus la sensation d'une matière graisseuse.

On procède à une nouvelle application, soit quelques heures après, soit le jour suivant.

Quoiqu'il faille un grand nombre d'applications pour obtenir un commencement de brillant, deux ou trois conches d'huile ainsi posées améliorent beaucoup l'aspect du bois si elles n'arrivent pas à le polir ; le bois, tout en restant mat, gagne en tonalités et en profondeur de coloris.

Mais, nous y insistons encore, il faut, pour arriver à un joli résultat, éviter absolument l'excès d'huile ; quelques personnes ont l'habitude de la passer au pinceau, les surfaces restent alors poisseuses pendant un temps plus ou moins long.

*Encaustique.* — Le passage à l'encaustique ou cirage est loin de donner le même brillant que les méthodes précédentes ; néanmoins la facilité, la rapidité de son exécution y font souvent recourir ; ajoutons aussi que le procédé est fort économique.

L'encaustique convient très bien au vieux chêne, à l'acajou, aux imitations par teinture de l'ébène, etc. ; on ne passe pas à l'encaustique les bois blancs.

L'encaustique, dans sa forme la plus simple, se compose de cire d'abeille et de térébenthine, on y ajoute parfois d'autres ingrédients, de la résine, par exemple, pour rendre la couche plus dure.

La cire employée doit être de très bonne qualité ; on se sert de cire jaune, quoique la cire blanche soit utilisée pour les bois à teintes claires.

La manière dont on prépare l'encaustique dépend de la proportion de cire qui entredans sa préparation. Pour une encaustique très liquide, on coupe la cire en petits morceaux et on verse par-dessus de l'essence de térébenthine en quantité suffisante : l'essence froide dissoudra la cire assez lentement ; une méthode plus expéditive consiste à faire fondre à la chaleur la cire, et avant que cette dernière soit refroidie et solidifiée, on verse l'essence ; mais en tout cas, il faut avoir la précaution de ne jamais verser l'essence tant que la cire est encore sur le feu. Peu importe la consistance de l'encaustique ainsi obtenue, on peut la mastiquer dans la suite.

Si la masse est trop épaisse, il suffit de placer le récipient dans un vase plein d'eau chaude, l'encaustique sera rapidement en fusion et l'on pourra ajouter la quantité nécessaire d'essence de térébenthine ; si au contraire elle est trop claire, on fait fondre dans un vase une certaine quantité de cire et on y verse la préparation que l'on a rendue liquide au bain-marie.

L'encaustique doit être assez épaisse pour déposer suffisamment de cire sur le bois et assez liquide pour être facilement étendue.

Lorsqu'on ajoute de la résine, il faut d'abord faire fondre entièrement celle-ci, puis mettre la cire et enfin l'essence dès que la cire sera fondue à son tour. L'encaustique doit toujours être employée à froid.

On étend l'encaustique soit avec un tampon en laine, soit avec un pinceau ; le point essentiel est que la couche de cire soit mince et bien régulière. On obtient le poli en frottant vigoureusement avec un morceau de drap ; plus on frottera, plus on obtiendra de brillant ; il est bon, pour la dernière couche, de prendre un morceau de drap propre et bien sec, au besoin on le fait chauffer très légèrement.

On arrive à un bien plus beau poli, pouvant rivaliser avec le vernis, en préparant ainsi l'encaustique : Faire fondre dans un vase en cuivre 250 grammes de cire jaune pure coupée en petits morceaux, ajouter 60 grammes de litharge ; une fois le mélange bien opéré, on laisse refroidir, puis, le lendemain, après avoir enlevé le dépôt de litharge se trouvant au fond du vase, on fait fondre de nouveau au bain-marie et on ajoute peu à peu 500 grammes d'essence de térébenthine.

Le mélange opéré, on retire du bain-marie, on verse dans un vase de faïence et on attend le complet refroidissement.

*Peinture des meubles. Laquage.* — Nous n'avons rien de particulier à dire sur la peinture des meubles, les procédés sont identiques à ceux employés dans la peinture des portes ou panneaux dont nous nous sommes occupés précédemment (chapitre II).

Il est pourtant intéressant de donner quelques détails sur la façon dont on obtient ces meubles laqués d'un aspect si agréable.

Le meuble sera tout d'abord soigneusement poli au papier de verre très fin ; on lui donnera une première couche de couleur à l'huile très liquide ; dans cette teinte, où le blanc dominera, on ajoutera un peu de couleur, suivant que l'on veut laquer vert clair, bleu clair, rose clair; pour laquer foncé, on ajoute une plus forte proportion de couleur, tandis que pour laquer blanc, au contraire, on supprime toute couleur.

Prenons un exemple moyen et supposons que nous voulons laquer notre mobilier en vert d'eau.

Notre première couche de peinture consistera en :

Huile de lin, un tiers;

Essence de térébenthine, deux tiers;

Blanc de céruse, 300 grammes;

Vert anglais n° 2, 20 grammes environ;

Noir d'ivoire, une pointe.

Cette teinte étant sèche, nous reboucherons tous les trous et fentes du bois avec un mastic ainsi composé :

Blanc de céruse, deux tiers;

Blanc de Meudon, un tiers;

Une pointe de vert anglais n° 2;

Une pointe de noir d'ivoire;

Une pincée de siccatif en poudre.

Le tout détrempé dans un peu d'huile de lin.

Le rebouchage terminé, on attend au moins deux jours pour laisser au mastic le temps de durcir; on ponce ensuite avec grand soin au papier de verre moyen toute la peinture posée en premier lieu.

Il faut bien épousseter le meuble pour enlever toutes les poussières qui pourraient rester de ce premier ponçage, avant d'appliquer une deuxième couche de peinture, composée comme la première, mais un peu plus épaisse, et qu'on détrempera avec :

Huile de lin, deux tiers ;

Essence de térébenthine, un tiers.

Une fois sèche, cette couche sera poncée au papier de verre très fin, et, après un époussetage soigné, on passera la troisième couche, qui sera très liquide et délayée avec :

Huile de lin, moitié ;

Essence de térébenthine, moitié.

Le meuble est ainsi prêt à recevoir la couche de vernis qui doit lui donner un brillant analogue aux laques de Chine, et qui a valu aux meubles ainsi traités le nom de laqués[1].

On choisit de bon vernis *cristal blanc*, le plus transparent possible, et on l'étendra par deux couches superposées.

Cette façon d'opérer est celle suivie habituellement par les fabricants de meubles laqués ; on peut arriver à un résultat analogue, en se servant des couleurs émail Ripolin ou autres que l'on trouve dans le commerce ; mais pour obtenir un joli effet il faut toujours poncer avec soin les diverses couches.

Un journal a donné la recette suivante pour fabriquer soi-même des couleurs genre Ripolin. On fait dissoudre au bain-marie, sur un feu doux, dans un grand vase en

1. Si, au lieu du ton laqué, on désire un ton mat, comme dans certains mobiliers Louis XV et Louis XVI, on emploie du blanc de zinc à la place de blanc de céruse et on préparera les teintes *maigres*, c'est-à-dire avec plus d'essence que d'huile.

cuivre hermétiquement bouché : 100 grammes de caoutchouc dans un litre d'huile de pétrole blanche : pendant la fusion ôter le couvercle de temps en temps et remuer souvent, jusqu'à ce que le caoutchouc soit bien dissous.

Filtrer dans un tamis fin, puis verser dans un bidon que l'on secouera de temps à autre pendant quelques jours, de façon que les substances se tiennent bien entre elles ; c'est ce mélange que l'on ajoute à la peinture ordinaire à l'huile, à raison de 12 à 15 grammes par kilogramme de peinture, pour obtenir des couleurs imperméables et fort brillantes.

*Décoration au pochoir.* — Les pochoirs ou patrons peuvent être employés avec avantage pour la décoration du mobilier ; ce procédé, pratique et aisé pour un amateur, convient pour les meubles peints ou laqués ; il est moins heureux sur les bois teints naturels.

Le pochoir permet d'orner les divers meubles : lits, buffets, commodes, tables, etc., frises, corniches, bordures.

On peut également composer des ornements pour le centre des panneaux.

Nous ne reviendrons pas sur le découpage des pochoirs, nous nous sommes longuement étendu sur cet art et il n'y a rien à y ajouter en vue de cette nouvelle spécialisation.

On se sert, pour peindre au pochoir sur les meubles, des couleurs en tubes qu'emploient les artistes peintres pour leurs tableaux, on les mêle avec un peu de vernis légèrement éclairci par de l'essence de térébenthine. On y ajoute aussi un peu de siccatif, qui se vend également en tubes.

Les couleurs sont souvent employées telles quelles, mais dans nombre de travaux, lorsqu'on veut avoir des teintes plutôt discrètes et douces, on prépare sa couleur de la façon suivante :

On dépose dans un godet une certaine quantité de blanc qu'on délaye avec du vernis, de l'essence et du siccatif, jusqu'à ce qu'il ait la consistance d'une crème épaisse ; sur une palette en bois, on met un peu des autres couleurs dont on a besoin, et on en porte à l'aide d'une brosse de petites quantités dans le blanc préparé comme nous venons de le dire, jusqu'à ce que l'on ait obtenu la teinte désirée ; la couleur est alors prête à être employée ; avec le couteau à palette on en étend une petite partie sur la palette et l'on pratique la peinture au patron suivant les principes que nous avons déjà expliqués.

La sienne crue, l'ombre crue, l'ocre jaune, la terre verte, le bleu de Prusse, l'outremer français, le rouge clair formeront une palette déjà fort riche.

Il faut s'appliquer à produire les teintes par le mélange de diverses couleurs plutôt que par l'application d'une seule couleur. Ainsi, toute une gamme de verts pourra résulter d'un mélange de terre verte et de bleu de Prusse avec du blanc teinté en jaune par de l'ocre. En variant les quantités de ces trois couleurs, on peut obtenir des tons sur tons qui font admirablement ressortir les dessins du pochoir.

Lorsqu'on désire des nuances très foncées, on met très peu de blanc dans la préparation de la teinte; par contre, les siennes brûlées, le noir, les chromes foncés jouent un rôle important.

La décoration au pochoir une fois terminée et bien sèche, on passe sur tout le meuble une fine couche de vernis cristal; un vernissage au tampon abîmerait très certainement l'œuvre.

*Peinture à la bruine.* — La peinture à la bruine, dite encore peinture au vaporisateur, au crachis à la brosse, est d'une exécution si facile et si simple qu'elle ne demande aucune connaissance du dessin ou de la peinture.

Nous avons vu une table à toilette en bois blanc décorée ainsi avec un si délicieux résultat, que nous croyons intéressant de nous arrêter sur ce mode de décoration.

Son principe est le suivant. Sur un panneau en bois blanc on fixe l'objet plan dont on veut avoir la reproduction, une feuille de fougère; on projette sur ce panneau de l'encre de Chine ou une autre couleur liquide, le panneau se colorera dans toute sa surface, sauf sur les parties protégées par la feuille en question dont le dessin se reproduira en blanc sur fond teinté. Si l'on a pris une feuille à découpures multiples, feuille de palmier ou de fougère surtout, on voit de suite le parti décoratif que l'on peut tirer de ce procédé.

En résumé, tandis que le pochoir permet de peindre grâce à sa découpure interne, c'est-à-dire que la couleur s'imprime en passant au travers de ces découpures, la peinture à la bruine réalise une impression analogue, mais claire sur le foncé, c'est-à-dire réservée, contrairement à l'autre.

*Matériel.* — La peinture à la bruine est connue depuis longtemps et on se servait autrefois d'une grille pour réduire en pluie fine la couleur liquide que l'on projette ; le matériel consistait alors : 1° en une toile métallique assez fine que l'on fixait sur un cadre en bois comme celui des ardoises à écrire ; on pouvait aussi employer les vulgaires tamis de cuisine, dont les rebords élevés avaient l'avantage d'empêcher la couleur de se projeter latéralement ; 2° en un pinceau ou brosse en poils durs, ou, à son défaut, une brosse à ongles.

Pour opérer, on prenait de la main gauche la grille que l'on tenait horizontalement à une certaine hauteur au-dessus de l'objet à décorer ; de la main droite on frottait la brosse chargée de couleur sur le dessus de la grille, la couleur pulvérisée s'échappait en pluie impalpable et se déposait uniformément sur les parties du panneau qui n'étaient pas *réservées*, c'est-à-dire mises à l'abri de la couleur par suite des feuilles qui y étaient appliquées.

Depuis l'invention des vaporisateurs de toilette, la peinture à la grille est devenue peinture au vaporisateur ; en effet, on a complètement délaissé la grille et l'on se sert maintenant de cet ordinaire vaporisateur de toilette qui, dans ce cas, au lieu de projeter des parfums, projette la couleur liquide sur l'objet à décorer. Le meilleur est celui à soufflerie continue à deux boules, que l'on adapte sur des flacons, dont on a toujours une demi-douzaine vides et prêts à recevoir un liquide coloré.

On emploie plus particulièrement des couleurs inaltérables à l'eau, que l'on dilue dans un liquide spécial; nous pouvons aussi recommander les couleurs dites Home-vitrail de Sennelier. En plus, se munir aussi de couleurs à l'huile délayées dans de l'essence ou du vernis colorés.

La peinture au vaporisateur tire principalement de la flore ses éléments décoratifs; en effet, les fleurs et les feuilles, surtout celles à silhouettes très découpées, fournissent des effets d'une grâce surprenante.

Parmi les feuillages les plus intéressants et les plus faciles à trouver nous citerons : acacia, anthemis, araucaria, asyndie, carotte, cerfeuil, chanvre, chélidoine, chrysanthème, coquelicot, fougères, fumeterre, gaillarde, galium des haies, gazon turc, géranium, lamium, lunaire, lycopode, ortie, persil, pissenlit, platane, potentille, pyrèthre, séneçon, solanum, sureau, trèfle, véronique.

Autant que possible, — sans pourtant que la chose soit obligatoire dans tous les cas, — ces plantes doivent être conservées à plat, pressées entre les feuillets d'un gros livre, ou mieux dans un herbier.

C'est en effet dans cet état qu'on les utilise le mieux, parce qu'alors elles s'appuient sur la surface à décorer aussi exactement que possible.

Il est utile d'avoir plusieurs exemplaires du même type. Avant de les presser entre les feuilles de papier de l'herbier, on a pris soin de les mettre en valeur, c'est-à-dire de les étaler de manière qu'elles se présentent non en masse informe, mais avec le plus de détails possible. De fines bandelettes de papier gommé, que l'on passe par-dessus tige et ramille, servent à maintenir les différentes parties de la plante à la place qu'on veut leur assigner. On s'aide de légères pinces de fleuriste pour saisir et diriger les rameaux délicats. Si le sujet est trop touffu, on supprime hardiment tout ce qui nuirait à l'effet décoratif à produire.

Deux jours après avoir été mises sous presse, les plantes peuvent servir.

On dispose les plantes sur le meuble à décorer dans la position voulue et on les fixe avec des épingles plantées *verticalement*; le doigt et la pince d'acier serviront à leur donner une position artistique et les épingles les maintiendront bien en place contre le bois.

Il est, on le comprend aisément, impossible de fournir des indications précises sur la disposition à donner aux plantes qui vont servir de *caches* dans cette décoration, cette disposition dépend des feuillages choisis, du goût et du tempérament artistique de chacun.

Dans la table à toilette dont nous parlions précédemment, de délicates guirlandes de fougères montaient verticalement le long des pieds; sur chaque tiroir s'étalaient horizontalement deux frondes de fougères de plus fortes dimensions ; sur le rebord de la tablette supérieure, se suivaient de fines fougères ; enfin, sur le dessus, de grosses frondes s'étendaient artistiquement.

Les plantes étant ainsi disposées, passons à l'exécution de la peinture proprement dite.

Il faut, autant que possible, poser horizontalement la partie à décorer pour que les couleurs ne coulent pas.

On prépare d'avance, dans un des flacons, le liquide dont on veut colorer le fond, et la teinte est essayée sur un morceau de papier quelconque ; si le ton est jugé satisfaisant, on couvre du liquide pulvérisé toute la surface à décorer en insistant plus ou moins sur certaines parties afin d'obtenir à son gré une teinte unie ou une teinte dégradée. On est toujours maître de son action puisque le résultat se traduit au fur et à mesure devant les yeux de l'opérateur.

Le coloris doit être plus intense sur les contours de la plante, afin qu'elle se détache très fermement en blanc sur le fond.

La teinte du fond peut gagner à n'être pas d'une seule teinte ; il est facile d'en préparer plusieurs et de dégrader la seconde sur la première, et ainsi de suite, à la condition que la précédente soit bien sèche. Il y a là toute une gamme de tons qui se marient très agréablement. Nous nous bornerons à un seul exemple :

Première insufflation : ton vert.

Deuxième insufflation : ton bleu.

Troisième et dernière insufflation : ton rose ou un peu rouge.

Le résultat final est une harmonie d'un violet neutre.

Lorsqu'on veut orner un panneau de feuillages superposés et s'il est nécessaire que les éléments de la composition se détachent bien les uns sur les autres, on peut employer le truc suivant : épingler d'abord le motif principal, celui qui devra paraître au premier plan, vaporiser ferme ses contours en dégradant tout autour : puis, après séchage, passer soit dessus, soit dessous, et le dépassant, la série de feuillages qui forment le second plan, vaporiser soit avec la même couleur, soit avec une autre teinte ; ces feuillages se silhouetteront sur une partie du fond déjà atteinte par la première insufflation ; on agit de même pour le troisième et le quatrième plan, faisant suivre chaque nouvelle disposition de feuillage d'une nouvelle insufflation de couleur.

On ne retire la masse entière que lorsque le travail est terminé et les couleurs bien sèches.

On termine ce genre de décoration en passant une couche de vernis au pinceau.

*Peinture des lits en fer.* — Il arrive souvent que l'on ait à décorer un lit en fer.

La plupart du temps on les *bronze*, c'est-à-dire qu'on les recouvre d'un enduit métallique qui leur donne plus ou moins l'aspect du bronze, de l'argent ou de l'or.

Il faut d'abord limer, gratter et poncer le métal, puis passer deux couches de peinture à l'huile quelconque.

Lorsque la dernière est bien sèche, on pratique le bronzage, c'est-à-dire que l'on étend au pinceau le bronze délayé dans un peu de vernis. On emploie, suivant le goût de l'opérateur, soit le bronze blanc, dit Florentin, soit le bronze doré ou encore le bronze vert.

Il y a deux méthodes : si le bronze couvre également partout montants et barreaux, c'est le *bronzage plein*. Si, au contraire, le bronze est distribué inégalement, chargeant certaines parties pour n'apparaître sur d'autres qu'en tons dégradés, le bronzage est alors dit à *l'effet* ; dans ce dernier cas, le ton de peinture du dessous doit être en harmonie avec la couleur du bronze.

On termine en recouvrant d'une couche de vernis le bronzage parfaitement sec ; sans cette opération le bronze se ternirait vite au contact de l'air.

*Décorations diverses.* — Nous empruntons au *Journal des Travaux manuels* un procédé de décoration qui nous paraît assez intéressant, quoique nous ne l'ayons jamais essayé : « Un style d'ornementation des petits meubles, des panneaux, des boîtes, etc., est celui dans lequel le dessin ressort en blanc et en relief sur un fond noir ou rouge poli comme une laque du Japon. Le procédé qui permet d'arriver à un pareil résultat est assez simple. On prépare d'abord un mélange de cire blanche et d'essence de térébenthine ayant la consistance du vernis copal. On ajoute à cela assez de blanc de céruse en poudre impalpable pour lui donner du corps; puis, à l'aide d'un pinceau fin, on trace sur le bois blanc le dessin de l'ornement voulu. Quand celui-ci est bien sec, on couvre tout le panneau d'une peinture se composant, si l'on veut un fond noir, d'un mélange de noir d'ivoire et de colle de peau, et, si l'on prépare un fond rouge, d'une dissolution de cire à cacheter rouge dans l'esprit-de-vin. On prend ensuite un pinceau court, en soie de porc, on le trempe dans l'alcool et on frotte tout le panneau jusqu'à ce que le dessin devienne visible en lignes bien nettes sur le fond rouge ou noir. On passe ensuite une couche de vernis transparent et on ponce pour obtenir une surface parfaitement unie.

*Entretien du mobilier.* — Si l'on veut que son mobilier conserve sa fraîcheur, si l'on veut éviter d'être obligé de recourir, dans un laps de temps relativement court, à une mise à neuf complète, il faut pratiquer l'essuyage journalier. Cet essuyage se fait en général avec un linge; mais un meuble sculpté ou même seulement orné de moulures devra, avant d'être frotté, être consciencieusement brossé dans ses plus petits creux, afin de déloger la poussière qui s'y incruste très facilement et laisse des marques grises indélébiles. On emploie pour cela des brosses spéciales que l'on trouve chez tous les quincailliers.

*Meubles vernis.* — Il faut avant tout éviter d'essuyer les meubles vernis avec un tissu dur qui les rayerait, on se sert d'un chiffon doux en laine ou en coton ou d'une peau de chamois. La flanelle et les vieux foulards en soie sont excellents.

Quand un meuble verni est taché, on le lave simplement avec une petite éponge fine, très légèrement imbibée d'eau, puis on essuie avec un linge doux.

Si la tache provient — et cela arrive fréquemment pour les tables — d'une liqueur, d'un sirop, de la limonade, l'eau ne suffit pas toujours pour faire disparaître les traces laissées, on emploie alors une décoction tiède de son ou de marc de café. On frotte bien, puis on essuie comme précédemment. Les plateaux en laques se nettoient aussi par ce procédé.

On ne doit pas gratter une tache de bougie, on l'enlève avec de l'eau chaude.

Les taches grises et blanches causées par l'humidité sur un meuble verni s'enlèvent très rapidement et simplement en présentant au-dessus du point taché une assiette chaude.

Lorsque le vernis est altéré dans quelqu'une de ses parties, on lui rend presque le brillant et le poli du neuf à l'aide d'un mélange à parties égales soit d'huile d'olive et d'alcool, soit d'huile de lin et d'essence de térébenthine. On étend cette préparation sur un chiffon de laine et on frotte vigoureusement le meuble. On obtient aussi le même résultat en frottant avec un tampon imbibé d'alcool dénaturé. Quelques personnes conseillent d'imbiber avec du pétrole, mais ce procédé ne vaut pas les précédents.

Parfois les meubles ont reçu des coups ; pour en faire disparaître les marques, on mouille tout d'abord la partie contuse avec de l'eau chaude, puis on applique dessus un morceau de papier brun (papier épais d'emballage), plié en cinq ou six épaisseurs et imbibé d'eau chaude. On passe sur ce papier un fer chaud jusqu'à complète évaporation. Si la meurtrissure est peu profonde, une seule application suffira ; au cas contraire, on renouvelle l'opération.

Si la contusion est de peu d'importance, on peut la faire disparaître en mouillant tout simplement le bois à l'eau chaude, puis en approchant, très près, sans cependant toucher le bois, un fer fortement chauffé.

*Meubles laqués.* — Les meubles laqués exigent des soins analogues, — avec plus de précaution encore, car ils sont plus fragiles que les meubles vernis.

On les entretient avec une peau de chamois ou un vieux foulard. Quand le laquage de ces meubles est altéré ou défraîchi, on mouille légèrement la surface abîmée, sur laquelle on frotte doucement, mais avec persistance, jusqu'à que l'on obtienne un polissage parfait. On essuie ensuite avec un foulard de soie pour faire disparaître toute trace blanchâtre.

Les meubles laqués en clair, simplement sales ou défraîchis, se remettent à neuf en les lavant avec une légère infusion de thé tiède (environ une cuillerée à bouche de thé pour un litre d'eau). Avec une éponge bien imbibée de ce liquide, on frotte les parties salies, en opérant avec une certaine délicatesse pour ne pas enlever la peinture.

Il ne faut jamais employer une dissolution de carbonate ; tout au plus, lorsque les meubles sont bien sales, peut-on passer de l'eau tiède dans laquelle on fait dissoudre un peu de savon noir si l'infusion de thé n'a pas donné de résultat.

*Meubles cirés.* — Leur entretien est des plus faciles, il suffit de les essuyer ou mieux de les frotter journellement avec un linge un peu rude, comme la serge. Les petites taches, les éclaboussures d'eau s'enlèvent rien qu'en les frottant avec un bouchon de liège ; si les taches sont de grandes dimensions, on les frotte avec un chiffon de laine imprégné de quelques gouttes d'huile de lin.

L'huile doit toujours être employée avec discrétion, car en trop grande quantité elle fait des taches ; pour enlever les taches huileuses, il faut imbiber fortement l'endroit avec de l'essence de térébenthine, puis le saupoudrer de talc ; on maintient ensuite sur le talc, pendant quelques instants, un fer à repasser. On enlève bien tout le talc et on passe de l'encaustique.

## RÉPARATION ET REMISE A NEUF DES MEUBLES

*Meubles anciens.* — Les meubles anciens — et l'on sait qu'ils ont parfois de la valeur — sont souvent attaqués par les vers, qui piquent le bois et le criblent de petits trous qui en déparent l'aspect et compromettent la solidité; ces accidents peuvent même, dans certaines conditions, arriver aux meubles de fabrication récente.

Pour détruire ces vers, les applications d'acide phénique sont excellentes. On recommande aussi d'introduire dans les trous, à l'aide d'une petite seringue, de l'essence de térébenthine, de l'essence de pétrole, du sulfure de carbone (odeur désagréable, soit dit en passant, et grand danger d'inflammation) ou encore de l'alcool dénaturé; après quoi on badigeonne tout le meuble de bas en haut avec de l'essence de térébenthine.

Nous avons toujours été fort satisfait d'injecter dans les trous à l'aide d'une seringue une dissolution de huit grammes de sublimé corrosif (bichlorure de mercure, poison) dans un litre d'alcool.

On bouche ensuite les trous à la cire que l'on colore avec une couleur en poudre assortissant le bois, et on recouvre d'encaustique ou de vernis.

*Fentes dans le bois.* — On peut soit procéder au mastiquage ordinaire, soit employer un des procédés suivants :

On mélange de la sciure de bois avec de la colle forte, de manière à former une pâte que l'on met dans les trous ou fentes; cette pâte, une fois sèche, présente une extrême solidité.

Le moyen le plus pratique pour boucher des fentes de quelque importance, réside dans l'emploi d'un ciment à la gomme laque, dont nous donnons ci-dessous la formule. Ce procédé est connu en Angleterre sous le nom de Beaumontage.

Prenez une poignée de gomme laque en écaille, mettez-la dans une casserole en fer et ajoutez une cuillerée à café de résine pulvérisée, gros comme la moitié d'une noix de poix de Bourgogne et trois bonnes pincées d'ocre jaune. Faites fondre au bain-marie et remuez jusqu'à ce que le mélange soit complet (il faut éviter les excès de chaleur qui enlèvent une partie des propriétés de la gomme laque); versez sur une planche et roulez la masse en baguettes.

Vous ferez fondre de nouveau ces baguettes pour en former d'autres baguettes plus fines, et vous leur ajouterez une petite quantité de couleur en poudre pour obtenir une teinte s'assortissant avec le bois dont il s'agit de réparer les fentes : ocre jaune pour le chêne, ombre brune pour le noyer, rouge de Venise pour l'acajou, une très petite quantité de noir pour le bois de rose, beaucoup de noir pour l'ébène. Il est prudent de préparer, sauf pour le dernier cas, deux ou trois baguettes de teintes plus ou moins foncées qui pourront mieux s'assortir avec les différentes parties du meuble, car il faut remarquer que le bois est loin d'être de la même nuance sur toute sa surface.

Pour les meubles laqués, on ajoutera du blanc mélangé à la couleur voulue, afin d'obtenir une teinte analogue à la peinture qui recouvre le meuble.

Pour se servir de ces baguettes, on fait chauffer un ciseau, tournevis ou morceau de fer on appuie de la main gauche la baguette du ciment sur la fente et on approche le fer chaud ; le ciment entre en fusion et on appuie fortement la baguette, de façon à bien faire pénétrer le produit dans la fente ou le trou ; on lisse ensuite la surface avec le fer chaud.

Pour les craquelures de peu d'importance, on peut employer de la cire d'abeille judicieusement colorée au moyen de couleurs en poudre.

Dans tous les cas on passe au vernis ou à l'encaustique les parties réparées.

*Remise à neuf des meubles cirés.* — Cette opération obligatoire pour les meubles d'occasion achetés soit à la campagne, soit chez les antiquaires, est très aisée lorsque le meuble n'est pas garni de sculptures trop compliquées.

On enlève tout d'abord la couche de cire qui recouvre le meuble et les saletés qui y sont adhérentes, avec un racloir en métal, et l'on achève le nettoyage au moyen de la paille de fer et du papier de verre.

On peut aussi le laver avec une eau fortement chargée de carbonate de potasse, puis on laisse sécher.

Il faut toujours bien mettre le bois *à blanc* et l'opération est parfois difficile lorsque le meuble est un tant soit peu fouillé. On passe ensuite à l'encaustique en opérant comme pour un meuble neuf.

Lorsque le meuble est très vieux et que les pores du

bois sont très ouverts, il est préférable, avant de passer l'encaustique, de frotter sur toute la surface du meuble avec un morceau de cire jaune comme on le ferait d'un morceau de savon, puis on passe un fer chaud sans brûler le bois, mais de façon à faire fondre la cire et à l'obliger de s'étendre et de s'étendre également partout. On enlève ensuite l'excédent de cire avec un racloir non tranchant ou le revers d'une lame de couteau, puis on enduit d'encaustique.

*Remise à neuf des meubles laqués.* — Quand les meubles laqués sont très abîmés, on les lessive au carbonate de soude, puis on les traite comme des meubles neufs en les laquant de nouveau.

*Remise à neuf des meubles vernis.* — Plusieurs cas peuvent se présenter.

Lorsque le meuble n'est pas abîmé, le vernis étant seulement desséché et encrassé, il suffit d'appliquer sur les parties altérées un mélange formé en quantités égales d'huile de lin et d'essence de térébenthine, puis de poncer les parties enduites jusqu'à complet nettoyage avec du papier émeri ou de la toile émeri numéro 0. On revernit ensuite le meuble soit au pinceau, soit au tampon.

Lorsque le vernis a perdu son brillant, il suffit de frotter le meuble avec de l'essence de térébenthine et de vernir une nouvelle fois.

Lorsque le vernis est tacheté de blanc, c'est qu'il a souffert de l'humidité; il faut le dévernir pour mettre le bois à blanc.

Il y a deux façons de dévernir :

1° Avec un racloir, on enlève tout le vernis, on passe rapidement au papier de verre et on applique sur toute la surface un mélange d'huile de lin et d'essence de térébenthine à parties égales, l'on polit au papier de verre très fin, puis à l'émeri numéro 0.

2° On dévernit à l'alcool. Pour cela on badigeonne le meuble avec de l'alcool dénaturé *très fort*, à 70 degrés, qu'on laisse séjourner quelque temps sur le bois afin qu'il pénètre bien le vernis ; on racle avec un vieux couteau, un grattoir, un morceau de verre, puis on passe au papier de verre un peu gros, numéro 3, pour finir par un plus fin, numéro 0. Ensuite on imprègne de nouveau le meuble d'alcool dénaturé sur lequel on jette de place en place une pincée de blanc d'Espagne en poudre, on frotte bien ; on finit en passant au papier de verre fin et un peu usé, c'est-à-dire ayant déjà servi.

Dans n'importe quel procédé, il faut en frottant avoir bien soin de suivre le fil du bois.

3° Une dissolution de potasse d'Amérique, ou eau seconde des peintres, que l'on trouve chez les droguistes, fait disparaître promptement le vernis, on l'applique avec un gros pinceau ou brosse, on laisse un moment le liquide pénétrer dans le bois, le vernis se décompose et s'en va quand on essuie avec un chiffon. L'eau seconde étant corrosive, il faut l'employer avec précaution.

Le meuble étant déverni, on le ponce soigneusement et on le vernit comme un meuble neuf.

*Égratignures aux meubles en cuir.* — Il est facile de réparer les égratignures aux meubles en cuir en retendant avec soin la partie racornie et en la recollant à sa place primitive avec de la colle de pâte. Si le cuir est entamé sur une grande étendue et s'il est racorni dans tous les sens, il faut humecter cette partie en le bassinant légèrement avec un chiffon à peine humide, de manière à ramollir simplement la peau ; puis on retend bien toutes les parties racornies, de façon à leur faire prendre leur emplacement primitif. On relève ensuite les parties ainsi rajustées et on les enduit sur leur envers d'une couche de colle de pâte ou d'amidon et on les remet en place. Le raccord étant bien fait, il ne reste plus qu'à faire disparaître, au moyen de couleur à l'eau délayée à la gomme, ou avec des couleurs liquides pour le cuir, les petites lignes blanches ou noires révélant le raccord.

*Réparation des meubles en marqueterie.* — Lorsqu'il manque une partie d'une marqueterie, il faut se procurer du bois de placage assorti à la pièce, feuille, pétale de fleur, arabesque, etc., que l'on veut remplacer.

A l'aide d'un papier blanc très mince, on relève la partie du dessin disparu, en le posant sur la partie à refaire, et on frotte légèrement dessus avec la spatule d'une cuillère en étain; les contours de la pièce ne tardent pas à se dessiner par une ligne noire, suivant toutes les irrégularités et les sinuosités de la partie manquante.

On colle ce patron sur le placage choisi et, à l'aide d'un gouge ou de ciseaux de menuisier, on en découpe *exactement* tous les contours. La pièce découpée s'adapte alors dans la marqueterie et il ne reste plus qu'à la fixer au moyen de colle forte.

*Meubles boiteux.* — Cet accident arrive fréquemment aux meubles qui ont déjà subi une certaine usure. On remarque le pied qui est plus court que l'autre, on enlève la roulette qu'il porte et on rallonge le pied de la longueur équivalente à l'espace qui se trouvait entre la roulette et le parquet, par une rondelle de cuir ou de bois que l'on colle et que l'on cloue au-dessous de ce pied, puis on remet en place la roulette, le meuble reprend alors son équilibre.

Si le pied n'a pas de roulette, on se borne, suivant les besoins, à coller à son extrémité et à clouer une rondelle en cuir ou en bois.

*Accidents divers.* — Un pied cassé, un bras rompu sont des accidents qui arrivent fréquemment dans le mobilier.

Tout d'abord, dès que l'on s'aperçoit que les pieds d'une chaise, fauteuil, sofa, canapé ou table, ou toute autre partie du mobilier commence à vaciller et à avoir du jeu, empressez-vous de consolider le joint en glissant dans l'interstice qu'on serre fort à cet endroit quelques gouttes de colle forte que vous y portez à l'aide d'un couteau à palette légèrement chauffé.

Pareille précaution empêchera un accident plus grave dans la suite.

Un pied cassé peut se réparer, mais il n'aura jamais la même solidité.

Si la cassure est horizontale, le meilleur procédé consiste à percer dans chacune des pièces perpendiculaires à la cassure deux traits exactement correspondants; on se sert pour cela d'un vilebrequin; on découpe dans un morceau de bois dur, chêne ou frêne, à fil droit, un tenon de diamètre à peu près égal à celui des trous percés; enfoncez le tenon dans l'une des pièces, enduisez la cassure de colle forte et présentez l'autre morceau afin que le tenon pénètre dans le trou qu'il porte : il est bon d'enduire aussi de colle le tenon quand on le met en place.

On peut, si la cassure n'est pas en un endroit trop visible, disposer le long du pied, de façon à chevaucher sur les deux morceaux, une petite lame de métal, fer ou cuivre, que l'on visse contre le pied que l'on avait collé au préalable.

Si la cassure est en biais, il faut consolider le collage au moyen de vis que l'on enfonce des deux côtés et qui doivent pénétrer dans les deux morceaux; on fait au préalable, à l'aide du vilebrequin, une cavité dans laquelle se logera la tête de la vis; celle-ci étant enfoncée à force, on bouchera cette cavité avec un peu de cire colorée et la réparation ne sera plus visible.

*Cannage.* — Lorsque le cannage primitif d'une chaise a été détruit ou enfoncé, soit à la suite d'un accident, soit long usage, il est très facile de faire cette réparation sans avoir recours à un spécialiste.

Les matériaux nécessaires consisteront en rotins *filés*, que l'on vous vendra tout préparés au prix de 5 à 6 francs le kilog. Le rotin doit être laissé à tremper dans de l'eau froide durant 24 heures avant qu'on puisse l'employer. Pendant ce temps, on peut préparer la chaise : il faut faire disparaître entièrement l'ancien cannage, que l'on coupe à l'aide d'un couteau. Il reste néanmoins dans les trous du siège de petits brins de canne maintenus par des coins ou chevilles, on fera sortir les uns et les autres à l'aide d'un poinçon. Ce travail doit être fait soigneusement, pour que toute trace de l'ancien cannage disparaisse.

On préparera ensuite de petits éclats de bois qui serviront momentanément à maintenir les brins de canne en attendant le chevillage définitif.

Prenez d'abord deux morceaux de rotins filés, en choisis-

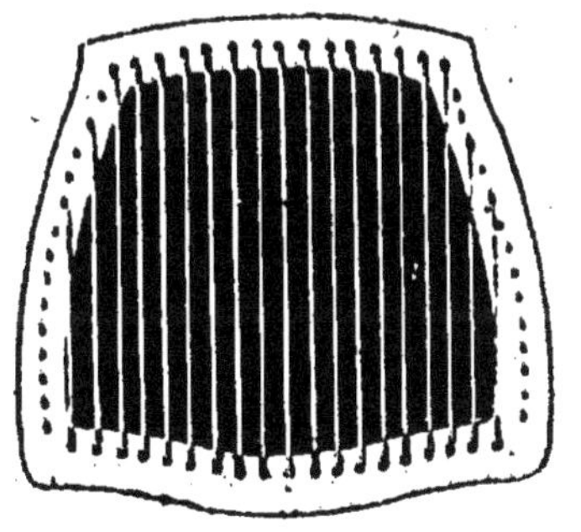

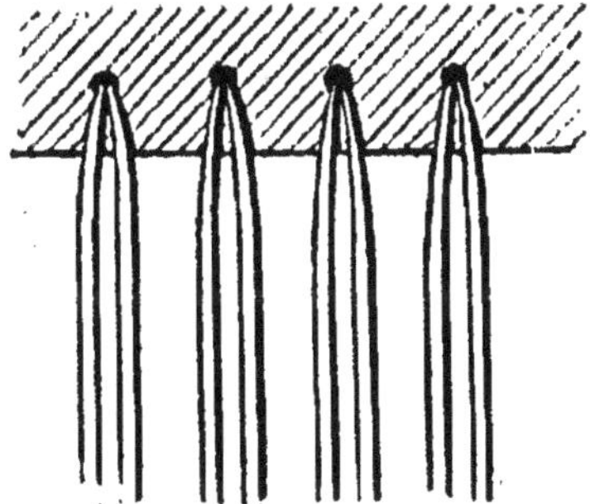

Fig. 24.

sant les moins larges, nouez-les ensemble et placez-les

comme le montre la figure 24 en les maintenant à leur place au moyen de chevilles temporaires. Lorsque le siège est garni dans un sens, faites la même opération dans l'autre sens (fig. 25), en entrelaçant les brins.

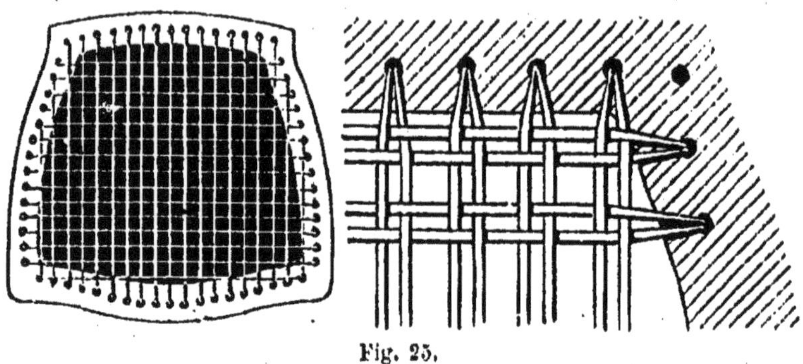

Fig. 25.

Prenant un morceau de rotin, en choisissant les grosses largeurs, vous l'entrelacez en partant d'un angle pour aller

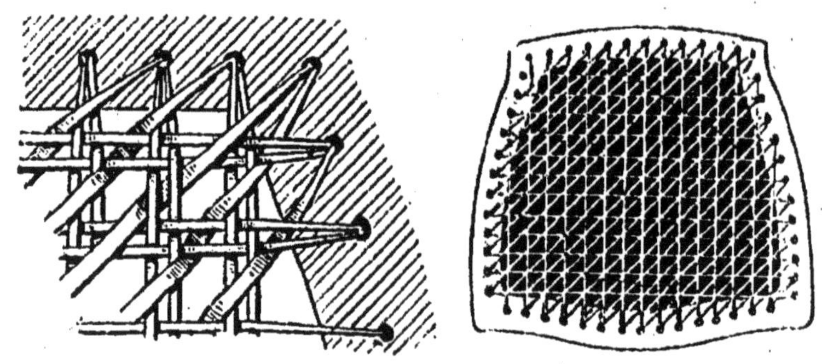

Fig. 26.

à l'autre, en diagonale. Vous partez (fig. 26) de l'angle de droite supérieur pour aller à l'angle de gauche inférieur, et, enfilant des morceaux de canne dans les trous suivants, vous garnissez tout le siège.

Vous opérerez de même en partant (fig. 27) du troisième angle pour aller au quatrième et vous garnissez également le siège en suivant une diagonale opposée à la précédente.

Prenez de nouvelles chevilles et, enlevant les premières, enfoncez celles-ci dans tous les trous faits dans le bois du siège en sautant un trou pour mettre une cheville dans le

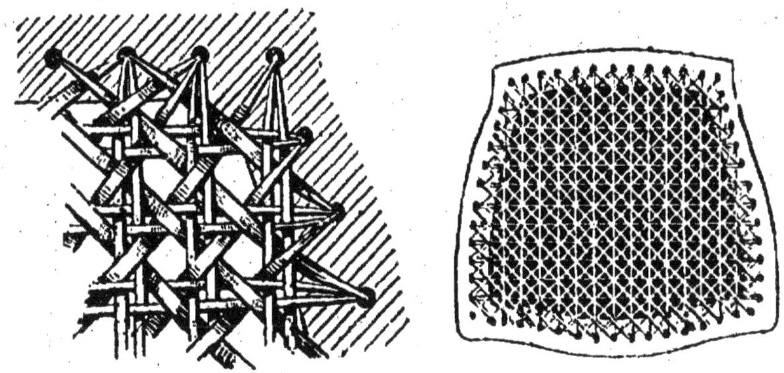

Fig. 27.

suivant, c'est-à-dire que la moitié des trous doivent être chevillés. Coupez ces chevilles avec un couteau ou mieux un ciseau au ras du bois de la chaise.

Il ne vous restera qu'à faire la bordure. Vous introduisez dans un trou d'angle (non garni de chevilles), deux de vos plus larges brins dont vous aurez noué l'extrémité et vous leur ferez suivre tout le contour de la chaise ; pour maintenir cette bordure en cette place, vous ferez passer par les trous non chevillés un brin de rotin (des plus minces) et vous le ramènerez par le même trou après lui avoir fait enserrer la bordure comme le montre clairement la figure 28.

Il faut toujours avoir grand soin de n'employer que des cannes parfaitement humectées et rendues complètement maniables par un long séjour dans l'eau. Tendez fortement les brins sans exagération toutefois, de peur de les

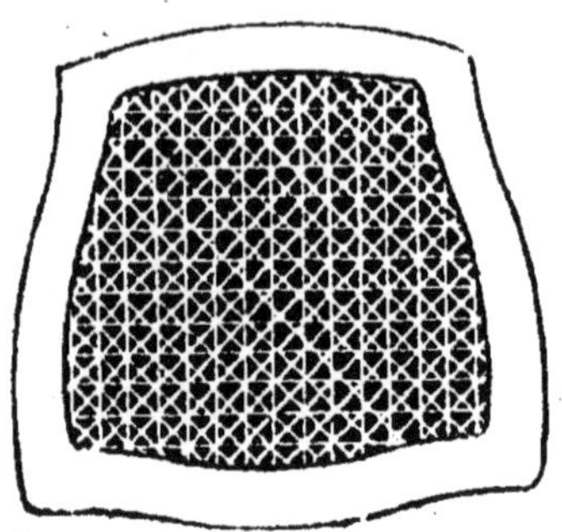

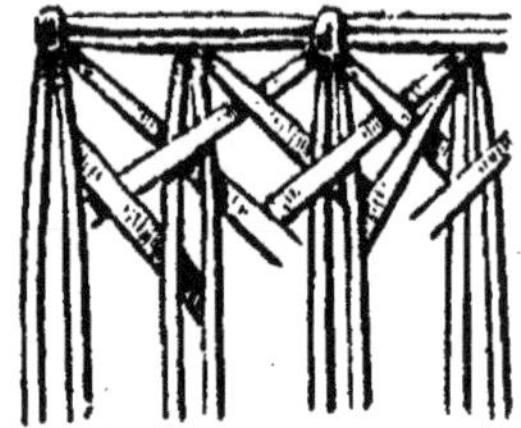

Fig. 28.

faire fendre. Choisissez de préférence de longs brins, surtout lors des débuts, afin d'éviter de nombreux nœuds qu'il faut toujours faire en dessous et contre le bois; plus tard vous apprendrez à vous servir des brins courts.

Chevillez immédiatement, sans cela le résultat final laisserait fort à désirer. Enfin, ne coupez les longueurs, qui dépassent le bois, que lorsque tout travail est terminé.

# CHAPITRE VIII

## TRAVAUX D'INTÉRIEUR

*Pose des clous, tampons, pitons, pattes à glaces, etc.* — Planter un clou, un piton, une patte est une opération qui peut se présenter journellement, et cette opération, qui doit être faite avec soin pour qu'il y ait la solidité nécessaire, est à la portée de tous les amateurs.

Nous allons passer en revue les cas les plus fréquents.

*Divers genres de clous.* — Les *pointes* sont des clous cylindriques en fer doux, finissant par une pointe effilée. Ils se courbent facilement lorsqu'ils rencontrent un obstacle et se redressent sans se rompre. On les trouve dans le commerce à partir de deux millimètres jusqu'à plusieurs centimètres de longueur.

Les *semences* ou *punaises* sont des petits clous coniques sur toute leur longueur et à tête plate; elles sont employées pour la pose des tapis et des tentures.

Les *clous à crochets* ou pitons ont leur tête en crochet, ils sont à section cylindrique ou carrée et s'emploient dans les intérieurs pour suspendre les objets.

Les *pattes à glaces* sont des clous de forme pyramidale très allongée et terminée, à l'extrémité opposée à la pointe, par une partie plate percée d'un trou à son centre.

*Planter un clou dans du bois.* — L'opération est toujours facile lorqu'il s'agit de bois tendre, sauf dans le cas où ce bois est très mince, car on risque alors de faire éclater la pièce.

En pénétrant dans le bois, la pointe du clou fait fonction de coin, c'est-à-dire qu'elle écarte les fibres du bois à son passage, et si la planche n'est pas assez forte pour que la résistance qu'oppose la cohésion entre les fibres soit supérieure à la force d'écartement, la rupture a lieu. Il faut donc enlever cette pointe, cause d'éclatement avant la pose du clou. On place le clou la pointe en l'air, sur une surface dure, comme le fer ou la pierre. Avec quelques coups de marteau on émousse la pointe. Un clou sans pointe pénètre dans le bois sans écarter les fibres. Il agit plutôt comme un poinçon, écrase, déchire la partie des fibres qu'il rencontre à son passage.

Pour les travaux très soignés, on peut percer au préalable un petit trou à la vrillette, comme nous allons l'expliquer pour les bois durs.

Il est beaucoup plus difficile de planter un clou droit sans qu'il se torde dans un panneau en bois dur; il faut chercher un moyen détourné pour planter le clou sans le courber.

Le moyen le plus pratique consiste à percer d'abord, à l'endroit où l'on veut placer le clou, un trou plus petit que lui, mais cependant suffisant pour que sa pointe y pénètre. Ce trou peut se faire soit avec une percerette, soit avec un petite pointe ou poinçon carré. Il suffit, après avoir introduit la pointe du clou dans le trou ainsi commencé, de donner quelques coups de marteau pour finir de l'enfoncer.

Si le clou doit être planté dans une planche en bois mince qui risque d'éclater, il faut toujours commencer par percer le trou avec une percerette.

Quand il s'agit de planter un clou, un piton dans le mur d'un appartement, plusieurs cas peuvent se présenter.

*Pose d'un clou dans un mur tendre ou dans un joint.* — Souvent la pierre que l'on emploie dans les constructions est assez tendre et, dans ce cas, on peut enfoncer un clou directement sans craindre de le tordre. Il suffit de choisir le clou de la grosseur convenable pour qu'il puisse vaincre la résistance de la pierre en question.

Dans tous les cas, les petit clous et les semences ne pénétrant que dans la couche de plâtre peuvent se planter toujours avec une grande aisance. Si les murs sont faits en pierre dure ou en briques, alors les clous ne peuvent pénétrer directement dans le mur, pour peu qu'ils soient longs, à moins qu'on ne réussisse à trouver par tâtonnement l'endroit d'un joint. Dans le cas d'un mur en briques, cela est plus facile à cause des petites dimensions de celles-ci, ce qui augmente les chances de tomber sur un joint.

Avant de planter le clou, on peut s'assurer de l'existence du joint par un sondage préalable au moyen d'une pointe fine.

Ce procédé est très employé par les amateurs, mais il a le grand inconvénient de forcer à planter le clou là où on trouve le joint, ce qui ne convient pas toujours.

*Pose d'un tampon.* — Lorsqu'on veut poser un clou dans un point quelconque d'un mur où il n'existe pas de joint, il faut user d'un artifice : remplacement partiel de la partie dure qui fait obstacle par une partie en bois qui se laissera plus facilement pénétrer.

*Observation importante.* — Lorsqu'on veut planter un clou dans un mur qui est recouvert d'un papier de tenture, il faut en premier lieu fixer exactement le point où sera établi le clou ; avec un couteau bien aiguisé, on fait une incision en forme de croix, le point où doit être planté le clou étant le point d'intersection et chaque branche ayant une longueur de 5 à 6 centimètres.

On soulève le papier par les pointes des angles que l'on vient ainsi de former, et cela, en s'aidant d'un couteau à papier afin de le décoller sans le déchirer ; on obtient ainsi, sur la surface de la muraille, un grand espace vide que l'on pourra recouvrir exactement dans la suite en rabattant les angles soulevés.

Pour poser un tampon, on commence par creuser dans

le mur un trou au point voulu au moyen d'un vilebrequin, dans une position perpendiculaire au mur; pour obtenir un trou droit, on appuie sur l'outil avec la poitrine, et, de la main droite, on tourne la manivelle coudée dans le sens de rotation d'une aiguille de montre.

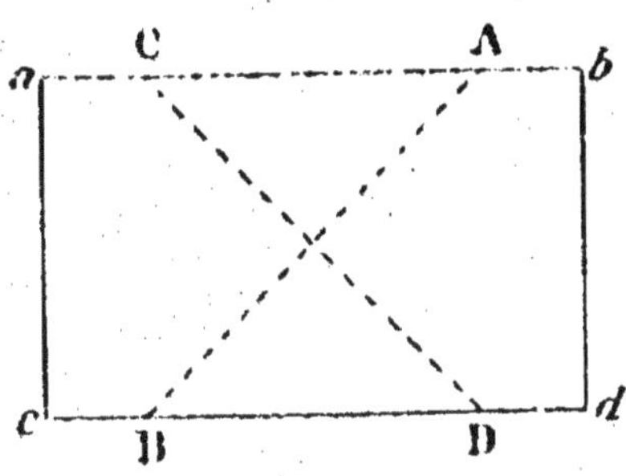


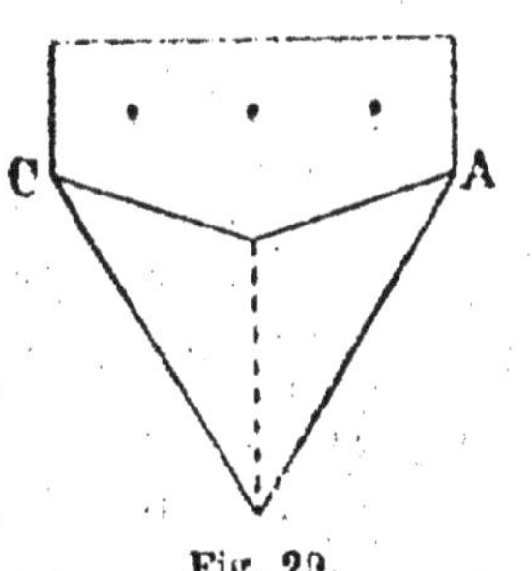


Fig. 29.

On se sert, suivant les matériaux, de mèches à pierre ou de mèches à bois.

Pour empêcher les poussières provenant de la pierre de tomber sur le parquet, on peut employer le truc suivant :

On prend une feuille de papier *a b c d* qu'on plie suivant la ligne *A B*, puis une seconde fois suivant la ligne *C D* (fig. 29). On obtient ainsi un cornet qu'on fixe au mur sous le trou à creuser au moyen de quelques semences. Les poussières provenant du trou tombent dans le cornet, qu'on enlève avec précaution après l'opération.

Connaissant la longueur du clou ou du piton, on sait d'avance la profondeur à laquelle on doit creuser le trou et on reconnaît cette profondeur par la longueur de la mèche engagée.

On prépare ensuite un tampon en bois tendre, de préférence en bois blanc, auquel on donne d'abord une forme carrée et une section conique, afin que le petit bout rentre facilement et que le gros bout ne puisse rentrer qu'à coups de marteau. On abat aussi légèrement les angles du tampon de façon à faciliter son entrée dans le trou. Ceci fait, on enfonce dans le trou le tampon à coups de marteau. Quand il n'est plus possible de le faire pénétrer davantage, on coupe toute la partie de bois qui dépasse. Avec un ciseau large de menuisier, on pratique d'abord une entaille en travers des quatre côtés du tampon au ras du mur, puis agissant sur l'extrémité extérieure, on fend le tampon sur une petite épaisseur. Cette fente, dès qu'elle atteint l'entaille faite au ras du mur, enlève tout soutien au copeau qui se détache facilement. Ainsi opère-t-on sur les quatre côtés jusqu'au noyau central qui s'abat d'un coup de ciseau. Il faut avoir bien soin d'enlever des copeaux sur tout le pourtour du tampon et non sur un seul côté, car on provoquerait ainsi l'arrachement du tampon.

L'opération se termine par la plantation du clou ou du piton en plein tampon; plantation que l'on prend la précaution de faciliter, par un trou à la vrille, si le clou étant assez gros, on craint de fendre le tampon.

On enfonce le clou dans le tampon de façon à n'en laisser apparaître que la partie absolument nécessaire.

On rabat ensuite les angles soulevés du papier et on les fixe avec de la bonne colle de farine.

*Observation importante.* — Le trou destiné à recevoir le tampon conservera jusqu'au fond la même largeur, c'est-à-dire qu'il sera à parois bien parallèles, car si la cavité était conique, le tampon aurait une tendance à sortir sous l'effort de traction produit par l'objet suspendu au clou planté dans ce tampon.

*Planter un clou dans une cloison en briques creuses.* — Si la place du trou n'est pas déterminée à quelques centimètres près, il est préférable d'opérer par tâtonnements afin de trouver un joint, car il permet de fixer le clou plus solidement. Dans le cas contraire, on opérera avec un vilebrequin, comme lorsqu'il s'agit d'un mur plein. Il faut remarquer que le vilebrequin peut rencontrer la partie creuse des briques qu'il doit traverser pour continuer à creuser dans la partie pleine lorsqu'on veut que le clou soit planté très solidement ; lorsqu'une grande solidité n'est pas demandée, il n'est pas nécessaire de percer la deuxième paroi de la brique. On enfonce ensuite le tampon en bois comme précédemment.

*Planter un clou dans une cloison en plâtre.* — Il faut observer en premier lieu que les cloisons faites simplement en plâtre contiennent des claies qu'on peut rencontrer en enfonçant les clous. Dans ce dernier cas, l'opération va toute seule ; on plante facilement le clou, et cela d'une façon très solide. Dans la partie contenant du plâtre, les clous entrent aussi très facilement et tiennent assez bien lorsqu'on ne leur demande pas un trop grand effort. Si le clou ne tient pas bien sous l'effet de la traction de l'objet qui lui est suspendu, il faut le retirer; on remplit le trou de bouts d'allumettes après, quoi on enfonce de nouveau le même clou. Afin d'augmenter la solidité des clous plantés dans des cloisons en plâtre, il faut les mouiller avant de les enfoncer dans le plâtre.

*Percement du trou avec le tamponnoir.* — Souvent, au lieu du vilebrequin, on se sert d'un instrument spécial, sorte de ciseau à pierre dit tamponnoir. Cet outil est fait d'une seule pièce acérée et porte un bout aminci en forme de foret; il est indispensable pour percer un trou dans les angles des murs, où l'on ne peut manœuvrer le vilebrequin; un modèle spécial permet de creuser dans la pierre dure qu'il n'est pas possible de percer avec les mèches ordinaires du vilebrequin. On marque sur le mur dénudé, où on a eu soin d'enlever le papier comme précédemment, un carré de 2 à 3 centimètres de côté, suivant la grosseur du tampon que l'on veut enfoncer. On prend alors, sans trop le serrer, le tamponnoir dans la main gauche appuyée contre le mur. Un solide marteau manié de la main droite frappe à bons coups sur la tête de l'outil, afin d'obtenir des entailles bien prononcées, que l'on pratique d'abord tout autour du carré, pour circonscrire une sorte de noyau central. On réduit ce noyau central par des tailles d'autant plus croisées en tous sens que la matière est plus dure. Pour ce faire, à chaque coup de marteau, on tourne un peu l'outil dans sa main pour multiplier ces sortes de hachures creusées qui égrènent la pierre. On procède ainsi par petites couches successives jusqu'à ce que l'on ait atteint la profondeur voulue, en ayant soin de retourner de temps en temps l'outil dans le trou de façon à bien le nettoyer. Encore plus qu'avec le vilebrequin, il faut veiller à faire un trou d'égale largeur sur toute la profondeur, car avec le ciseau on est tenté de lui donner une forme conique.

Le clou s'oxyde avec le temps et s'attache mieux au mur.

*Pose des glaces.* — Les glaces se fixent à l'aide de clous spéciaux dits pattes à glaces, que l'on enfonce dans le mur ; la patte de ces clous étant munie d'un petit trou, on cloue le cadre des glaces contre les pattes en faisant passer une pointe par le trou susmentionné.

Il faut remarquer que les pattes à glaces ont à résister à des efforts de traction perpendiculaire à la surface du mur. C'est une condition très défavorable à la solidité de ces pattes plantées dans des murs ; si elles sont plantées dans un montant en bois, il n'y a rien à craindre, mais si les murs sont en pierre ou en plâtre, la solidité est très compromise.

Il est vrai que l'on pourrait placer d'abord des tampons pour y planter les pattes suivant les procédés que nous venons de montrer, mais outre que pareil travail est long (une glace demandant au moins six pattes) il y aurait danger d'incendie à enfoncer des tampons en bois dans une gaine de cheminée, les glaces se trouvant généralement placées dans pareilles positions.

On peut opérer comme suit :

La patte ne sera pas enfoncée perpendiculairement à la surface du mur, comme on le fait pour un clou, mais inclinée sur cette surface, afin que la partie plate même s'applique sur la glace à retenir. Il va sans dire que cela ne s'applique qu'aux pattes destinées à maintenir latéralement la glace et non à la supporter ; dans ce dernier cas, on les enfonce comme des clous, c'est-à-dire perpendiculairement au mur.

Le cas le plus fréquent est la mise en place d'une glace au-dessus d'une cheminée. On commence par enfoncer perpendiculairement dans le mur deux ou trois pattes sur la ligne que doit occuper le bord inférieur de la glace. Ces pattes formeront support comme le ferait le marbre de la cheminée si la glace était posée directement sur elle. Les pattes des côtés seront enfoncées en biais de façon que la partie plate soit plus haute que la pointe, car elles sont destinées à supporter un effort de traction provoqué par le pied de la glace elle-même.

Si l'on veut fixer (ce qui n'est pas absolument nécessaire) la glace par son bord supérieur, on enfoncera deux pattes obliquement comme précédemment, les parties plates dirigées respectivement vers les angles de la glace au lieu d'être vers le milieu, c'est-à-dire que ces deux pattes doivent être plantées suivant des directions s'écartant au lieu de se rapprocher; il est superflu d'expliquer l'utilité de cette disposition, mais également les pattes devront être plantées de façon que la partie extérieure soit plus relevée que la pointe, car elles sont destinées à supporter un effort de traction provoqué par la tendance de la glace à se détacher du mur et à se renverser.

Si on plantait la patte comme un clou, on écraserait sa partie supérieure. En commençant la pose, on frappe avec le marteau sur l'épaulement de la patte. Une fois pénétrée dans le mur, on continue à l'enfoncer de la manière suivante : on prend un ciseau à froid bien émoussé, on l'appuie sur l'épaulement de la patte et, de la main droite, on frappe du marteau l'autre extrémité du ciseau. Il faut avoir la précaution de prendre un ciseau bien émoussé et *non tranchant* car, étant en acier, et la patte en fer ou en fonte, il couperait l'épaulement de cette dernière sans l'enfoncer. Toutes les pattes étant plantées, la glace est mise en place et on la fixe définitivement par des pointes qui, passant par les trous des pattes, pénètrent dans les bords du cadre.

*Pilon Golo.* — Dans la plupart des appartements ou maisons modernes, les plafonds sont munis de crochets spéciaux destinés à recevoir les lampes, lustres, ciels de lit et suspensions de toute nature. Ces crochets, posés au moment de la construction, sont solidement fixés dans des parties résistantes de la charpente et supportent des charges verticales souvent fort lourdes. Au contraire, dans un grand nombre d'habitations un peu anciennes, on ne trouve pas de ces crochets et l'on peut avoir à résoudre le problème d'un mode d'attache simple et résistant. L'emploi du piton Golo, dont nous allons parler, est tout indiqué dans ce cas.

Ce petit appareil se compose d'un piton à anneau fermé dont la tige filetée reçoit un écrou de forme tronconique. Immédiatement au-dessus de l'anneau se trouve une embase circulaire ou rondelle qui reçoit les extrémités inférieures recourbées de deux ou trois fractions égales d'un manchon cylindrique coupé suivant des génératrices.

Lorsque l'écrou tronconique se trouve à l'extrémité supérieure de la vis, les différentes parties du manchon sont jointives et constituent par leur ensemble un véritable cylindre. C'est ainsi que le piton Golo se présente lorsqu'il n'est pas utilisé. Pour s'en servir, il suffit de percer, à l'endroit voulu du plafond (à l'aide du vilebrequin et en suivant les conseils déjà donnés sur l'emploi de cet appareil), un trou de diamètre égal à celui du manchon.

Dans le cas où le trou serait à percer dans de la brique, il conviendrait évidemment de se servir du tamponnoir.

Cela fait, on enfonce dans le trou le manchon du piton Golo, jusqu'à ce que la rondelle vienne s'appuyer exactement sur le plafond, puis on tourne l'anneau comme s'il s'agissait d'enfoncer la vis. La rotation imprimée à cette dernière fait descendre l'écrou, que deux ou trois ergots, engagés dans les ouvertures existant entre les branches du manchon, empêchent de tourner. L'écrou, en descendant, agit comme une sorte de coin qui écarte ces branches, les appuie fortement sur les parois de l'ouverture pratiquée dans le plafond. On comprend combien doit être énergique le mode d'attache réalisé. Le piton Golo se fait en fer ou en laiton. Sur le même principe, on a établi des patères d'un emploi assez répandu.

*Pose des tapis d'appartements.* — Nous pouvons considérer deux cas, suivant que le tapis ne doit occuper qu'une partie de la pièce, ou qu'il doit recouvrir toute la surface du parquet.

*Tapis n'occupant qu'une surface restreinte de la pièce.* — En général, ces tapis sont simplement déposés à leur place sans être fixés, ils peuvent ainsi s'enlever plus aisément pour le nettoyage complet de la pièce; on tient parfois à les fixer au parquet d'une façon plus ou moins définitive, et cette opération est des plus simples, elle nécessite à peine une brève description.

On se sert pour cela des petits clous que l'on vend dans le commerce sous le nom de semences, et on les enfonce à l'aide du marteau de tapissier.

On commence par étendre le tapis à la place voulue en ayant soin que le sens de la laine soit dirigé vers les fenêtres ou la partie éclairée de la pièce, afin que les jeux de la lumière puissent faire valoir l'effet complet des couleurs, tout en considérant qu'un tapis doit toujours être placé de manière qu'en entrant dans la pièce principale on aperçoive le dessin tel qu'il a été conçu, et non renversé.

On cloue d'abord un côté sur toute sa longueur, puis on passe du côté opposé à celui-là, qu'on tend, autant que faire se peut, et on le cloue à son tour en le maintenant bien tendu durant cette opération.

On agit de même pour les deux côtés restant.

*Tapis occupant toute la pièce.* — Les tapis destinés à garnir tout le parquet d'une pièce ne sont pas constitués d'un seul morceau, mais sont composés de bandes assemblées par une couture. Les bandes de tapis ont une largeur qui peut varier de $0^{m},50$ à $1^{m},20$.

Le premier travail sera donc de coudre ces bandes afin de former un tapis ayant mêmes dimensions et contours que le parquet lui-même.

Pour cela on fait un plan coté de la pièce, plan à l'échelle indiquant non seulement les contours, mais aussi l'emplacement de la cheminée, des portes, des fenêtres, etc.

C'est suivant ce plan que l'on bâtit le tapis.

Si le tapis est uni, cet assemblage est assez facile, il suffit seulement de prendre la précaution de donner à chaque côté du tapis 5 centimètres de plus que les côtés de la pièce et de couper les bandes de telle façon, qu'après la pose du tapis, le sens de la laine soit toujours dans le sens des fenêtres.

Les coutures des diverses bandes doivent être dirigées du côté opposé aux fenêtres. Si le tapis comporte des dessins ou des fleurs, il faut, comme dans le cas précédent, qu'on aperçoive de la principale porte d'entrée le dessin tel qu'il a été conçu et non retourné, c'est-à-dire que, dès que l'on a passé la porte d'entrée, les dessins et fleurs doivent être aperçus dans leur sens naturel.

On aura aussi grand soin, en assemblant les bandes, de bien raccorder le dessin ou les motifs du tapis.

L'assemblage d'un tapis à dessins cause toujours des pertes d'étoffes que l'on n'a point avec un tapis uni.

Avant de poser le tapis bâti comme nous venons de l'indiquer, on commence par étendre sur le parquet un premier tapis en feutre, dit *thibaude,* ayant une surface moins large de dix centimètres que celle du tapis. La thibaude est destinée à amortir les chocs et à absorber l'humidité qui se trouve sous le tapis; on la tend avec des semences. On étale ensuite le tapis sur la thibaude, on replie de 2 à 3 centimètres un des côtés que l'on fixe en premier lieu, celui des fenêtres généralement. On tend fortement le tapis avec des clous assez longs, qui varient suivant l'épaisseur et la raideur du tapis. Il est prudent de ne pas enfoncer en plein ces clous, afin de pouvoir corriger facilement en cas d'erreur.

La seconde opération consistera à tendre régulièrement et fortement le tapis et à clouer le côté opposé à celui déjà à demeure.

Pour cela, on se place sur le tapis, les yeux dirigés du côté déjà fixé, et on donne des coups de talon avec le pied droit, l'autre pied étant maintenu sur le tapis qui, sous l'influence de ce choc, s'étend en cette partie et, immédiatement après, on pique un clou pour empêcher le tapis de revenir une fois que l'on aura quitté cette place; on fait un pas en arrière et on recommence la même opération en piquant de nouveau un clou. On arrive ainsi jusqu'au mur opposé. Comme le mur empêche l'opérateur de continuer cette marche en arrière, il piquera son dernier clou à une distance de 25 à 30 centimètres du mur.

Il s'agira maintenant de fixer tout contre le mur le dernier clou qui (les autres étant enlevés dans la suite) servira à maintenir le tapis. On replie soigneusement le bord du tapis et on le perce obliquement avec un poinçon carré en fer monté sur un manche; on tend fortement et l'on fait pénétrer légèrement la pointe du poinçon dans le parquet lui-même; relevant alors le poinçon vers le mur et s'en servant comme d'un levier, on ramène le bord du tapis tout contre le mur; un petit coup de marteau fixe le poinçon ainsi dressé qui maintient le tapis et permet à l'opérateur de planter tout à son aise, à côté du poinçon, un clou que l'on enfoncera à coups de marteau. On retirera ensuite le poinçon. On revient alors au côté des fenêtres et on recommence la même opération à une certaine distance de la première ligne. Lorsque les deux côtés opposés sont tendus, on passe aux côtés restants que l'on fixe de la même manière. Lorsqu'on a fini de clouer les quatre côtés du tapis, on enlève, avec un mouvement horizontal, du marteau les clous qui sont piqués au milieu.

# CHAPITRE IX

## RÉPARATIONS LOCATIVES

### COMMENT POSER UN CARREAU DE FENÊTRE

*Encore un carreau de cassé !* — On connaît la chanson, on connaît aussi l'accident ; et si le vitrier passe, le mal est facilement réparé ; mais à la campagne, en particulier, le vitrier est loin et ne passe pas souvent ; en attendant, à moins de se garantir par l'affreuse feuille de papier huilé, il faut subir les courants d'air qui pénètrent par le carreau cassé.

Poser un carreau est pourtant une opération qui n'offre pas grandes difficultés, et chacun peut faire le vitrier chez soi.

L'outillage se composera :

1° Du verre nécessaire ;

2° D'un diamant de vitrier ou d'un instrument le remplaçant ;

3° Du mastic ;

4° D'un couteau à mastic ;

5° De pointe fines.

Il convient également d'ajouter à ces outils :

1° Un couteau à mastiquer et un couteau à démastiquer : un vieux couteau cassé, un ciseau de menuisier, un couteau à ouvrir les huîtres pourront remplacer ces deux instruments ;

2° Un marteau de vitrier ; un petit marteau quelconque pourra remplacer l'outil spécial dont se servent les vitriers ;

3° Une règle droite pour guider le diamant ; une règle plate d'écolier, un liteau à plafond parfaitement dressé rempliront le but désiré.

*Le verre.* — On se procure le verre à vitre dans des maisons spéciales et souvent chez les quincailliers. Il se vend en grandes feuilles, par caisse et demi-caisse ; il est double, demi-double et simple, suivant son épaisseur ; le verre simple et demi-double sont les seuls généralement employés en vitrerie, l'épaisseur du premier ne dépasse pas un demi-millimètre, celle du second atteint 2 millimètres.

Les caisses de verre contiennent 60 feuilles de verre simple ou 40 feuilles de verre demi-double.

Les verres sont de différentes qualités et leur prix en dépend ; on distingue les 1er, 2e, 3e et 4e choix, selon qu'ils ont moins de défauts, de bulles, de soufflures, etc. ; le verre 3e choix est d'une limpidité suffisante pour la plupart des usages.

*Le diamant.* — Le diamant de vitrier se compose d'un minuscule éclat de diamant non taillé, enchâssé dans une monture terminée par un manche en fer, muni de crans diversement calibrés, qui sert d'égrugeoir.

On vend depuis quelques années de petits instruments où le diamant est remplacé par une roulette en acier et qui peuvent également servir à couper les verres lorsque ceux-ci ne sont pas trop épais; ils coûtent beaucoup moins cher et rendent presque le même service.

*Mastic.* — Le mastic de vitrier est une pâte composée de blanc de Meudon ou d'Espagne bien écrasé, délayé dans de l'huile de lin cuite. Pour la fabriquer, on écrase et on broie soigneusement le blanc avec un rouleau ou plus simplement avec une bouteille que l'on manœuvre comme un rouleau. On en fait un petit tas que l'on creuse au milieu; on y verse un peu d'huile de lin et on travaille bien de façon à obtenir une pâte homogène de la consistance que l'on connaît; si l'on s'aperçoit que le mastic est trop dur, on ajoute un peu d'huile de lin; si, au contraire, la consistance ne paraît pas suffisante, on ajoute du blanc. Le mastic se conserve très longtemps à l'état frais en le mettant dans un vase plein d'eau où il se trouve à l'abri de l'air qui le fait durcir. Lorsque le mastic est ancien et dur, se laissant toutefois triturer dans les mains, on le ramollit en le mélangeant avec un peu d'huile de lin.

Lorsqu'on veut mastiquer des verres qui sont particulièrement exposés à l'humidité, comme dans le vitrage d'une serre, par exemple, il est préférable de se servir d'un mastic particulier fait en mélangeant du blanc de céruse en pâte avec du blanc de Meudon ; ce mastic, qui revient plus cher que le précédent, offre un plus grande durée et une plus grande solidité. On l'applique exactement comme le mastic ordinaire, il est toutefois bon de passer une couche de peinture à l'huile ou tout au moins d'huiler la feuillure que l'on doit mastiquer.

*Clous.* — On emploie pour maintenir les carreaux de petits clous ou pointes fines sans tête de 1 à 2 centimètres de longueur.

*Mode opératoire.* — Remplacer un carreau comprend les opérations suivantes :

1° Démastiquer et enlever le carreau cassé ;

2° Couper la feuille de verre à la dimension voulue;

3° Mettre en place le carreau que l'on vient de couper ;

4° Mastiquer.

1° Il faut en premier lieu enlever les parties de la vitre encore retenues dans le cadre par le mastic. Cette opération doit être faite avec précaution, car il est très facile de se couper en les enlevant.

On commence par *démastiquer* le carreau cassé ; on prend le couteau spécial, dit couteau à démastiquer, ou tout autre couteau court et large, solidement emmanché, et, soit en cherchant à le soulever, soit en le taillant à l'aide de coups de marteau, on fait sauter le vieux mastic; il y a souvent à agir avec force, car cette matière, en vieillissant, acquiert une très grande dureté, mais on doit pourtant veiller à ne pas entamer le bois de la feuillure. Le mastic enlevé, on arrache avec un pince les petites pointes qui maintenaient le carreau en place, et avec le couteau on nettoie la feuillure afin que la nouvelle feuille de verre puisse bien prendre la position de l'ancienne. Le vieux mastic est parfois si dur, qu'on arrive difficilement à l'enlever complètement avec le couteau ; on peut alors le ramollir par un des procédés suivants : 1° suivre tout le mastiquage avec un fer très chaud ; 2° enduire le vieux mastic d'acide nitrique et laisser agir l'acide pendant une heure. Par l'un ou l'autre de ces moyens le mastic devient très tendre et peut facilement être enlevé avec le couteau.

2° On calcule les dimensions du carreau à couper ; celui-ci doit avoir *à peu près* les dimensions données par les feuillures qui se trouvent dans les montants et traverses de la fenêtre, car, pour écarter les chances de bris, il faut laisser un jeu de 3 à 4 millimètres dans tous les sens. On marque à l'encre ou à la craie les points d'intersection, des lignes d'après lesquelles la section doit être faite.

On place la feuille de verre sur une table parfaitement *plane* et on applique la règle plate suivant la ligne d'intersection, mais en retrait de 3 millimètres, car le diamant, encastré dans une monture, épaisse ne peut venir s'appuyer tout contre la règle comme le ferait la pointe d'un crayon. Tenant la règle de la main gauche, on fait glisser le long de celle-ci d'un mouvement continu le diamant tenu de la droite perpendiculairement au-dessus du verre.

Il ne faut pas chercher à couper le verre, mais seulement à le rayer par un trait fin non interrompu et bien marqué; un gros trait blanc ne donne pas de résultats.

Le trait étant fait, avec les mains placées des deux côtés de la raie, on exerce sur la vitre un effort de pliure, il doit alors se produire une rupture franche : si toutefois le verre ne se détachait pas d'une manière nette suivant le trait du diamant, on ferait sauter les parties encore adhérentes (trop petites pour y exercer une pression avec la main) avec l'égrugeoir fixé au manche du diamant. On engage légèrement le morceau de verre dans une des échancrures de cet instrument, et par un mouvement de bascule on le force à se détacher.

La coupe du verre n'offre en somme que peu de difficultés; on pourra bien casser une ou deux pièces en débutant, mais, en ayant la précaution de mettre de vieux gants, ce sera le seul inconvénient de l'apprentissage, que l'on peut encore atténuer en faisant les premiers essais avec des morceaux sans valeur, comme les débris du carreau cassé.

Si le trait est interrompu, il ne faut pas repasser avec le diamant sur toute sa longueur, on repasse seulement l'entaille sur les points où il existe de longues solutions de continuité; courtes, ces solutions sont sans importance.

Lorsque l'effort de la main ne produit pas la section voulue — le haut du diamant ayant bien marqué — il ne faut pas insister davantage, car on risquerait de briser la pièce : en frappant quelques petits coups secs le long du trait et sur la face opposée à celle qui a été rayée, on obtient un commencement de division que la plus faible pression transforme en section bien nette.

On se sert des coupe-verre à roulettes comme du diamant, mais le résultat est inférieur.

3° Le carreau est maintenant prêt à être mis en place; on l'appuie bien de tous côtés contre les rebords de la feuillure et on le fixe avec des pointes placées sur les montants et traverses du cadre. Ces pointes sont tenues avec l'index de la main gauche, collées pour ainsi dire contre la surface du verre, pendant qu'on les fait pénétrer à coups de marteau dans le cadre; point n'est besoin de frapper fort, car les pointes pénètrent facilement; malgré tout, il faut éviter avec soin les chocs qui briseraient la vitre; aussi, pour cela, on maintient dans ses évolutions le marteau toujours en contact avec la surface du carreau, sur lequel on le fait pour ainsi dire glisser.

4° On charge d'une petite quantité de mastic les bords du cadre, de façon à bien garnir la rainure, et avec le couteau à mastiquer on le presse fortement afin d'avoir une adhérence parfaite; on doit obtenir un bourrelet formant talus partant du carreau pour égaler en largeur le rebord de la feuillure que l'on voit au travers du verre. On lisse ensuite avec le couteau de manière à rendre la surface bien unie.

Très souvent, lorsque le mastic est sec, on le recouvre d'une couche de couleur qui s'harmonise avec la couleur de la fenêtre.

*Procédés divers.* — S'il est très facile de couper avec le diamant une feuille de verre suivant une ligne droite ou une ligne courbe de certaine dimension, il est plus difficile de couper un verre suivant un dessin compliqué offrant soit des courbes très étroites, soit des angles rentrants ; on doit alors s'y prendre de la façon suivante : après avoir marqué à l'encre de Chine les contours de la pièce à couper, on commence le trait avec le diamant sur une longueur de quelques centimètres seulement, puis on suit ce trait avec un charbon de Berzélius chauffé au rouge.

Voici la composition de ce charbon dit de Berzélius :

| | | |
|---|---|---|
| Gomme arabique | 60 | grammes. |
| Gomme adragante | 23 | — |
| Benjoin | 23 | — |
| Noir de fumée | 150 | — |
| Eau en quantité suffisante. | | |

On met la gomme adragante à gonfler avec de l'eau, pendant quelques heures. On fait dissoudre la gomme arabique dans la quantité d'eau nécessaire. On pulvérise le benjoin très fin. Puis on mélange ces trois matières et on fait une pâte (assez consistante pour être moulée) avec le noir de fumée et un peu d'eau. On moule en crayon en roulant la pâte entre deux planches.

Pour s'en servir, on taille en pointe à la lime l'extrémité du crayon qu'on fait rougir au feu.

*Percer un trou dans du verre.* — Il est quelquefois nécessaire de percer un trou dans une feuille ou plaque de verre.

On y arrive à l'aide d'un vilebrequin muni d'un foret en acier très dur que l'on tient constamment humecté d'essence de térébenthine. Pour un trou de grandes dimensions dans une feuille d'épaisseur moyenne, il est préférable d'agir de la façon suivante : on prend un morceau de bois rond de même diamètre que le trou à percer et qui servira en quelque sorte de moule; on l'entoure d'un petit mur de mastic et le morceau de bois est retiré laissant une cavité au milieu de la masse de mastic ; on verse en ce point une petite quantité de plomb fondu qui perce le verre et s'écoule au travers.

*Réparations au plâtre.* — Le plâtre, judicieusement employé, rend des services en maintes occasions, pour faire un scellement, pour réparer un mur, pour fixer le couvercle en métal d'un encrier en verre, etc., etc., c'est-à-dire aussi bien pour les réparations importantes que pour les plus petites ; le plâtre prend en effet sur à peu près toutes les matières, à la condition qu'elles ne soient point huileuses.

La principale difficulté dans son emploi réside dans la

rapidité avec laquelle il se solidifie ; si une certaine quantité mélangée avec de l'eau dans un récipient est abandonnée sans être constamment remuée pendant seulement deux ou trois minutes, le plâtre a fait prise en une masse dure au fond du récipient, laissant au-dessus de lui l'eau claire; aussi, dès qu'il est mélangé à de l'eau, faut-il le remuer sans cesse et l'employer aussi rapidement que possible.

Si la matière sur laquelle on doit appliquer le plâtre absorbe l'eau, comme la pierre, la brique ou le bois, il faut les humecter abondamment avant de les garnir de plâtre; ceci est inutile pour les métaux et le verre. On applique le plâtre sur ces surfaces humectées et on le laisse sécher durant quelques heures ; le plâtre prend presque instantanément, mais il se brise facilement si on le touche avant qu'il ne soit complètement sec.

Si l'on fait dissoudre dans l'eau qui doit délayer du plâtre une certaine quantité de sulfate de soude, on obtient un produit qui, en quelques minutes, devient aussi dur que la pierre ; on emploie souvent ce procédé pour réparer de petits objets.

On ajoute parfois de la colle forte à l'eau destinée à être mélangée au plâtre qui, alors, prend beaucoup plus lentement.

Un mélange de plâtre et de ciment de Portland à égales quantités donne un excellent résultat.

Le plâtre de Paris est aussi employé pour faire des moules et des moulages ; dans ce cas, le plâtre très liquide est versé dans le moule, qui a été au préalable bienhuilé, de façon à empêcher le plâtre de se fixer à lui. Le plâtre malheureusement ne supporte pas une très forte chaleur, aussi ne peut-il être employé dans les moules destinés aux métaux, à moins pourtant que ceux-ci n'entrent en fusion à une température assez basse.

Il n'est pas bien difficile pour un amateur de construire une petite cloison en briques en employant soit le plâtre, soit le ciment; mais, pour assurer la prise, il faut au préalable laisser tremper les briques dans de l'eau au moins pendant une heure; les vieilles briques doivent être bien nettoyées des restes de mortier ou de ciment qui peuvent encore leur être attachés. Lorsqu'on emploie du ciment, il est préférable de le mélanger à du sable fin et sec avant de le délayer avec de l'eau; le sable doit être propre sans être additionné de poussière ou débris quelconques. Le sable qui ne se prend pas lorsqu'il est mouillé est celui auquel on doit donner la préférence, mais il faut éviter — ce qui arrive fréquemment sur les bords de la mer — que ce sable contienne du sel, il absorberait ainsi l'humidité de l'atmosphère.

Le ciment peut être employé seul, mais, d'ordinaire, on y ajoute deux ou trois parties de sable, quoiqu'il soit encore utilisable additionné de neuf parties de cette matière.

On peut employer le ciment comme le plâtre pour fabriquer des moules et des contre-moulages; si c'est un objet en bois que l'on veut contre-mouler, il faut le vernir à la gomme laque, le passer au papier de verre, et bien le graisser afin d'empêcher le ciment de faire prise avec lui.

*Le ciment liquide*, — c'est-à-dire du ciment délayé dans assez d'eau pour qu'il puisse couler comme de l'huile, peut rendre service dans plusieurs cas. Ainsi, quand la position de l'objet ne permet pas d'appliquer le ciment avec une truelle, on verse du ciment liquide dans la cavité à remplir, après avoir eu soin de boucher avec de la terre glaise les autres orifices qui pourraient laisser échapper le liquide.

Quand une pièce de fer doit être scellée dans la pierre, il vaut mieux employer du ciment que du soufre ou du plomb fondu, car le ciment, tout en maintenant aussi solidement la pièce, l'empêche de se rouiller.

Le grand inconvénient du ciment, c'est qu'il ne peut se conserver longtemps sans perdre de ses qualités; on ne doit donc l'acheter qu'au moment de s'en servir. Si l'on n'a pas utilisé son entière provision, on devra le conserver dans un endroit bien sec, car sans cela le ciment absorberait l'humidité de l'air et se prendrait; le plâtre se conserve beaucoup mieux.

*Toiture*. — Quand, après un orage, on constate dans la maison des infiltrations d'eau, la faute en provient soit de la toiture elle-même, soit des cheneaux; lorsque l'accident provient d'un cheneau, l'eau étant en grande partie projetée au dehors, le mal n'est généralement pas grand, il faut néanmoins veiller avec soin à ce que les cheneaux ne soient pas encombrés de saletés comme cela arrive trop souvent ; si un cheneau est démanché, il faut le souder sans tarder.

Si les cheneaux sont en bon état, le dommage provient certainement de la toiture, d'une ardoise ou d'une tuile déplacée ou cassée. Ces petites réparations de toiture sont parfaitement à la portée de l'amateur agile, car il y a à compter avec les dangers de chute, il faut porter des souliers à semelle en caoutchouc ou en corde, et il est toujours prudent de se faire attacher.

Les ardoises sont le plus souvent clouées avec de simples clous en fer, la rouille les attaquant, ils se cassent facilement et, l'ardoise glissant, il se produit invariablement une infiltration ; le meilleur remède consiste à reclouer l'ardoise avec un clou en cuivre ou tout au moins avec un clou en fer galvanisé.

Toutefois, comme pour clouer une ardoise il faut forcément déranger et replacer l'ardoise supérieure, il est bon aussi pour l'amateur qui veut placer ou replacer une seule ardoise d'employer un crochet fait de la façon suivante : Dans une feuille de zinc on découpe une bande ayant au moins la longueur d'une ardoise et une largeur de 3 centimètres environ, on replie une extrémité sur une longueur de 3 à 4 centimètres, de façon à faire un crochet. On introduit ce crochet sous l'ardoise inférieure à celle que l'on veut remplacer, à sa partie supérieure en dessous, et on ramène la bande de zinc sur la surface extérieure de ladite ardoise en la dirigeant vers le bas de la pente ; on replace dans la position voulue l'ardoise enlevée qui naturellement recouvre une partie de l'ardoise au-dessous ainsi que la bande de zinc; on relève celle-ci à l'extrémité de la nouvelle ardoise et on la replie vers le haut, de façon à former un crochet qui maintiendra la nouvelle ardoise et l'empêchera de glisser.

Si une ardoise est cassée, il ne faut pas négliger de toujours la remplacer, c'est un mauvais système que d'essayer d'utiliser une ardoise fendue.

Les tuiles cassées se remplacent avec grande facilité, il suffit de soulever la tuile supérieure et de glisser en dessous d'elle la nouvelle, de façon que — si c'est une tuile plate — ses crochets cramponnent bien le liteau placé dans ce but sur la charpente. Une tuile déplacée se remet de la même façon.

*Soudure.* — La soudure est d'une application constante; nous n'insisterons pas sur les cas si nombreux où l'on se trouve dans la nécessité de faire souder un instrument de cuivre, une cafetière en fer-blanc, une lanterne, un seau en cuivre, un tuyau de conduite d'eau ou de gaz, etc.

La soudure n'offre pas de réelle difficulté et c'est un travail qui est à la portée de tous les amateurs, quoique, en réalité, ils ne le pratiquent guère.

Le matériel nécessaire [1] est peu compliqué, il comporte :

1° Des fers à souder. Ce sont des coins en cuivre rouge

1. On trouve dans le commerce des boîtes contenant un matériel suffisant au prix de 2 fr. 50 et 5 fr. 50.

montés sur des tiges de fer, emmanchées elles-même sur des manches en bois ; les fers sont de dimensions et formes différentes, suivant les travaux à exécuter ;

2° Un réchaud. Le réchaud employé par les professionnels est en tôle et se chauffe au charbon de bois, mais on peut le remplacer soit par un petit réchaud à l'alcool, soit encore en faisant simplement chauffer les fers dans un fourneau quelconque ;

3° Un flacon d'esprit de sel (acide chlorhydrique dans lequel on a fait macérer des rognures de zinc), l'esprit de sel est destiné à décaper et à faire prendre la soudure sur les métaux, à l'exception du plomb pour lequel on emploie un mélange de colophane et de suif ;

4° Un grattoir et une râpe pour gratter et bien décaper les surfaces à souder ;

5° Une pierre ammoniacale sur laquelle on frotte le fer pour le nettoyer ;

6° De la soudure.

On peut ajouter à ces objets indispensables, des spatules en fer de différentes grosseurs pour prendre la soudure, et une lampe à souder, lampe à alcool d'un modèle spécial, projetant une grande flamme ; cette lampe sert à chauffer les points qui doivent être soudés ; elle n'est vraiment utile que dans les grands travaux de zinguerie ou de plomberie.

La soudure, suivant l'emploi auquel elle est destinée, doit être d'une fusibilité plus ou moins grande. Voici quelques formules des plus usitées :

| | | |
|---|---|---|
| N° 1. | Étain........................ | 1 partie, en poids, |
| | Plomb........................ | 1 — |

fond à 188° centigrades.

Généralement employée pour le soudage du plomb. Les plombiers emploient souvent une soudure encore plus dure et composée de :

| | | |
|---|---|---|
| N° 2. | Étain........................ | 1 partie, |
| | Plomb........................ | 2 parties; |

fond à 176° centigrades.

S'emploie pour le cuivre, le fer-blanc; c'est une soudure qui convient à la généralité des travaux :

| | | |
|---|---|---|
| N° 3. | Étain........................ | 2 parties, |
| | Plomb........................ | 1 partie; |

fond à 171° centigrades.

S'emploie spécialement pour le fer-blanc, pour tous les articles de ménage.

| | | |
|---|---|---|
| N° 4. | Étain........................ | 2 parties, |
| | Plomb........................ | 1 partie |
| | Bismuth........................ | 1 — |

fond à 118° centigrades.

S'emploie pour le fer-blanc, le cuivre, et est très facile à travailler, mais moins solide que les précédentes.

| | | |
|---|---|---|
| N° 5. | Étain........................ | 1 partie, |
| | Plomb........................ | 2 parties, |
| | Bismuth........................ | 2 — |

fond à 113° centigrades.

Cette soudure, fort fusible, supportant tout juste la chaleur de l'eau bouillante, s'emploie surtout pour le soudage des objets en étain.

On peut acheter la soudure toute faite, ou la fabriquer soi-même.

Pour la faire, on met à fondre dans une petite marmite en fer les métaux en les mélangeant dans les propor tions susindiquées; lorsque la masse est bien fondue on en coule le contenu de façon à former de petites baguettes qui sont d'un emploi très commode.

Le meilleur moyen d'obtenir ces baguettes consiste à prendre une planche en bois dur de 1 mètre de long et de clouer au milieu de sa largeur et longitudinalement un liteau en bois dur également, de 3 centimètres d'épaisseur environ; la planche ainsi arrangée et dressée dans le sens de sa largeur, non verticalement mais à 45 degrés environ, de manière que son intersection avec le liteau forme une sorte de rigole, c'est dans cette rigole que l'on verse le mélange métallique en fusion.

*Soudure du fer-blanc.* — Pour souder le fer-blanc, on commence par bien nettoyer avec le grattoir et la râpe les surfaces que l'on désire réunir, on les imbibe ensuite à l'aide d'un pinceau chargé d'esprit de sel pour les décaper. On fait chauffer le fer à soudure et on le frotte sur la pierre d'ammoniaque afin de bien le nettoyer. On approche la baguette de soudure des points à souder et on présente le fer chaud : la soudure fond; la promenant sur l'intersection des deux métaux, on en dépose une quantité suffisante, que l'on étend avec le fer chaud. On recommence l'opération autant de fois qu'il est nécessaire pour avoir une liaison parfaite.

L'excès de soudure qui forme un bourrelet est enlevé à l'aide de la râpe et du grattoir, on conserve soigneusement ces débris qui, refondus, serviront à la confection de baguettes de nouvelle soudure.

Le fer-blanc n'étant qu'une mince tôle de fer étamé, il faut éviter de chauffer le fer au rouge, car alors on ferait fondre l'étamage.

Pour bien réussir la soudure, il faut que le fer soit assez chaud sans être rouge, que les surfaces à souder soient disposées en plan légèrement incliné, de façon que la soudure s'écoule d'elle-même le long de l'intersection à souder, enfin le fer doit être promené fermement mais lentement.

Il arrive, lorsqu'on veut souder des ustensiles en fer-blanc déjà usagés, que la soudure prenne difficilement; c'est que leur surface est plus ou moins graisseuse, le meilleur moyen de débarrasser l'objet de ces matières graisseuses, consiste à le faire bouillir dans une dissolution de carbonate.

Lorsqu'on veut boucher un petit trou dans un objet percé, un arrosoir par exemple, on peut se contenter de passer sur ce trou [1] une goutte de soudure, mais comme le

1. Afin de bien reconnaître la place du trou dans un broc, arrosoir ou récipient de cette forme, on dispose à l'intérieur une bougie allumée, de façon

plus souvent le métal est plus ou moins attaqué tout autour du trou, il est préférable de couper avec une cisaille toute la partie attaquée et de souder par-dessus une petite pièce de métal, un carré par exemple que l'on soudera sur ses quatre bords.

*Soudure du zinc.* — Le zinc se soude d'après les mêmes principes que le fer-blanc, on emploie seulement un fer à coin d'acier ; on décape les surfaces avec de l'esprit de sel dans lequel on fait dissoudre du sel ammoniaque. Avant de se servir du fer on le passe, lorsqu'il est chaud, sur un morceau de colophane.

*Soudure du plomb.* — On gratte soigneusement les surfaces à souder, on répand ensuite de la résine et on passe dessus le fer à souder frotté au préalable sur un morceau de colophane. Nous nous étendrons tout à l'heure plus longuement sur la soudure des tuyaux de plomb.

*Tuyaux de plomb, conduites d'eau et de gaz.* — Les accidents dans les conduites d'eau sont nombreuses ; mais la principale cause des accidents vient du gel de l'eau dans une conduite.

Il est parfois difficile de dégeler une canalisation, surtout lorsqu'elle est à l'extérieur d'une habitation, il y a pourtant un moyen bien simple, mais qui est peu connu : on enlève la neige qui recouvre les tuyaux, s'il y en a, ou bien on

que la flamme soit placée directement au-dessous du trou, le trou est alors très visible de l'extérieur, et ce procédé a en outre l'avantage de chauffer l'endroit où doit tomber la soudure.

gratte la terre sur la canalisation et on y étend une couche de 25 centimètres de chaux vive en poudre que l'on éteint en l'arrosant. La chaleur progressivement dégagée par l'extinction de la chaux triomphe bientôt de la glace formée à l'intérieur.

L'eau dégelée, on peut se rendre compte des dégâts.

On ne constatera souvent qu'un boursouflure en un point quelconque des tuyaux ; mais si l'eau arrive avec une certaine pression, la fente se produira infailliblement, car le métal est fort affaibli en ce point.

On peut le consolider temporairement en l'entourant d'une bande de calicot de 8 centimètres de large environ et bien enduite de graisse ; cette bande doit être enroulée une douzaine de fois autour du tuyau et on la fixe à l'aide d'une ligature très serrée de fil de cuivre assez fin ; celui utilisé pour les installations de sonnettes électriques convient très bien. Si l'on craint que la fente n'existe déjà, on enduira alors la bande de toile non plus de graisse, mais bien de blanc de céruse. Ainsi que nous l'avons dit, cette réparation n'est que sommaire, il faudra tôt ou tard employer la soudure.

Lorsqu'on veut souder un tuyau de plomb, il faut non seulement qu'il soit entièrement vidé, mais aussi entièrement sec, et si l'on craint de l'humidité à l'intérieur, on le fait chauffer afin de la faire disparaître.

Si le tuyau ne doit pas supporter une très grosse pression, on peut se contenter de boucher la fente avec de la soudure; dans le cas contraire, on doit couper le tuyau sur une certaine longueur et le remplacer par un morceau nouveau.

Pour boucher le trou avec de la soudure, on décape bien les ouvertures de la fente, on les enduit avec un mélange de résine et de suif et on fait couler (à l'aide du fer chaud, passé sur de la colophane) une quantité suffisante de soudure que l'on étend avec le même outil; il ne faut pas craindre de mettre une certaine quantité de soudure, car celle-ci consolide le tuyau.

Pour changer une longueur de tuyau, on commence par couper le tuyau bien d'équerre avec une scie à main et on enlève le morceau abîmé rendu ainsi libre. Dans un rouleau de tuyau neuf on découpe de la même façon un bout de tuyau ayant, comme longueur, 2 à 4 centimètres (suivant le diamètre) de plus que le morceau enlevé, car le nouveau morceau ne doit pas s'ajouter bout à bout avec le tuyau resté en place, mais les extrémités doivent s'emboîter les unes dans les autres.

On commence donc par façonner les deux extrémités correspondantes, qui, nous le répétons, doivent bien être coupées d'équerre. On façonnera en forme d'entonnoir en y enfonçant un cône de bois dur quelconque ou mieux une toupie de plombier que l'on peut acheter toute faite; on introduit dans le tuyau la partie pointue du cône et, à l'aide de quelques coups de maillet, on donne au tuyau la façon voulue, on passe ensuite au tuyau supérieur et on donne quelques coupes de râpe à sa surface extérieure, de façon qu'il s'emboîte aisément à l'intérieur du tuyau inférieur.

On gratte soigneusement l'extérieur du tuyau supérieur et l'intérieur du tuyau inférieur, afin que la soudure puisse bien prendre.

Les deux tuyaux ainsi préparés sont introduits l'un dans l'autre après qu'on a enduit les parois en contact avec un mélange de suif et de résine en poudre. On verse ensuite la soudure en fusion ; on peut le faire de deux façons, soit en fondant la soudure dans une petite cuillère de fer et la faisant pénétrer dans le joint, soit en chauffant le fer à souder et le mettant en contact avec un morceau de soudure ; on fait couler celle-ci goutte par goutte et au fur et à mesure de sa fusion à l'endroit du joint, en ayant soin qu'il y en ait une quantité suffisante.

On chauffe ensuite le fer à souder afin de fondre aisément la soudure, puis on en promène la pointe sur la soudure introduite dans le joint ; celle-ci entrant en fusion, on promène lentement et de la même façon le fer à l'extérieur tout autour du joint, la soudure sera alors faite.

On opère de même pour l'autre extrémité du tuyau ajouté et l'accident se trouve ainsi réparé.

Il arrive fréquemment que l'on ait à relier un robinet de cuivre avec un tuyau de plomb. Voici, dans ce cas, la façon d'opérer : on lime la surface du robinet qui doit être soudée et on la plonge dans la soudure bien chaude pour l'étamer. On place ensuite l'extrémité du robinet dans la partie évasée du tuyau de plomb et on fait la soudure comme il a été indiqué ci-dessus.

On répare de même les accidents dans les tuyaux en plomb qui servent à la canalisation du gaz, en ayant grand soin, sous peine d'explosion, d'interrompre la circulation du gaz.

*Porte miaulant.* — Lorsqu'une porte, s'ouvrant ou se fermant, fait entendre le son désagréable que l'on compare au miaulement d'un chat, pour faire disparaître ce bruit il suffit d'huiler les gonds. S'ils sont rouillés, on les enduit au préalable de pétrole et l'on fait agir la porte jusqu'à ce que ce pétrole ait complètement disparu, on graisse alors avec de l'huile épaisse de baleine.

*Porte qui traîne.* — Si, après avoir bien examiné la porte, on s'aperçoit qu'elle baisse du côté de la serrure, il suffit de soulever la porte et de la laisser retomber un peu fort sur ses gonds, cette secousse donne généralement le jeu nécessaire pour qu'elle puisse fonctionner sans traîner.

Si la porte touche le parquet sur son milieu ou sur toute son étendue, on introduit sur le pivot des gonds, pour en hausser l'épaulement, une bague découpée dans une feuille de cuivre. La porte se trouve ainsi relevée de l'épaisseur de la bague ajoutée. On doit autant que possible éviter d'enlever du bois et n'avoir recours à ce procédé que lorsque, après l'avoir relevée au moyen d'une bague, elle ne peut plus rentrer dans la feuillure du haut.

*Réparation des serrures.* — Si le pène rentre difficilement dans la gâche, il suffit de le graisser avec du suif.

Lorsque la porte est tombée d'un côté et que le pène ne se trouve plus en regard avec la gâche, il suffit souvent d'élargir cette dernière avec une lime plate pour que le pène y rentre facilement. S'il y a trop de différence, il faut dévisser la gâche et la remonter ou la descendre suivant le cas, en ayant la précaution de reboucher les anciens trous de vis avec de petites chevilles de bois enfoncées à force.

*Fenêtres.* — Lorsque le bois d'une fenêtre se trouve gonflé et qu'il est impossible de la fermer, il faut enlever du bois à la traverse du bas du vantail ou cadre de la fenêtre; on commence à passer une couche de craie tout le long du dormant du bas (châssis fixe dans lequel s'emboîte le châssis mobile de la fenêtre), puis on ouvre et on ferme la fenêtre. Les parties gonflées rentrant difficilement dans la feuillure se couvrent de craie et indiquent l'endroit où il faut enlever du bois, ce que l'on fait avec un rabot ou un ciseau; si, malgré cela, la fenêtre ne ferme pas, c'est que la résistance vient soit de la traverse du haut, soit du montant du châssis. On enduit alors de craie les parties correspondantes du dormant et l'on reconnaît les endroits où il faut enlever du bois. La fenêtre ainsi dégagée reprend son jeu naturel et se ferme sans difficulté.

*Ciment pour les fentes de poêle.* — Il est désagréable en hiver, lorsque les poêles se fendent, de voir sa chambre envahie par la fumée. La terre de potier, dont on se sert pour boucher les fissures et replâtrer les fourneaux, ne résiste pas longtemps. Elle commence bientôt à se fendiller et à tomber. Pour remédier à cet inconvénient, on prend de la bonne cendre de bois, on la tamise soigneusement avec un tamis fin. On associe à cette cendre la même quantité d'argile finement pulvérisée ou tamisée, on ajoute un peu de sel à ce mélange que l'on délaie dans autant d'eau qu'il faut pour obtenir une pâte bien homogène avec laquelle on bouche les fissures du poêle. Cet enduit ne se fend pas et résiste à la plus forte chaleur, il faut seulement avoir soin de laisser bien refroidir le fourneau avant de l'appliquer. Les poêles neufs construits avec ce ciment sont pour ainsi dire indestructibles.

S'il s'agit de poêle en fonte, on prend des cendres ferrugineuses, appelées généralement *mâchefer*; broyez-les bien et mélangez-les avec un poids égal de sel commun; puis humectez d'eau de façon à faire une pâte, et mastiquez la fente, qui ne laissera plus passer ni feu ni fumée. On peut appliquer cette pâte pendant que le poêle est encore chaud ou attendre son refroidissement.

On peut aussi se servir du mastic composé de limaille de fer pétrie dans de l'eau ammoniacale.

# CHAPITRE X

## L'ART D'UTILISER LES DÉBRIS DE VAISSELLE, DE VERRERIE, ETC.

### LES DÉBRIS DE VAISSELLE. LE CRAZZY-CHINA.

Un coup de plumeau trop vif, la maladresse d'une servante, suivis d'une chute avec fracas, et l'assiette, le plat, l'objet en faïence ou en porcelaine, précieux ou non, s'étale en mille morceaux sur le parquet. Tout raccommodage est impossible, il ne reste plus qu'à jeter aux balayures les débris de cet accident.

Tel est le sort plus ou moins prochain de toute notre vaisselle, de toutes nos céramiques ; ne jetons point ces multiples morceaux, nous avons un moyen assez original de les utiliser.

Quand nous aurons une certaine quantité de ces débris, s'ils proviennent de porcelaines coloriées ou ornées de dessins en couleurs, nous pourrons avec leur aide décorer un autre objet au moyen du procédé dit Crazzy-China.

Ce travail amusant, facile, ne nécessitera que quelques fournitures que l'on pourra se procurer partout.

1° L'objet à décorer en terre cuite tout à fait ordinaire, un pot à fleurs, ou encore une poterie commune et au besoin un objet en bois dont la forme nous plaira;

2° Un peu de mastic analogue à celui utilisé par les vitriers; quelques sous suffiront pour cet achat si l'on ne veut pas le faire soi-même, en mélangeant et pétrissant ensemble, afin d'obtenir une pâte de consistance voulue, du blanc d'Espagne pulvérisé ou de la céruse en poudre avec une quantité suffisante d'huile de lin cuite ou siccative;

3° Un flacon d'or liquide (or adhésif ou tout autre) ou bien du bronze d'or en poudre.

Les débris que nous avons pu récolter sont évidemment de grandeurs différentes, avec un petit marteau nous briserons tous ces fragments de porcelaine en morceaux de taille à peu près égale; ils seront évidemment de formes très différentes, mais le résultat final sera plus élégant. Prenez un morceau de mastic de la grosseur d'une noix et ramollissez-le en le maintenant quelques instants entre les paumes des mains; appliquez ce mastic devenu ainsi plus malléable, sur un des bords de l'objet et en roulant sur sa surface un petit morceau de bois rond, étendez-le comme on le ferait d'une pâte de farine pour obtenir un gâteau, de façon à en réduire l'épaisseur à celle d'une pièce de deux francs. Pendant qu'il est encore tiède et bien malléable, on pose dessus des morceaux de porcelaine, les uns à côté des autres, en laissant entre eux des intervalles de 2 millimètres environ. Il y aura par suite de la forme si irrégulière des débris concassés des endroits où l'espace entre les divers morceaux sera forcément inégal, mais avec un choix habile on pourra arriver à obtenir assez grande régularité.

Il y aura à faire preuve de goût pour assembler harmonieusement des couleurs qui s'allient entre elles ; on veillera à alterner les nuances claires et foncées : ainsi un très joli effet sera obtenu à l'aide d'une parcelle bleu foncé entourée d'autres morceaux de coloris tendre, mauve, jaune thé, etc. On ne doit pas couvrir entièrement une partie de la surface de débris clairs et une autre de débris foncés, mais varier et mélanger de façon à avoir sur l'ensemble une décoration offrant une certaine uniformité. A moins de décorer entièrement un objet en morceaux de porcelaine blanche, on évitera autant que possible l'emploi des débris blancs ; néanmoins ceux-ci, en les mélangeant à quelques parcelles coloriées, peuvent fournir des bordures assez jolies, telle, par exemple, une bordure blanche ornée de points ou de vermiculures bleues.

Quand tout le mastic étendu lors de la première opération est recouvert de parcelles de porcelaine qui y adhèrent rien qu'en les posant dessus, on presse fortement chaque morceau avec le pouce et il s'enfonce dans le mastic qui tout autour ressort en petits bourrelets. On prend ensuite une autre quantité de mastic et l'on procède comme la première fois en recouvrant par opérations successives toute la surface de l'objet. Il ne faut opérer que par petites portions à la fois, car le mastic séchant et se durcissant assez rapidement, il devient impossible à travailler.

On laissera subsister tous les petits bourrelets qui séparent les débris.

On aura eu soin de proportionner la grandeur des débris aux dimensions de l'objet à décorer; s'il est petit, les parcelles de porcelaine devront être très petites, si au contraire il s'agit de garnir un tuyau de chaînage pour porte-parapluies, une marmite pour plante verte, on maintiendra les morceaux de céramique beaucoup plus grands.

Si nos débris proviennent d'assiettes blanches, de poteries communes, leur épaisseur et leur coloris ordinaire ne nous permettent pas de les utiliser pour le recouvrement artistique d'objets de dimensions restreintes, et d'ailleurs la grande quantité de matériaux blancs qu'ils nous offrent enlève un des principaux charmes du Crazzy-China.

Nous pourrons néanmoins utiliser ces débris blancs pour décorer des caisses à fleurs, des jardinières et des objets de grandes dimensions; mais, dans ce cas, au lieu de laisser subsister le bourrelet fait par le mastic comprimé, nous l'enlèverons soigneusement, avec un couteau, au niveau des morceaux de faïence de façon à obtenir une surface absolument unie. Nous pourrons laisser au mastic (que l'on apercevra forcément dans les intervalles entre chaque morceau de faïence) sa nuance naturelle ou le colorier avec une couleur à l'huile de façon à faire ressortir son dessin et orner d'un trait nuancé chaque parcelle céramique, ce qui donnera au tout un aspect craquelé fort original ; le bleu foncé, qui ressort si bien sur le blanc, sera une teinte à proposer. Les poteries ordinaires, jaunes et vernissées nous donneront des débris qui pourront servir à former des bordures entourant les parties blanches.

C'est surtout comme revêtement des murs, soubassements ou parois entières que les assiettes et faïences blanches cassées pourront trouver un utile emploi.

Nous avons vu des salles de bain, des cabinets de toilette dont les murs, entièrement recouverts avec des débris de faïence blanche, avaient un aspect fort original et beaucoup plus agréable que celui produit par les carreaux de faïence généralement utilisés.

Nous avons aussi remarqué dans des vestibules des soubassements obtenus d'une façon analogue offrant une bande blanche dans laquelle courait une grecque formée de morceaux de poterie jaune ; une bordure de même sorte surmontait le tout. Ce travail n'est autre qu'une mosaïque murale dans laquelle les cubes de pierre sont remplacés par des morceaux irréguliers de faïence.

Ces morceaux sont d'abord concassés au marteau aussi régulièrement que possible, il ne faut point qu'ils soient par trop petits et, suivant la surface à garnir, on leur donne des dimensions variant de celle d'une pièce de deux francs à celle d'une pièce de cinq francs. On recouvre le mur d'une couche assez épaisse de ciment à prise lente et l'on enfonce dans cet enduit les parcelles de faïence les unes à côté des autres, en laissant entre chacune d'elles un intervalle de 2 millimètres. On procède comme pour le Crazzy-China, et par opérations successives on recouvre entièrement la surface murale; il convient en effet de ne pas enduire de ciment une trop grande portion, de peur qu'il ne sèche et qu'on ne puisse plus y enfoncer les débris de faïence. Le plus important est d'obtenir une surface absolument plane et, pour cela, il faut enfoncer uniformément les morceaux dans le ciment ; ce résultat serait assez difficile à réaliser si l'on n'utilisait le petit subterfuge suivant : lorsqu'une certaine étendue est recouverte, et avant que le ciment ne soit sec, on y promène, en appuyant assez fortement, un rouleau en bois, comme celui employé dans la pâtisserie, qui égalise le tout.

Cette opération fera déborder le ciment sur les parcelles de faïence, cela n'a aucune importance, car nous nous en débarasserons facilement avec une éponge imbibée d'eau et cela au moment où le ciment commence à durcir sans avoir encore fait entièrement prise.

Au lieu de ciment, on pourrait également utiliser du plâtre; mais les soubassements ou revêtements étant en général destinés à des endroits susceptibles d'être atteints par de l'eau, ne serait-ce qu'à leur base, lorsqu'on lave les carreaux du sol, on évite l'emploi de plâtre, qui est plus facile à manier peut-être, pour un amateur non maçon, mais craint l'humidité; il est bien entendu toutefois que, si pareil danger ne se présente pas, nous adopterons le plâtre.

*Les débris de verreries.* — Verres ébréchés, bouteilles cassées, toutes les verreries en un mot sont mises au rancart avec lesbalayures.

Néanmoins, si nous prenions la peine d'examiner attentivement ces objets, nous verrions qu'il nous est souvent encore possible de tirer parti des portions restées intactes.

Voici par exemple une carafe dont le goulot a été brisé, évidemment cet ustensile ne pourra plus remplir le but auquel il était primitivement destiné, mais si nous le coupons suivant la ligne pointillée qu'indique la figure 30, nous obtiendrons une sorte de coupe sans pied dont les usages seront multiples lorsque nous en aurons soigneusement rodé les bords : coupe à fruits, à fleurs, sucrier, etc.

Si nous sectionnons nettement une bouteille, un litre ordinaire, suivant la ligne A de la figure 31, nous obtiendron[illegible]x pièces dont l'une formera un entonnoir, l'autre un [illegible]ecipient cylindrique qui fera un excellent pot à confiture; donc nous pourrions transformer en entonnoir (fig. 32) toute bouteille dont la base aura été détériorée et en pots à confiture (fig. 33) celles dont le goulot aura souffert. D'un verre à pied, dont la partie supérieure aura été atteinte, si nous faisons disparaître avec adresse la partie endommagée, il nous restera un ustensile qui servira encore comme petite coupe.

Nous pourrions multiplier de pareils exemples, mais nous laissons à l'ingéniosité de chacun le plaisir de trouver le meilleur moyen d'utiliser les débris résultant de l'accident, ce qui dépendra surtout de la forme et de la position de la cassure ; le point important est de sectionner bien nettement la partie intacte de celle qui a reçu le choc.

Il existe d'ailleurs plusieurs moyens ; nous commencerons par décrire un des plus simples, tout en donnant un résultat parfait. Prenons, comme exemple, la bouteille de la figure 31 ; notre premier soin sera d'indiquer par une ligne pointillée faite avec un pinceau trempé dans de l'encre la direction exacte suivant laquelle on devra couper la bouteille, et au point $x$, à l'aide d'une lime triangulaire ou tiers-point, nous tracerons suivant la direction de la ligne A un petit trait très net et de quelques millimètres seulement de long ; pour que la lime pénètre mieux dans le verre, on peut l'humecter avec de l'essence de térébenthine ou avec une dissolution à saturation de camphre dans de l'alcool ; si l'on possède un diamant de vitrier, on pourra produire encore plus aisément ce trait initial. Ceci fait, on se procure un gros fil métallique, fer, cuivre ou laiton, peu importe, d'une cinquantaine de centimètres et on en recourbe une extrémité sur une longueur de trois à quatre centimètres de façon à lui faire épouser exactement la forme de la panse de la bouteille suivant la ligne pointillée A (fig. 31), l'autre extrémité sera repliée de manière à former un manche (fig. 35).

Faites rougir l'extrémité recourbée de la tige métallique et appliquez-la sans tarder sur la panse de la bouteille suivant la ligne A (fig. 36), en partant du trait $x$ fait à la lime; appuyez fortement jusqu'à ce que vous entendiez un petit craquement. Vous pouvez alors retirer la tige et vous apercevrez le commencement d'une petite fente partant du trait $x$ et se prolongeant plus ou moins longuement sur la ligne A. Faites chauffer de nouveau la tige de métal et agissez de même, en ayant soin cette fois d'appliquer l'extrémité de la partie de la pointe recourbée au commencement de la fente et toujours suivant la ligne A. Un craquement se fera également entendre et la fente se trouvera prolongée; continuez de même jusqu'à ce que la fente ait fait tout le tour de la bouteille; elle se sectionnera alors très nettement.

On peut, en place de fil de fer, se servir avec avantage d'un charbon de Berzelius [1], l'opération sera beaucoup plus rapide, car il conserve son incandescence pendant assez longtemps, tout en développant une forte chaleur.

Pour s'en servir, on commence par faire à la lime un

1. Voir la composition du charbon de Berzélius, p. 174.

trait sur l'objet qu'on désire couper, on taille en cône l'extrémité du crayon, on l'enflamme, et on l'approche de l'entaille; il se produit une première fente que l'on prolonge tout autour de l'objet, en plaçant le charbon incandescent un peu en avance de la fente dans la direction où l'on veut propager celle-ci.

Un autre procédé aisé et qui réussit assez bien, lorsqu'il s'agit de couper, suivant une ligne horizontale[1], un récipient quelconque en verre, consiste à le remplir avec de l'huile ordinaire jusqu'au niveau de la section. Il suffit de plonger dans l'huile une tige de fer rougi et le récipient se coupe suivant la ligne formée par la surface du liquide. Pour économiser l'huile, lorsqu'on veut couper à une certaine hauteur, on peut commencer par verser dans le récipient une certaine quantité d'eau, jusqu'à deux centimètres au-dessous de la ligne marquée pour la coupe, puis on verse par-dessus une quantité suffisante d'huile pour former une couche de deux centimètres d'épaisseur; l'huile étant plus légère que l'eau surnagera toujours et l'on trempera dans celle-ci seulement la tige rougie au feu.

Ce procédé est moins sûr que les précédents, nous nous en sommes pourtant servi maintes fois, lorsqu'à la campagne nous nous trouvions surpris sans lanterne dans l'obscurité naissante. La crainte d'une contravention rend

1. On peut d'ailleurs couper obliquement en maintenant la surface en verre dans une position plus ou moins oblique.

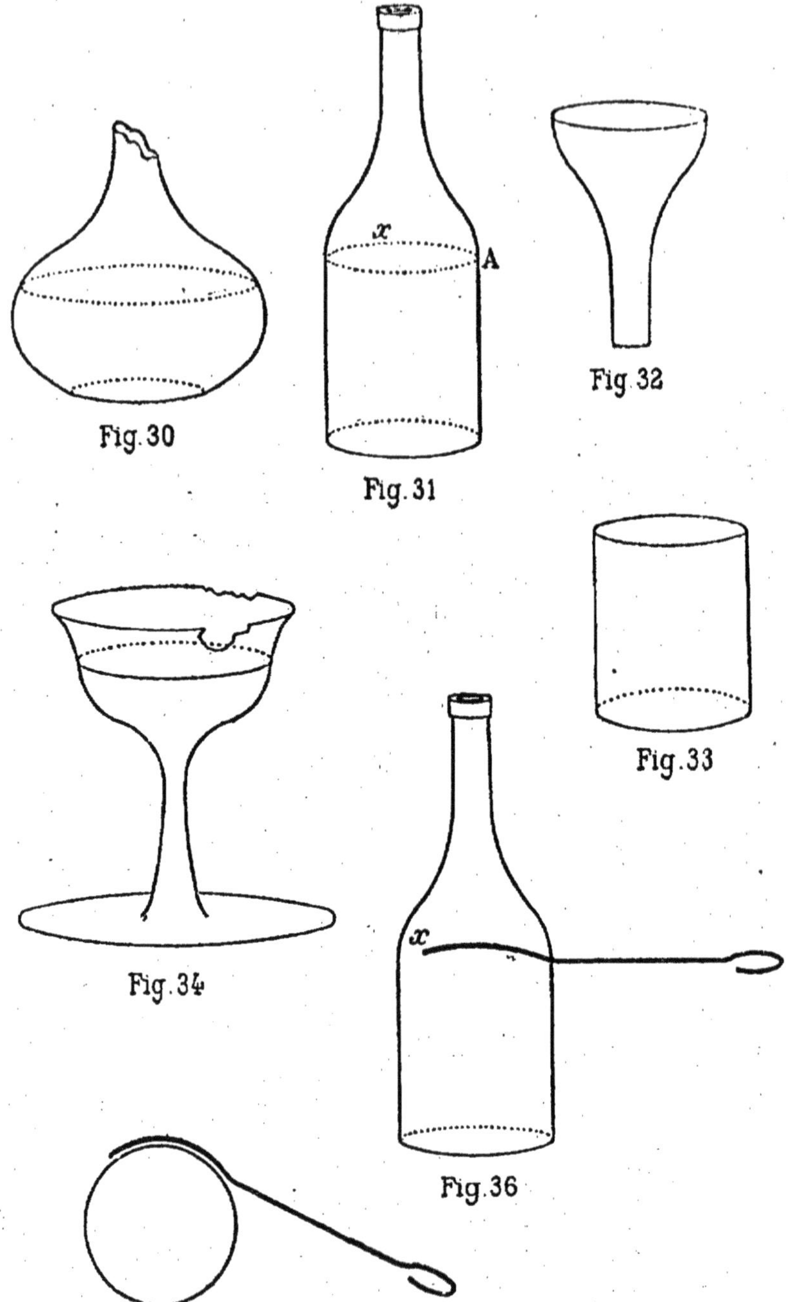


Fig. 30

Fig. 31

Fig. 32

Fig. 33

Fig. 34

Fig. 35

Fig. 36

ingénieux ; par ce procédé *à l'huile* nous faisions sauter le fond d'une bouteille que nous nous procurions dans une ferme ; renversant le récipient ainsi ouvert, nous introduisions à l'intérieur une bougie dont nous enfoncions l'extrémité dans le goulot, et nous avions une lanterne capable de résister au vent.

Les sections faites par l'un de ces procédés sont en général très nettes, mais elles restent fort coupantes, il faudra les arrondir ou *roder*, ce qui se fait très facilement à l'aide d'une vieille lime ou avec un morceau de pierre dure, un simple caillou des bords de la mer.

*Vitraux et débris de verre.* — Par un procédé à peu près analogue au Crazzy-China nous arriverons à confectionner des vitraux assez intéressants.

Ramassons les débris de diverses bouteilles et examinons-les par transparence, nous verrons entre elles une infinité de variations qui ne sont que peu perceptibles lorsqu'on les regarde de la façon habituelle. Cherchons à multiplier ces types différents et procurons-nous, si possible, des bouteilles de couleur bleue, jaune, et plus ou moins cassées.

La fenêtre à orner sera munie d'une panneau de verre blanc et c'est sur ce panneau que nous appliquerons nos divers morceaux de verre en les mélangeant de façon à obtenir un aspect aussi chatoyant à l'œil que possible. Plaçons d'abord dans un angle un premier morceau de verre et, à côté de lui, deux ou trois autres morceaux en maintenant entre eux une distance de deux millimètres. Pour que ces parcelles restent en place, il faudra nécessairement une surface horizontale, la fenêtre ayant été démontée par conséquent. Nous avons préparé un bon mastic composé de mi-partie de blanc de Meudon et mi-partie de céruse, le tout est pétri et malaxé avec de l'huile de lin. Nous roulerons entre nos doigts une petite quantité de ce mastic, de façon à former de petits cylindres allongés et de la grosseur d'un ver de terre ; à l'aide d'un couteau nous les ferons pénétrer entre les divers morceaux de verre afin de les fixer les uns aux autres ; nous enlèverons tout le mastic en excès qui débordera en bourrelet au-dessus des morceaux de verre et nous continuerons de même jusqu'à ce que toute la surface soit recouverte. Laisser le tout dans la position horizontale jusqu'à ce que le mastic soit entièrement sec, ce qui demandera trois ou quatre jours, le travail offrira alors une grande solidité.

L'attrait d'un vitrail de ce genre réside surtout dans la différence des nuances offertes par les morceaux vus par transparence, aussi convient-il de les disposer les uns à côté des autres avec beaucoup de discernement, et, pour faciliter le choix, il est utile de trier au préalable suivant leur nuance les différents morceaux de verre et de réunir ceux qui sont semblables afin de les avoir sous la main selon les besoins.

Si, au lieu de briser les morceaux de verre en parcelles irrégulières, on les coupe au diamant[1] dans une forme déterminée, on pourra obtenir un véritable vitrail offrant un dessin suivant un modèle choisi à l'avance.

Pour cela, après avoir reporté sur une feuille de papier les dimensions de la feuille de verre déjà en place, qui servira de base à notre travail, on exécute un croquis de dessin, dans lequel on détermine les grandeurs[2] et formes des morceaux de verre diversement nuancés ainsi que leur emplacement. Nous ferons ensuite un calque de ce premier croquis et nous le découperons de façon à nous fournir des gabarits de chaque pièce, et c'est suivant ces gabarits que nous découperons nos morceaux de verre. Nous les disposerons comme précédemment sur la feuille de verre, suivant l'ordre et la disposition indiquée par le carton, en les fixant avec du mastic.

L'on a remarqué ces vitraux entièrement formés avec des *cives* ou plaques rondes de verre donnant l'effet des fonds de bouteilles.

Nous pourrons toujours par le même procédé imiter ce genre de vitraux en ramassant un nombre suffisant de bouteilles à fond plat ; on les coupera exactement à leur base, de façon à n'obtenir que des rondelles parfaite-

1. Voir page 169.

2. Il est évident que ces morceaux découpés dans des bouteilles plus ou moins cassées ne pourront être que de dimensions assez restreintes, il faut en tenir compte en préparant son carton,

ment plates. On appliquera ces rondelles les unes à côté des autres sur la feuille de verre déjà fixée à la fenêtre, de façon à ce qu'elles se touchent les unes les autres, mais, comme par suite de leur forme ronde il restera toujours entre elles des espaces vides, on garnira ceux-ci avec de petits morceaux de verre coupés en forme de losange assez grand pour remplir le vide; on fixe en introduisant du mastic entre ces différentes pièces.

*Le cresson en bouteilles.* — Les fonds de bouteilles trouveront aussi une utilisation dans notre jardin, et nous permettront même de cultiver dans les terrains les plus secs, le cresson, cette santé du corps.

Prenons de vieilles bouteilles dont le goulot a disparu avec fond intact. Nous laisserons de côté celles dont cette partie est plate. Souvent, pour donner au consommateur l'illusion d'une bouteille immense, les verriers astucieux donnent à cette partie postérieure de la bouteille une forme concave et la prolongent vers l'intérieur du récipient d'une manière exagérée; nous prendrons des bouteilles de cette sorte.

Ceci fait, choisissons au jardin un carré aussi plat que possible et plantons-y côte à côte les bouteilles cassées, en ayant soin d'enfoncer dans le sol le côté du goulot et de laisser à l'extérieur les dessous de bouteilles; ces fonds nous permettront de réaliser un pavage pittoresque composé d'une quantité de petites cuvettes régulièrement espacées.

Au centre de l'espace qui se trouve entre chaque quatre bouteilles, plantons une petite touffe de cresson et arrosons vigoureusement toute la plate-bande.

Bientôt le cresson pousse; ses tiges grandissent et se recourbent sur les creux des bouteilles qui ont retenu l'eau des arrosages. Les tiges se recouvrent de petites radicelles qui plongent délicieusement leurs appendices nourriciers dans ces lacs minuscules qu'un arrosage répété deux fois par jour durant les grandes chaleurs suffit à alimenter et à maintenir convenablement remplis. Après quelques jours d'attente, nous verrons le fond du verre disparaître sous une végétation puissante, verte à plaisir, toujours renaissante et toujours disposée à se laisser cueillir.

*Glaces brisées.* — Comme tous les objets en verre, les miroirs et glaces sont exposés à de multiples accidents, mais il est très rare que ces derniers surtout soient brisés en petites parcelles inutilisables, nous pourrons toujours trouver un morceau de dimensions assez grandes pour nous fournir encore un petit miroir; les formes de la pièce que nous utiliserons seront sans aucun doute des plus irrégulières, mais ceci aura peu d'importance en agissant comme suit.

Procurons-nous d'abord un morceau de carton carré, le couvercle d'une boîte dont on se sert dans les maisons de confection conviendra parfaitement, et appliquons sur ce carton notre morceau de glace.

Dans une feuille de papier brun à emballage nous découpons au centre une ouverture carrée (fig. 38), aussi grande que possible mais pouvant s'inscrire dans le polygone formé par les débris de glace ; comme dimensions extérieures cette feuille de papier devra offrir sur tous ses côtés cinq centimètres de plus. Après avoir fait des encoches aux angles, nous rabattrons tout ce qui dépasse du papier brun derrière le carton. Coupons quatre bandes de papier brun de dix centimètres de large sur une longueur de dix centimètres plus grande que les côtés du carré découpé dans la feuille de papier ; plions-les en deux dans le sens de la longueur, et collons-les autour du carré de glace qui reste visible comme l'indique la figure 38, le côté du pli contre la glace, de façon à avoir un encadrement bien net.

Une autre feuille de papier brun de mêmes dimensions que la précédente nous sera encore indispensable ; en tirant les diagonales, nous en trouverons le centre exact ; à l'aide d'un crayon nous tracerons d'abord un carré P Q R S, (fig. 37), ayant un centimètre de plus sur tous ses côtés que le carré formé par les bandes que nous avons collées précédemment ; dans l'intérieur du carré nous tracerons un carré beaucoup plus petit M N O L. Après avoir découpé avec des ciseaux le carré M N O L et fendu les angles O R, L P, N S, M Q, nous rabattrons dessous le côté O M suivant la ligne Q R, O L suivant R P, L N suivant P S, N M suivant S Q, de façon à obtenir le carré P

Q R S, les bords se trouvant formés par du papier replié.

Collons cette dernière feuille au-dessus du travail déjà exécuté de façon que les bandes fixées autour de la glace soient visibles sur une largeur de un centimètre bien régulière, et rabattons aussi et collons par derrière les bords de la feuille; une pièce de papier blanc collée sur toute cette partie cachera de ce côté les traces de ces divers encollages.

Notre morceau de glace sera ainsi monté en un miroir susceptible, de nous rendre des services (fig. 39); si nous voulons le pendre à un clou, nous prendrons une longueur suffisante de lisière dont nous fixerons les extrémités à l'aide de petits morceaux de carton collés à la colle forte sur le derrière de la glace en T et U (fig. 41).

Il ne nous restera plus qu'à orner l'extérieur au moyen d'un dessin quelconque, une branche de fleurs aussi habilement peinte que nous pourrons le faire (fig. 40).

*Vieux chapeaux.* — Les vieux chapeaux sont destinés à la hotte du chiffonnier, nous pouvons pourtant tirer parti, de bien des façons, des vieux chapeaux de paille; en voici quelques-unes se rapportant surtout aux chapeaux de dames.

Dans l'état où nous le trouvons, le vieux chapeau que nous avons choisi est dur et raide, mais à l'aide d'eau bouillante nous pouvons le rendre très malléable et une fois sec, redevenant dur, il conservera la forme que nous lui aurons donnée.

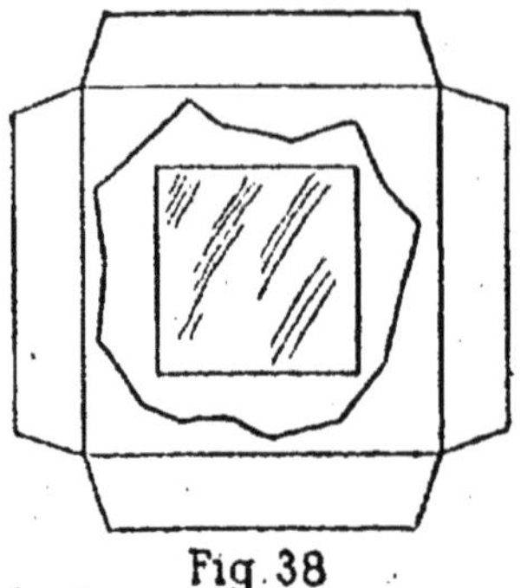
Fig. 38

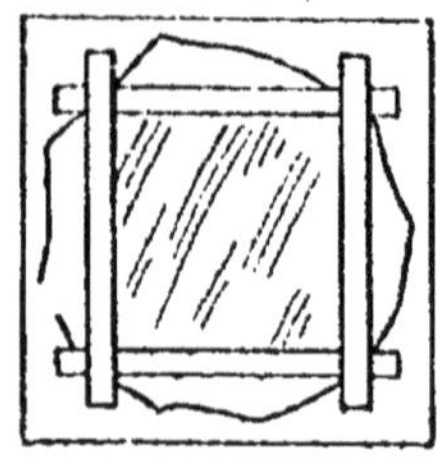
Fig. 39

Fig. 40

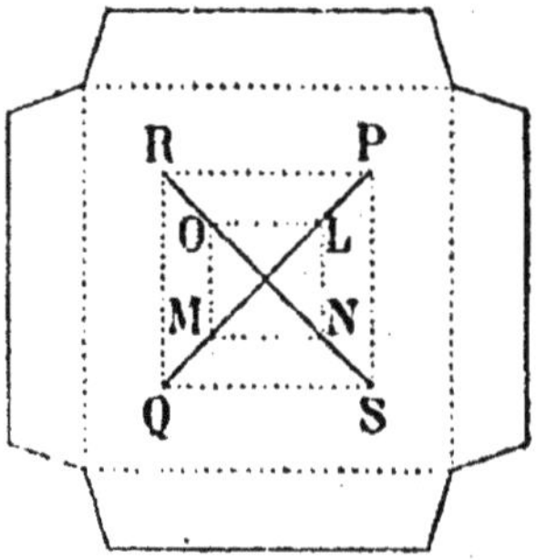

R P
O L
M N
Q S

Fig. 37

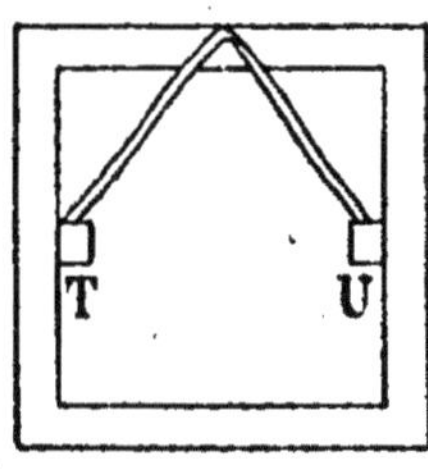

Fig. 41

Par ce procédé, un chapeau pourra nous fournir un très élégant panier à ouvrage. Plongeons entièrement ou plus simplement arrosons avec de l'eau bouillante la paille, privée bien entendu de tous les ornements et garnitures

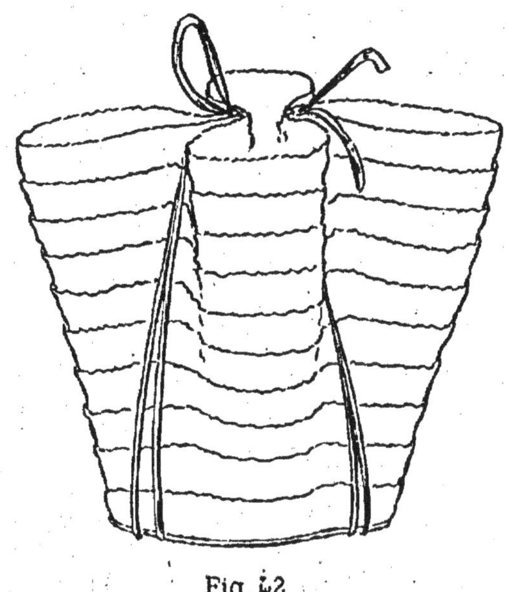

Fig. 42

qui s'y trouvaient lors de sa première utilisation. Rabattons en dedans les bords de façon qu'ils se trouvent dans le prolongement du fond, formant ainsi un cône tronqué ; à l'aide d'une ligature faite avec une ficelle faisons-lui prendre la forme qu'indique la figure 42, une fois sec il la conservera et nous donnera un élégant panier aux bords ondulés (fig. 43). L'intérieur sera garni avec une étoffe quelconque, et une soie aux couleurs vives formera le sommet qui se fermera au moyen d'un ruban de nuance assortie.

Un chapeau de paille de forme régulière pourra servir également de fondation pour un abat-jour destiné à être garni de soie ou de papier plissé.

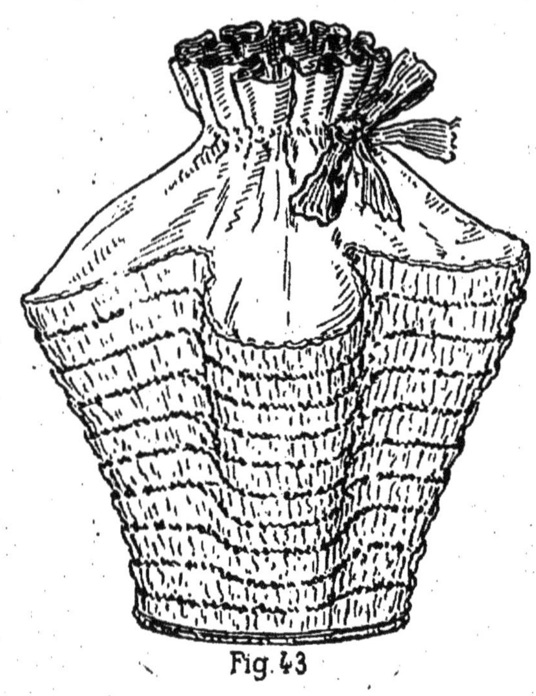

Fig. 43

Notre premier soin sera de nettoyer le chapeau avec une brosse, afin de faire disparaître toutes traces de poussière, puis avec des ciseaux bien aiguisés nous couperons le fond de manière à ne laisser de toute cette partie qu'une hauteur de 3 centimètres ; ébouillantons la paille et rabattons les bords comme nous l'avons fait précédemment.

Notre fondation sera ainsi obtenue et elle nous offrira toute solidité ; il ne restera plus qu'à la garnir avec du papier ou de l'étoffe. Garnissons d'abord le dessus de notre abat-jour avec du papier mousseline plissé ou non, puis découpons une bande de ce même papier ayant une largeur égale aux anciens bords du chapeau, plissons cette bande et fixons-la par quelques points de façon qu'elle garnisse bien toute cette partie. Une autre bande que nous plissons servira à garnir les trois centimètres qui restent du fond; elle s'étendra un peu sur la garniture des bords et s'élèvera plus haut que la fondation, on évasera cette partie supérieure et on l'ondulera pour lui donner un aspect aussi artistique que possible.

*Débris de celluloïd.* — Ne jetons pas les objets en celluloïd plus ou moins détériorés, tels que, manchettes, faux-cols de linge américain. Ces objets constituent une excellente matière première. Les parties les plus abîmées sont mises à part. On les dissout dans un mélange d'alcool et d'éther, ou encore d'alcool amylique, et l'on obtient ainsi un vernis blanc opaque qui pourra nous rendre maints services, pour vernir tout objet exposé à l'humidité et qui forme aussi une bonne colle, excellente en particulier pour coller entre eux différents morceaux de celluloïd. La dissolution, pour être complète, demande plusieurs jours de macération. Les manchettes présentant une surface un peu étendue en bon état sont plongées dans de l'eau bouillante où elles se ramollissent légèrement. On les met ensuite sous une presse quelconque de façon à obtenir des plaques bien rigides. Avec de pareilles plaques jointes les unes aux autres, on peut confectionner des récipients excessivement légers. On se servira du vernis préparé comme nous venons de l'indiquer pour souder les parois et les diverses parties du fond. Si ces objets doivent offrir une dimension assez grande, il est prudent d'en consolider le fond en collant par-dessous un morceau de carton épais.

*Vieilles boîtes.* — Avec les boîtes à conserves que l'on jette dédaigneusement à la rue on peut obtenir une foule d'objets utiles.

Voici d'abord un récipient pour faire fondre la colle forte ou pot à colle :

Prenons une boîte à conserves cylindrique, assez grande (celles de 1 kilogramme de petits pois conviennent), mais recommandons à la cuisinière de ne faire, lorsqu'elle voudra en vider le contenu, qu'une ouverture circulaire d'un diamètre à peu près égal à celui d'une autre boîte de un demi-kilogramme. Cette dernière boîte, dont le couvercle est entièrement enlevé, est introduite dans la grande par l'ouverture circulaire que nous avons recommandé de faire ; elle devra faire saillie de 3 centimètres environ, on la maintiendra en cette position en la faisant traverser à 3 centimètres de son bord supérieur par une longue et forte aiguille à tricoter (ou une petite longueur de fort fil de fer) dont les extrémités reposeront sur les bords de la grande boîte ; celle-ci servira de bain-marie, tandis que la petite recevra la colle à faire fondre. En perçant dans chaque boîte, juste en dessous des bords, deux trous dans lesquels passeront les extrémités d'un morceau de fil de fer, il nous sera facile de faire les poignées des deux parties de notre ustensile.

Perçons un trou dans la paroi d'une grande boîte à conserves cylindrique dont le couvercle aura été enlevé, introduisons par ce trou un manche taillé en pointe et dirigé obliquement par le bas, perçons à l'endroit où il atteint l'autre côté de la paroi un petit trou par lequel puisse ressortir la pointe du manche de bois et nous aurons une épuisette aux multiples usages; il faut bien calibrer les trous à la grosseur du manche afin de diminuer la perte de l'eau par les interstices, mais on peut rendre complètement étanche l'ustensile en faisant un joint au minium. Pour cela on prépare un mastic en délayant du minium en poudre dans de l'huile de lin, on y roule quelques brins d'étoupe, que l'on peut facilement obtenir en détressant une corde; on bourre bien tout l'interstice entre le métal et le bois avec l'étoupe ainsi préparée et l'on obtient un bouchage hermétique.

Fixons au bout d'un long bâton muni d'une planchette circulaire, au moyen de pointes plantées dans le fond, une grosse boîte à conserves vide et dont on aura enlevé le couvercle. Perçons à 1 centimètre au-dessous du bord supérieur une série de petits trous, et à l'aide de ceux-ci nous pourrons fixer et coudre un petit sac en toile; au-dessus de cette ligne de trous affûtons soigneusement le bord de la boîte de manière à la rendre bien coupante. Nous aurons ainsi un cueille-fruit qui nous permettra d'atteindre pommes, poires, pêches placées trop haut pour que la main puisse les saisir; le rebord tranchant appuyant sur le pédoncule détache facilement le fruit et celui-ci tombera moelleusement et sans s'abîmer dans le sac.

Il n'est guère plus difficile d'obtenir une râpe avec une boîte à conserves. Choisissons-en une de grosseur moyenne et, après avoir fait disparaître couvercle et fond, coupons-la en deux dans le sens de la hauteur.

Prenons une seule de ces moitiés et, l'ayant placée sur une planche en bois dur, aplatissons-la à coups de marteau de façon à avoir une surface plane, sur laquelle nous tracerons une suite de lignes en diagonales dont les points de rencontre serviront à fixer la place des trous à percer. Dans une pièce de bois dur pratiquons une petite entaille de la profondeur voulue pour que les aspérités de la râpe présentent toutes la même saillie. Avec un coin maintenu perpendiculairement juste au-dessus de cette cavité et en y frappant un bon coup de marteau bien sec nous obtiendrons le trou voulu; et en continuant la même opération autant de fois qu'il doit y avoir de trous nous aurons une feuille plate présentant toutes les aspérités d'une râpe plate.

Il s'agit maintenant de la monter : nous découperons le manche dans une planchette en bois épais, nous clouerons le bord de la feuille métallique sur un des bords du manche et nous lui donnerons à l'aide de la main une courbure aussi régulière que possible, nous clouerons ensuite l'autre bord sur l'autre côté du manche.

Une suspension assez originale en forme de bûche (fig. 44 et 45), pourra être obtenue à l'aide de deux boîtes de conserves cylindriques ; choisissons deux boîtes de conserves de même diamètre et aussi hautes que possible ; après avoir fait soigneusement disparaître toute trace de couvercle coupons dans leurs parois verticales une bande de 5 centimètres de largeur et allant du bord supérieur jusqu'à environ moitié de la hauteur.

Introduisons par leurs parties supérieures une boîte dans l'autre en ayant bien soin que les vides faits par la découpure de la bande se trouvent dans le prolongement l'un de l'autre ; perçons au point de jonction une série de petits trous qui devront traverser les parois des deux boîtes et, faisant passer par ces trous un fil de fer, nous assurerons une réunion solide à nos deux parties. Perçons aussi, à chaque extrémité du cylindre ainsi obtenu, un trou par lequel nous introduisons un cordon destiné à suspendre l'objet.

Passons maintenant à la décoration extérieure, car il est évident que si on laissait au fer-blanc sa couleur naturelle, le tout manquerait d'élégance ; plongeons entièrement nos deux boîtes accolées dans de l'asphalte fondu et ressortons-les vivement en les laissant s'égoutter le

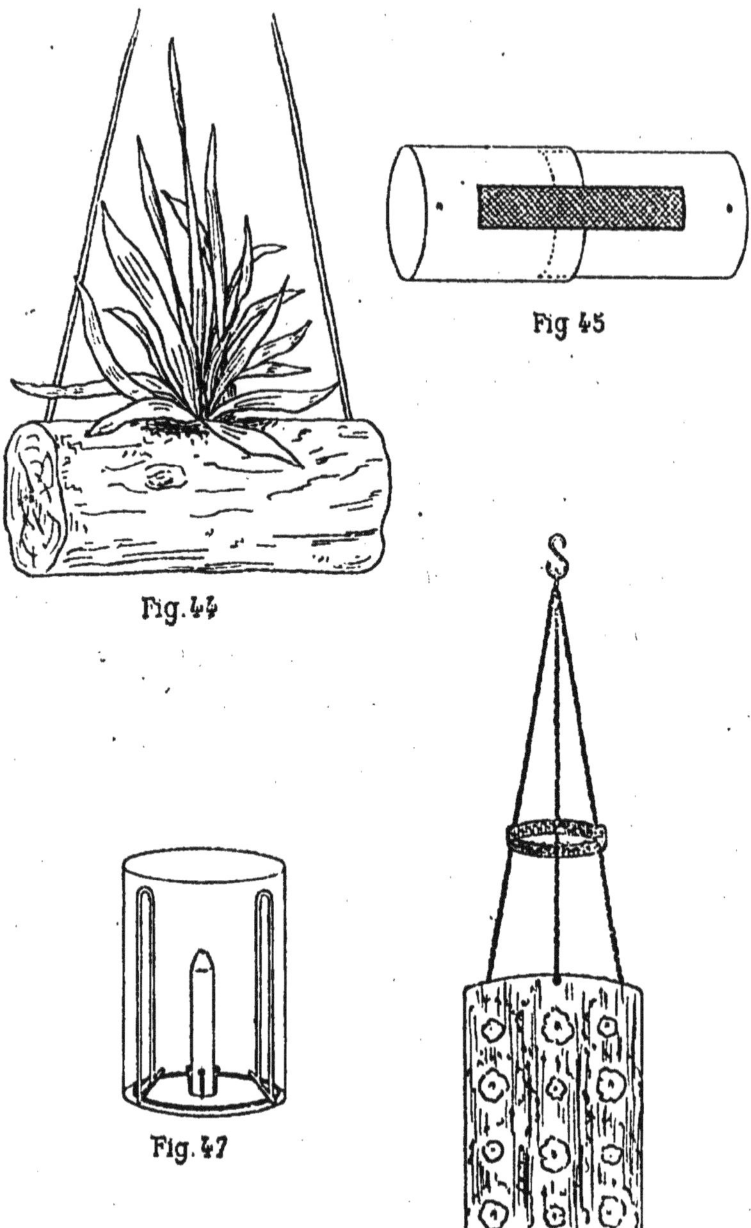

Fig. 44

Fig 45

Fig. 47

Fig. 46

moins possible. Pendant que la couche déposée sur le fer-blanc est encore chaude, appliquons vivement sur elle des morceaux d'écorce de chêne, de bouleau, de platane ou d'autre arbre, en ayant soin de choisir les morceaux les plus grands afin d'éviter le plus possible les vides qui se trouveront forcément le long des lignes de réunion ; cela fait, il faut faire disparaître entièrement les vides que nous venons de signaler ; on applique en ces points des paquets de mousses, des écailles provenant des cônes de sapin, des glands et autres débris végétaux.

Il ne nous restera plus qu'à remplir de terre la bûche ainsi formée et à y planter fougères ou autres plantes [1].

En agissant de même, c'est-à-dire en prenant des boîtes de conserves, en perçant au fond un trou pour l'écoulement des eaux et en les enduisant d'asphalte puis en les recouvrant de débris végétaux, nous pourrons obtenir des pots à fleur tout à fait rustiques et d'une solidité à toute épreuve.

En perçant près du bord supérieur deux trous en face l'un de l'autre pour le passage d'un cordon, nous obtiendrons également des suspensions, mais, dans ce cas, il faut aussi garnir d'écorces, de glands, de petits cônes de pin, etc., le fond de l'appareil, lequel, étant suspendu, sera très visible.

Une boîte cylindrique nous permettra ainsi de faire

1. Il est bon de percer à la partie inférieure de la bûche un petit trou par où pourra s'écouler l'excès de l'eau des arrosages.

une lanterne que nous pourrons suspendre dans une antichambre (fig. 46).

Nous étant procuré la boîte, et ayant complètement enlevé le couvercle, nous chercherons un morceau de bois, une bûche par exemple, dont une partie de la surface offrira une forme cylindrique correspondant à celle de la boîte. Toute la paroi verticale doit être découpée et il est est utile de marquer avec un petit pinceau chargé d'une couleur à l'huile la forme de ces découpures; cela fait, nous glisserons le morceau de bois dans la boîte, de façon que la partie à découper vienne reposer sur sa surface, on aura là un soutien solide qui empêchera le fer-blanc de s'aplatir sous les coups répétés qu'on est obligé de donner au ciseau pour le perforer très nettement. C'est en effet à l'aide d'un ciseau bien tranchant et d'un marteau que l'on pratique les ouvertures de la lanterne. On peut encore plus simplement se servir d'un vilebrequin et d'une mèche, les trous sont parfaitement ronds ; les plus grandes ouvertures sont obtenues par plusieurs trous percés les uns à côté des autres; là encore le bloc de bois est indispensable comme soutien.

Ceci fait, nous percerons encore tout près du bord supérieur trois trous équidistants de plus petite dimension qui serviront au système de suspension ; celui-ci pourra être composé de trois morceaux de fil de fer ou de trois petites chaînettes dont une extrémité passe par les trous susmentionnés et l'autre est réunie aux autres par un crochet en S qui servira également à suspendre le tout au piton du plafond. On peut en agrémenter l'aspect en faisant passer ces chaînettes au travers d'une couronne métallique retenue à un tiers de la hauteur au-dessus de la lanterne, et qui consistera simplement en un anneau circulaire de 3 à 4 centimètres de largeur découpé dans une petite boîte de conserves.

Lorsque le travail sera à ce point, nous passerons au vernis noir, dit Japon, la lanterne, la couronne et les chaînettes. Cette couleur noire n'est pas indispensable et il nous sera loisible de choisir n'importe quelle nuance ou même, pour obtenir un effet plus riche, de bronzer, argenter ou dorer le tout.

Pendant que notre couleur se sèche, nous ferons le support de la bougie qui servira à éclairer la lanterne (fig. 47); celui-ci se composera d'une petite rondelle de bois, de liège ou même de carton dont le diamètre sera un peu inférieur à celui de la boîte de conserve de façon à pouvoir entrer dans l'intérieur sans frottement; au centre nous planterons quatre clous dont nous laisserons dépasser une bonne partie de la tige, la distance à laquelle ces quatre clous doivent être plantés sera soigneusement calculée afin que l'extrémité inférieure de la bougie puisse s'introduire entre eux, la bougie elle-même étant maintenue bien verticalement. De chaque côté de la rondelle nous enfoncerons un fil de fer replié en deux pour former deux poignées à l'aide lesquelles on pourra facilement retirer le

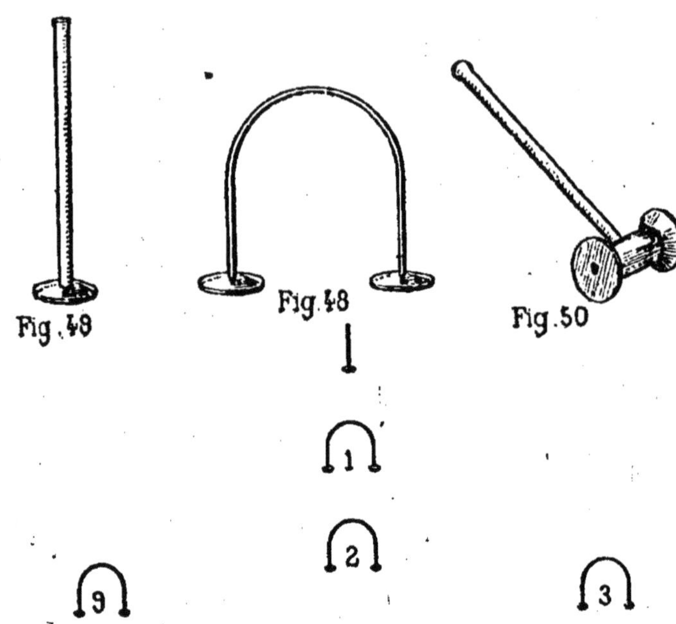

Fig. 48 Fig. 48 Fig. 50



Fig. 51

support; ces poignées, pour pouvoir être saisies, devront avoir une hauteur presque égale à celle de la lanterne elle-même.

En dernier lieu, nous collerons à l'intérieur des parois de la lanterne une feuille de papier rouge mince et transparent qui produira l'effet d'un verre de couleur et au travers duquel passera la lumière.

Cette lanterne, facile à faire, est très jolie en somme.

## LES VIEILLES BOBINES DE FIL A COUDRE

*Croquet de table.* — Les figures 48 à 51 nous représentent les divers accessoires d'un croquet de table que nous pourrons fabriquer nous-mêmes. Il se compose d'arceaux, de piquets d'arrivée et de départ, de maillets et de boules.

Les arceaux seront fabriqués avec de petits morceaux de fil de fer repliés en arceaux, comme le montre la figure 48, et dont les extrémités seront enfoncées dans des garnitures métalliques pour boutons en étoffe. Pour les fixer, on a eu soin de bien boucher avec de la cire les trous dont sont munies ces garnitures, et dans celle-ci l'on enfonce l'extrémité du fil de fer que l'on a légèrement rendue pointue à l'aide d'une lime. Les boutons forment des supports plats qui permettent aux arceaux de se maintenir droits sur la table; les branches des arceaux doivent être suffisamment écartées pour que les boules puissent passer sans être arrêtées par les boutons.

Les piquets (fig. 49), au nombre de deux, consisteront simplement en un clou enfoncé dans un bouton comme les arceaux. Quant aux maillets (fig. 50), ils seront simplement faits avec une bobine de fil à coudre dans laquelle on plantera, perpendiculairement à sa hauteur et dans le milieu de cette hauteur, un long clou qui servira de manche. Les boules ne seront que de simples billes avec lesquelles jouent les enfants; on les choisira de couleurs différentes afin de les distinguer entre elles. Le maillet correspondant à chaque bille ou boule aura une coloration rappelant la couleur de cette dernière. Il faudra autant de maillets et de billes qu'il y aura de joueurs.

Le croquet se dispose sur une grande table, comme l'indique la figure 51 ; le numéro inscrit sur chaque arceau marque l'ordre dans lequel ils doivent être traversés par la boule. Les règles de ce jeu sont d'ailleurs les mêmes que celles du croquet en plein air.

# CHAPITRE XI

## A LA MAISON

### UTILISATION DES TONNEAUX

Les tonneaux plus ou moins hors d'usage, les tonneaux ayant servi à contenir du pétrole ou autres liquides qui les rendent dans la suite impropres à toute autre utilisation peuvent nous rendre des services importants dans la confection d'un mobilier économique.

On transforme en général les tonneaux en baquets (fig. 52), aux usages multiples ; chaque fût peut en donner deux et il est facile de les découper de façon à réserver les poignées nécessaires pour leur transport. Voici comment il faut s'y prendre. On fait en premier lieu tomber les cercles de bois qui deviennent inutiles, car ils n'avaient d'autre but que de protéger la pièce quand les camionneurs la roulent pour la charger ; il faut s'assurer que les deux cercles en fer du milieu, les plus grands, sont bien serrés et il convient même de les repousser à coups de marteau autant que faire se peut vers la partie la plus bombée du tonneau afin de bien les resserrer.

Traçons ensuite sur le fût et au milieu deux lignes parallèles A et B (fig. 53), distantes l'une de l'autre de dix centimètres, la bonde se trouvant entre les deux.

Il est facile de tracer ces lignes en se servant du compas ; la pointe d'une des branches est appuyée contre le cercle le plus proche et l'autre au point où doit se trouver la première ligne ; en faisant faire le tour du tonneau au compas ainsi disposé, on obtient la première ligne. Pour la seconde, on pratiquera l'opération en sens inverse.

Il faut ensuite marquer l'emplacement et la forme des poignées P ; on en réserve deux par baquet. Il faut naturellement avoir soin de les disposer au milieu d'une douve, et les poignées d'un même baquet doivent se trouver parfaitement en opposition.

Ceci fait, nous procéderons au découpage.

Il est essentiel d'opérer bien droit. On commencera par suivre avec une scie le trait tout autour du tonneau en respectant, bien entendu, les poignées, mais on ne creusera que très légèrement. Lorsqu'on aura fait ainsi deux ou trois fois le tour du tonneau et que la lame pénétrera d'un demi-centimètre, on pourra le sectionner en plein sans avoir crainte de s'écarter de la ligne droite. On découpera tout le tour des poignées avec une scie à main, les deux sections du fût se détacheront aussitôt.

Les poignées seront façonnées en abattant leurs angles

et en les arrondissant avec une râpe à bois. Il ne restera plus qu'à creuser le passage des mains; traçons-le d'abord au crayon au milieu de chaque poignée et en lui donnant une ouverture convenable; aux deux extrémités, à l'aide d'un vilebrequin et d'une mèche, nous percerons deux trous; il nous sera alors facile de rejoindre ceux-ci par deux traits faits avec une scie à main.

En découpant un petit tonneau, fût à cognac ou à liqueur, nous obtiendrons des baquets qui pourront nous servir à former des jardinières. Dans ce cas, lors du découpage, il sera inutile de réserver des poignées.

Pour monter sur pied cette sorte de petit baquet, nous percerons le fond de trois trous à l'aide d'un vilebrequin et d'une mèche de tonnelier. Ces trous devront être faits un peu obliquement de dehors en dedans et l'on y enfonce comme des chevilles l'extrémité de trois tiges de bambou ou de trois bâtons de bois ordinaire qui pourront nous être fournis par des manches à balais. Il est bien entendu que les trois morceaux devront être de longueur égale.

Pour éviter l'écartement des pieds, il faut les relier entre eux à quelques centimètres du sol et pour cela on utilise un cercle de tonneau de diamètre approprié, le plus souvent le grand cercle de l'autre partie du tonneau dont on ne se sert point quand on n'établit qu'une seule jardinière. Ce cercle sera fixé à chaque pied par une vis.

Nous n'aurons plus qu'à décorer l'extérieur de notre jardinière. Si le bois du fût n'a pas été trop endommagé par l'usage, le mieux est de le passer au papier de verre et de le vernir, lui laissant sa couleur naturelle ; on fixe deux anneaux de cuivre et l'on bronze les cercles métalliques.

Si au contraire le bois est endommagé, il est préférable de passer le baquet au vernis japonais ou de le laquer au Ripolin d'une nuance s'assortissant aux tentures de l'appartement.

Tirer un fauteuil d'un tonneau paraît chose impossible, néanmoins c'est une opération assez aisée, et un fût pourra nous fournir un confortable pouff (fig. 55 et 56).

Tout d'abord, un tonneau de bonnes dimensions ayant été choisi, nous vérifierons avec soin de façon à bien resserrer les cercles et nous riverons ceux-ci par une pointe à chaque douve ; cela fait, nous enlèverons soigneusement le fond supérieur, et nous clouerons sur le fond inférieur deux traverses en croix dépassant légèrement les bords et à l'extrémité desquelles nous fixerons plus tard des roulettes de façon à former les pieds de notre fauteuil.

Avec une scie à main découpons maintenant le fût dans le sens de sa hauteur et suivant la forme que présente la figure. Les parties conservées devront être clouées au dernier cercle du bas, la découpure ne devant jamais descendre plus loin de peur de compromettre la solidité du meuble.

Nous fixerons horizontalement à la hauteur du cercle trois traverses parallèles, l'une au milieu, les autres à une petite distance des bords, et sur ces traverses nous poserons le fond supérieur qui nous fournira la partie du siège. Le fauteuil sera complet, il ne restera plus qu'à le garnir d'une étoffe quelconque que l'on rembourrera avec du crin végétal ou animal.

Nous aurons ainsi un pouff élégant dont la carcasse sera faite d'un vulgaire tonneau, mais il sera absolument impossible d'en dévoiler l'origine.

Si nous ne craignons pas de laisser deviner l'origine première de nos sièges — notre ameublement n'en paraîtra que plus original — découpons le tonneau suivant la forme donnée par la figure 54 et servons-nous d'une portion de la partie découpée (que nous abandonnions dans le cas précédent) pour la fixer sur le fond de notre fauteuil-tonneau — nous avons ainsi un *rocking-chair* d'une construction peu commune (fig. 54). Il est bien entendu que, le bois du tonneau restant visible, nous le vernirons et nous passerons tous les cercles au vernis du Japon.

Avec deux tonneaux de dimensions différentes, nous pouvons établir en quelques heures un filtre distribuant en assez grande quantité une eau absolument limpide et saine. Son emploi sera utile, non seulement à la campagne, mais aussi dans de nombreuses villes qui sont fort mal approvisionnées sous le rapport de l'eau. Il est basé sur les propriétés qu'ont les couches superposées de sable et de charbon concassé de clarifier les liquides qui traversent leur masse.

Ce filtre est construit avec deux tonneaux d'inégale grandeur, le plus petit pouvant entrer dans le plus grand après

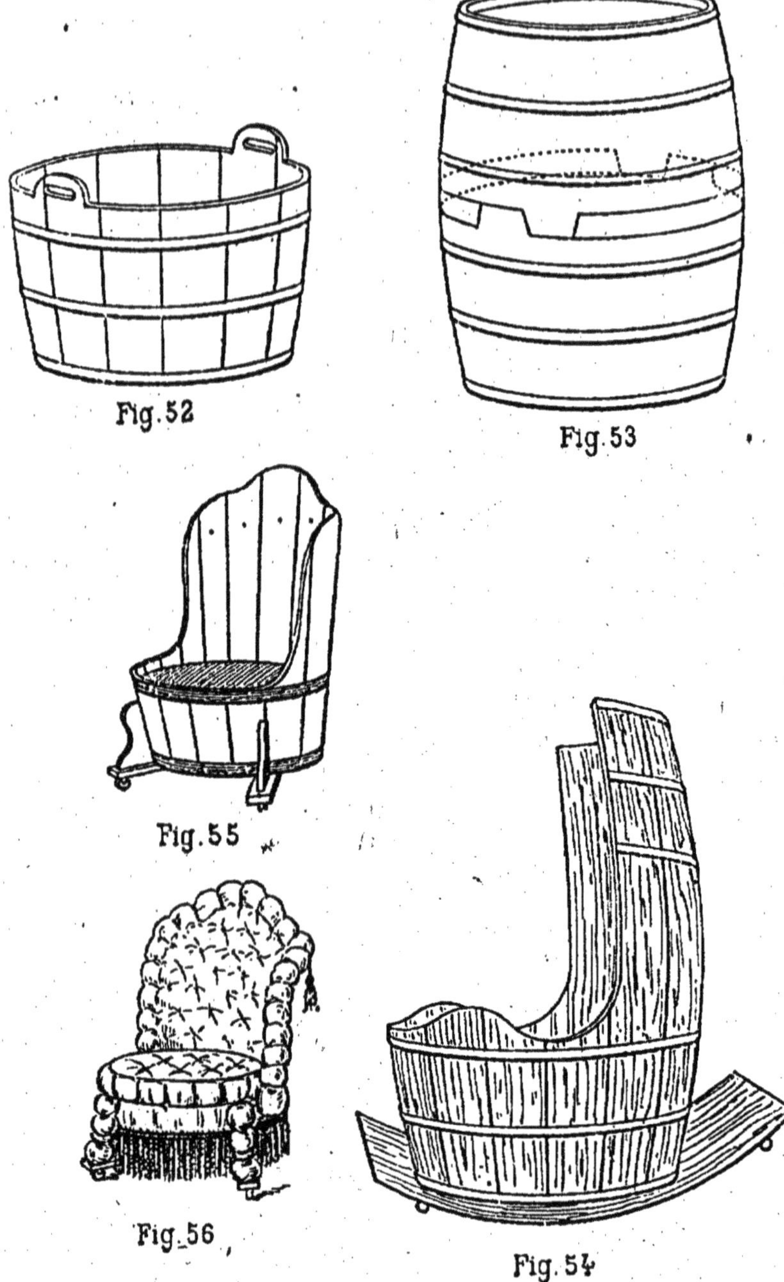

Fig. 52

Fig. 53

Fig. 55

Fig. 56

Fig. 54

enlèvement du fond supérieur de ce dernier ; c'est le premier qui fait l'office du filtre ; aussi son fond est percé d'une multitude de petits trous par où s'écoulera l'eau après avoir traversé les couches filtrantes ; cette eau tombera alors dans le grand fût d'où on pourra la retirer selon les besoins (fig. 57). Une bonne grandeur de filtre nous est fournie par un fût d'une pièce et un autre d'une demi-pièce.

Avant tout il faut choisir des fûts sains, en bon état et exempts de mauvais goût ; il sera d'ailleurs en premier lieu prudent de les soufrer, c'est-à-dire de faire brûler à l'intérieur 5 à 6 centimètres de mèche soufrée dont les vapeurs détruiront les ferments nuisibles ; après quoi un lavage à l'eau de soude bouillante (200 grammes de soude dans 10 litres d'eau), suivi de rinçages à l'eau fraîche, rappropriera entièrement les parois intérieures.

Si nous constatons quelques fentes dans l'un des tonneaux, nous pourrons y remédier en bouchant le joint qui laisse échapper du liquide avec du coton ou de l'étoupe roulée entre les doigts en une sorte de cordelette que l'on enfonce à l'aide d'un couteau, on est encore plus sûr du résultat si l'on enduit le bourrage de suif de chandelle.

Les bondes seront garnies de toile nouvelle et solidement assujetties au marteau. Enlevons les cercles de bois du petit fût, qui nous seront inutiles, et défonçons-le par un bout en choisissant de préférence celui qui a été usagé par la mise en perce. Perçons l'autre fond avec une vrille, de manière à avoir une multitude de petits trous de la grosseur d'un crayon, et afin de faciliter encore l'écoulement de l'eau filtrée, perçons aussi la paroi verticale, sur une hauteur de 3 centimètres environ, d'une série de petits trous identiques.

A son tour, le tonneau contenant la pièce entière est défoncé d'un bout afin qu'on puisse y introduire la petite barrique. Le fond enlevé sera conservé pour servir plus tard de couvercle. Aussi doit-on s'arranger à le retirer sans endommagement de la rainure dans laquelle il était emboîté. Pour cela, avec un marteau ou un ciseau, on chasse un peu les deux premiers cercles métalliques qui maintiennent étroitement réunies de ce côté les extrémités des douves du tonneau; privées de leur lien, elles s'écartent et laissent échapper les planches qui forment le fond.

Ce travail aura eu ainsi pour résultat d'agrandir l'ouverture qui doit livrer passage au petit fût. Nous le placerons donc dans le tonneau au milieu de l'espace libre en ayant soin de le maintenir aussi élevé que possible au moyen de briques ou de cales en bois. (Laver soigneusement au préalable ces briques ou cales.) On remet alors les cercles de fer dans leur ordre et, à coups de marteau frappés d'abord avec précaution, puis plus fortement, tout autour de leur ceinture, on les enfonce jusqu'à l'endroit exact où ils se trouvaient primitivement. On met un robinet au bas du grand tonneau et on le dispose sur un socle quelconque afin de pouvoir facilement recueillir l'eau.

Lorsque le tout est en place, on introduit les matières

filtrantes par couches dans l'ordre suivant : Gros et moyen gravier mêlés, une épaisseur de 6 centimètres; charbon de bois concassé de la grosseur d'une noisette, 7 centimètres; enfin sable, un lit de 7 centimètres. Il est toujours bon de laver sable, gravier et charbon en l'étendant sur la toile d'un tamis et en l'aspergeant d'eau bouillante. L'eau, quelque trouble qu'elle soit, sera bientôt convertie en appétissante eau d'une clarté absolue.

*Filtre facile à construire.* — Laissons de côté pour le moment les tonneaux et la manière de les utiliser, nous leur trouverons encore de multiples emplois lorsque nous nous occuperons de jardin et de basse-cour et, puisque nous parlons des filtres, indiquons encore un moyen pratique d'en établir un (fig. 58).

Procurons-nous une caisse en bois, à parois un peu fortes que nous diviserons en trois compartiments A, B, C, comme l'indique la figure. Dans le compartiment A, nous mettrons d'abord une couche de gros cailloux en en diminuant la grosseur, nous finirons par du sable fin; audessus, une couche de charbon de bois grossièrement pilé et, en dernier lieu, du sable fin recouvert par des cailloux assez gros. Le filtre proprement dit sera constitué; néanmoins dans le compartiment B nous mettrons une très épaisse couche de sable que l'eau sera encore obligée de traverser et où elle laissera ses dernières impuretés.

Au bas de l'appareil nous mettrons deux robinets : l'un servira à tirer l'eau filtrée, il devra être à quelques

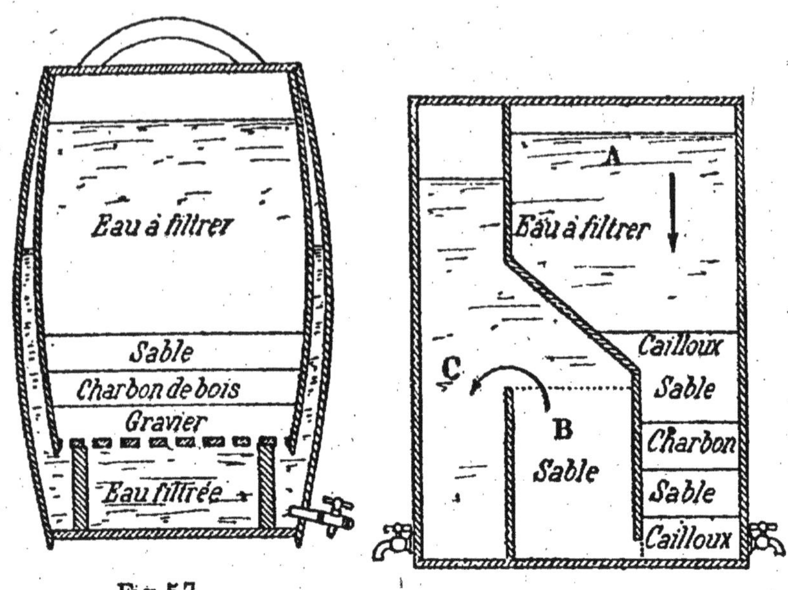


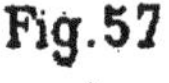

Fig.57

Fig. 58

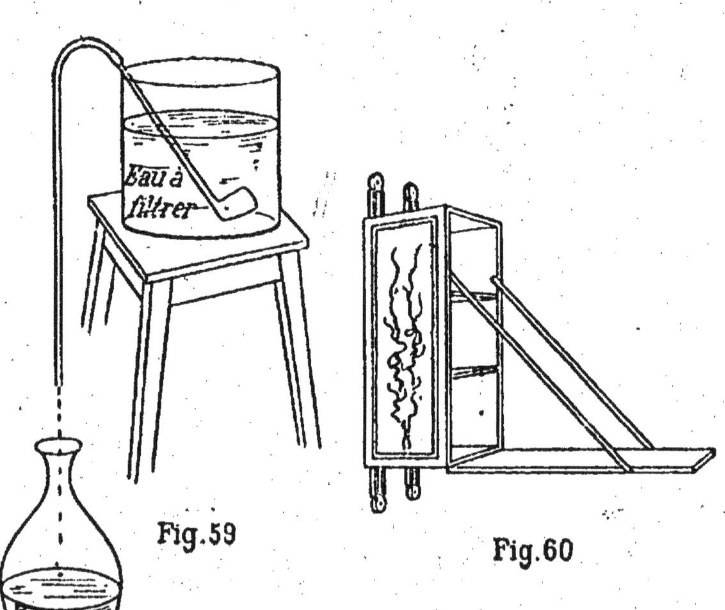


Fig.59

Fig.60

centimètres au-dessus du fond, afin que le sable entraîné par la filtration puisse rester au fond; l'autre sera utilisé pour dégager le filtre lorsqu'on changera les matières.

L'eau à filtrer se met dans le compartiment A, elle traverse les différentes couches et se rend en B par une ouverture transversale établie sur toute la largeur du fond et de 5 centimètres de hauteur environ; le parcours de l'eau est d'ailleurs indiqué par des flèches dans le croquis (fig. 58).

*Filtre simplifié.* — Les journaux scientifiques ont indiqué, il y a quelques années, le très simple mode d'établir un filtre pouvant servir à de petites quantités de liquide; sa simplicité nous engage à résumer ici son mode de construction, car il pourra servir dans bien des cas ou pour une filtration accidentelle, si on ne veut pas établir un volumineux appareil.

Prenez une pipe en terre (fig. 59) à grand fourneau, emplissez le fourneau de très petits fragments de charbon de bois léger, et comblez les interstices avec de la poussière de ce même charbon, puis bouchez avec une rondelle de bon liège percée de petits trous destinée à retenir le charbon dans la pipe. Avant de tasser le charbon, il faut mettre un petit tampon d'ouate au fond du fourneau.

En adaptant à l'extrémité du tuyau un bout de caoutchouc, la pipe constitue un excellent filtre-siphon qu'il suffit de plonger dans un vase contenant l'eau à purifier.

Pour faire fonctionner l'appareil, vous amorcez le siphon en aspirant fortement par le tube en caoutchouc, l'eau coule dans le récipient où vous désirez la recevoir, une carafe par exemple. Il est indispensable que l'extrémité du tube soit à un niveau plus bas que le fourneau de la pipe. Si vous voulez arrêter l'écoulement de l'eau, il suffira de placer à l'extrémité du tube une petite pince, une pince à cravate par exemple ou une pince que l'on pourra confectionner en tordant une épingle à cheveux.

Dans le cas où l'on aurait besoin de beaucoup d'eau en peu de temps, il suffirait de disposer ainsi plusieurs filtres dans un même récipient.

## UTILISATION DES CAISSES

Les vieilles caisses en bois sont reléguées au galetas et, à moins d'expéditions, de voyages ou de déménagements, elles dorment inutiles sous la poussière accumulée. On peut pourtant utiliser ces caisses (les meilleures d'entre elles du moins) pour la confection d'un mobilier.

Voici quelques exemples :

*Un petit placard à pharmacie.* — Il est toujours utile, dans une maison bien tenue, d'avoir un petit meuble fermant à clef, où l'on puisse ranger des objets divers, des produits pharmaceutiques par exemple. Une caisse d'un modèle courant nous en fournira la matière première. La figure 60 nous montre la disposition de ce petit meuble et nous dispensera de nous étendre sur sa construction. Haut de 40 à 50 centimètres sur 30 à 40 de largeur et 25 à 30 de profondeur, il contiendra deux planchettes ou rayons et s'ouvrira par un côté s'abattant en avant; maintenue par deux cordons, cette porte une fois ouverte servira de tablette, on pourra y déposer les objets qu'on sera amené à déplacer pour en atteindre d'autres.

Il faudra donc donner la préférence aux caisses en bois assez fort et possédant leur couvercle intact; par derrière seront clouées deux traverses en bois qui serviront à fixer le placard contre le mur ; à la partie supérieure nous installerons une serrure de malle, qu'il sera facile de nous procurer chez un fabricant d'articles de voyage.

Quant à la décoration extérieure, nous vous en laissons complètement le choix ; vous pourrez recouvrir votre petit meuble d'une cretonne ornée de fleurs, le pyrograver ou encore le peindre ; des choux de rubans, placés à l'extrémité des traverses de derrière, feront toujours un très bon effet. Sans couvercle, la caisse ainsi disposée pourrait servir d'étagère ou de petite bibliothèque.

*Bibliothèques.* — Les caisses se prêtent d'ailleurs merveilleusement bien à la confection des bibliothèques ; voici un siège de fenêtre formant bibliothèque qui ne déparera point le plus élégant intérieur (fig. 61). Pour sa construction, il faudra huit caisses à savon carrées, de mêmes dimensions les unes que les autres, qui formeront la bibliothèque proprement dite, et une grande caisse d'emballage de 60 centimètres de large, autant de haut et d'une longueur égale à la largeur de la fenêtre. Celle-ci formera le siège placé devant la fenêtre. Si nous ne possédons point des caisses de dimensions approchant, nous pourrons facilement nous en procurer à bas prix chez divers commerçants, des épiciers en particulier ; c'est d'ailleurs un moyen d'avoir pour tous nos petits travaux d'amateurs des matériaux économiques. Enlevez les couvercles, ainsi que deux des côtés de chaque caisse à savon, et à l'aide d'un vilebrequin et d'une mèche (ou plus simplement avec un tisonnier rougi si l'on ne possède point ces instruments), percez un trou rond dans les fonds des caisses, à 9 centimètres environ de l'angle dont on a enlevé les parois adjacentes; dans six de ces caisses le trou ainsi foré devra traverser entièrement l'épaisseur du bois; dans les deux autres il ne devra pas traverser, mais pénétrer un peu dans le bois afin d'être fixé en place; les deux dernières caisses sont placées sur le sol de chaque côté de la fenêtre, sur elles on empile les autres caisses, trois sur chaque, et on cloue le fond de la caisse de dessus aux parois de celle qui est en dessous. Enfin sur chacune des deux caisses supérieures, on cloue le couvercle dans l'angle duquel on a percé un trou identique à celui percé dans les fonds.

On se procure ensuite deux morceaux de bambou ou deux bâtons ronds, des manches à balais par exemple, d'un diamètre à peu près égal à celui des trous que nous venons de percer et d'une longueur égale à celle de la pile de caisses. On enfile chaque bambou dans la série de trous en commençant par le haut, afin de former un montant dans cet angle.

Si la longue caisse d'emballage a un couvercle, il est bon de le monter sur des charnières, ce qui permettra d'utiliser le siège comme coffre; sinon on le place fond en dessus, entre les deux corps de bibliothèque formés par les caisses empilées, et on cloue les côtés de la caisse contre les parois de la bibliothèque.

La construction de notre meuble sera ainsi terminée; pour l'ornementer, nous passerons en peinture tous les bois visibles, nous adopterons soit un vernis noir, soit une imitation de bois rappelant les boiseries de l'appartement.

Cela fait, nous garnirons le dessus du siège avec un coussin, et nous cacherons le bas à l'aide d'une draperie retombante; nous capitonnerons les côtés extérieurs de la bibliothèque; le capitonnage s'opérera simplement en clouant contre les parois des coussins de grandeur voulue. On emploiera comme garniture soit une cretonne, soit un petit drap, mais il faut avant tout une nuance s'assortissant aux tentures et rideaux de l'appartement. Si, au lieu de réunir en un seul meuble bibliothèque et siège, nous les disposons séparément dans la pièce, en accolant les deux corps de bibliothèque l'un à côté de l'autre, nous aurons une bibliothèque que nous pourrons appliquer contre un mur et la caisse d'emballage formera à elle seule une banquette fort utile.

D'ailleurs, dans le même ordre d'idées, nous pourrons construire plusieurs modèles de bibliothèques avec un certain nombre de caisses de dimensions égales; leurs longueur et largeur importent peu; le point essentiel, c'est la profondeur qui doit être de 15 à 20 centimètres environ. Enlevons le couvercle de ces caisses et plaçons-en trois horizontalement (fig. 62), ou sur une même ligne verticale, maintenons le fond appliqué contre le mur par de petites consoles; à la caisse du milieu nous fixerons à l'aide de charnières son couvercle. Nous aurons ainsi un petit placard qui nous permettra de ranger nos papiers, un rayon horizontal divisera en deux les deux autres caisses et servira à supporter une seconde rangée de livres.

On passera toute la construction en couleur, soit en noir, soit en une teinte douce et claire obtenue si facilement avec les couleurs au Ripolin et autres.

On pourra suspendre au haut de ces deux caisses de petits rideaux qui retomberont jusqu'au milieu du rayon du milieu; l'aspect général n'en sera que plus séduisant.

Si nous plaçons deux caisses de mêmes dimensions, les fonds contre le mur, mais empilées l'une sur l'autre au lieu d'être disposées horizontalement comme précédemment, nous aurons une autre forme de bibliothèque non moins élégante (fig. 63).

Au tiers de la hauteur de la caisse supérieure, nous

installerons un premier rayon qui nous donnera un compartiment devant lequel nous placerons un petit rideau. Au-dessus nous fixerons une portion du couvercle à l'aide de deux charnières, ce qui formera un petit placard. La caisse supérieure sera divisée par trois rayons placés à des écartements différents, suivant le format des volumes, les plus gros devant se trouver sur le rayon supérieur. Sur le bord de cette caisse nous pourrons faire courir une galerie ou corniche en bois découpé ou tourné, mais ceci n'est pas indispensable.

Comme précédemment, nous décorerons le tout avec de la peinture noire ou du Ripolin de nuance claire.

*Un meuble porte-parapluie.* — Nous nous sommes assez arrêté sur les bibliothèques que l'on peut établir avec des caisses ; passons à des articles d'utilité courante.

Notre appartement manque de placards : cela arrive assez fréquemment dans les maisons modernes ; une grande caisse d'emballage, comme celle dont nous nous sommes servi pour confectionner le siège de fenêtre dans un précédent arrangement de bibliothèque, nous en tiendra lieu.

Enlevons son couvercle et avec une brosse dure nettoyons soigneusement intérieur et extérieur de façon à enlever toutes traces de poussière, et, par quelques pointes plantées sur les bords, consolidons tout l'assemblage. Collons à l'intérieur, de façon à garnir toutes les parois, du papier brun d'emballage. A l'intérieur et à 30 ou 40 centimètres du haut nous clouerons sur chaque

Fig. 61

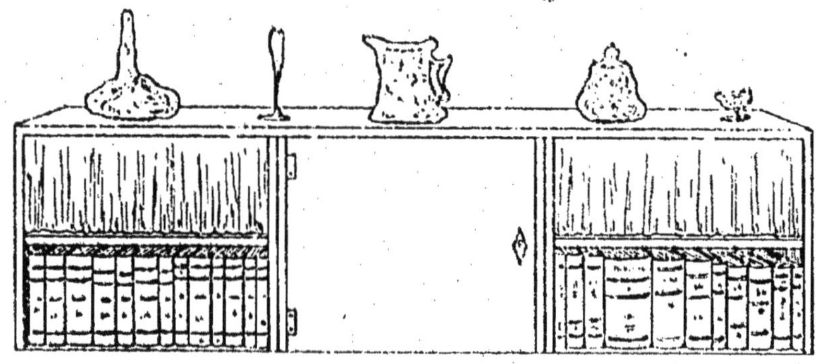
Fig. 62

côté une traverse qui servira à maintenir quelques planches découpées dans le couvercle afin de former une tablette ; sur le dessus de cette tablette nous enfoncerons quelques crochets à vis qui serviront à accrocher les habits. Contre le bord horizontal supérieur de la caisse et à chaque extrémité nous visserons deux petits pitons qui supporteront une petite tringle en fil de fer à laquelle nous accrocherons un rideau. Il ne nous restera plus qu'à orner l'extérieur, et pour cela nous pouvonsle peindre, le couvrir de papier peint ou encore d'étoffe.

Un petit meuble d'antichambre (fig. 64), destiné à recevoir divers objets, brosses, torchons ou souliers, tout en servant de porte-parapluie, nous demandera peut-être un peu plus de connaissances en menuiserie, mais, malgré cela, n'offrira pas de difficultés insurmontables. Procurons-nous une bonne caisse ayant environ 0m,70 sur 0m,70 et 0m,50 de profondeur ; enlevons le couvercle en premier lieu et déclouons le côté A B pour le rapprocherd' environ 35 centimètres de l'autre côté ; clouons-le dans cette position, puis avec la scie à main découpons une ouverture ayant environ 15 centimètres de large et un peu moins longue que la profondeur de la caisse, nous obtiendrons ainsi l'ouverture par où passeront les manches de parapluie. Le long du fond clouons tout autour un liteau bien raboté de 3 à 4 centimètres de hauteur, qui, tout en formant un soubassement au petit meuble, empêchera les parapluies de glisser.

Après avoir scié proportionnellement le couvercle, fixons-le par des charnières au côté A B de façon à former la porte de la partie fermée.

Il ne s'agit plus que de le peindre au Ripolin pour le mettre en harmonie avec les autres pièces du mobilier.

*Tabouret.* — Une caisse ou boîte carrée sans couvercle disposée fond en dessus et garni d'étoffe, plus ou moins capitonné, pourra fournir un tabouret pour les pieds. Augmentons sa hauteur et nous aurons un petit siège pour enfant.

*Tabouret de piano.* — Une caisse de 60 de long sur 45 de large, avec une profondeur de 35, pourra nous fournir un tabouret de piano. Disposons-la verticalement, reposant sur un de ses petits côtés et couvrons-la d'étoffe en rembourrant ou recouvrant d'un coussin la planche qui sera le siège. Si nous enlevons le couvercle, le remplaçant par un rideau, et installons dans l'intérieur une série de tablettes verticales, notre tabouret pourra nous servir aussi de casier à musique, car les rayons formés par les tablettes seront très commodes pour y placer des morceaux et partitions.

*Table à thé.* — Avec une caisse encore nous pouvons faire un très original guéridon ou table à thé (fig. 65).

Il nous faudra pour cela une caisse de $0^{m},70$ environ de profondeur, mais dont la section sera carrée, c'est-à-dire que la longueur égalera la profondeur; $0^{m},40$ sur $0^{m},40$ sont de bonnes mesures. Clouons soigneusement le couvercle et dressons la caisse verticalement sur un des petits côtés. Nous la recouvrirons ensuite avec une natte; disons en passant que ces nattes de Chine qui se trouvent à très bon compte dans tous les magasins d'ameublement, forment d'excellentes garnitures pour tous les petits meubles en bois du genre de ceux dont nous indiquons la construction. Un produit également très recommandable est la Lincrusta Walton qui offre aussi des imitations de nattes très réussies et à un prix relativement très bas; l'avantage de la Lincrusta est de fournir des bandes flexibles imitant à s'y méprendre des baguettes en bois sculptées; on peut ainsi faire aisément des corniches et des soubassements aux divers meubles en bois blanc.

Revenons à notre petite table à thé : nous découperons dans la natte ou dans le ruban de Lincrusta des pièces de la grandeur des différentes parois de notre caisse et nous les fixerons au moyen de petites semences clouées sur les bords ; un galon de tapisserie de nuance assortie sera ensuite fixé le long des bords afin de cacher les côtés des morceaux de nattes.

Sur chaque paroi nous fixerons de petites consoles en bois, nous les monterons à l'aide de charnières ainsi que les supports qui serviront à les maintenir horizontales, afin de pouvoir les rabattre contre le meuble lorsqu'elles ne seront plus en usage.

Sur deux des parois opposées ces consoles seront mises à une même hauteur, tandis que les deux autres seront

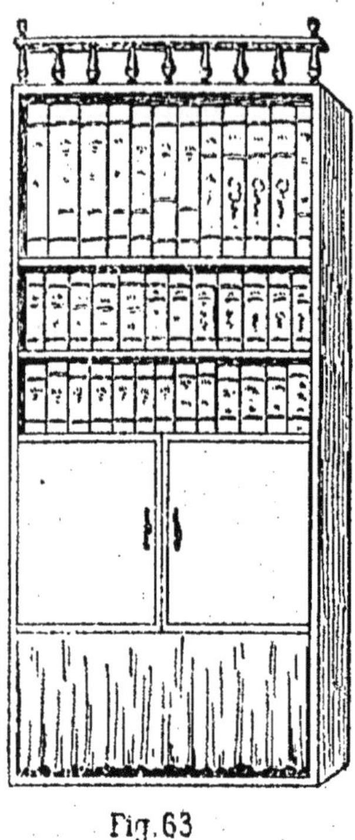
Fig. 63

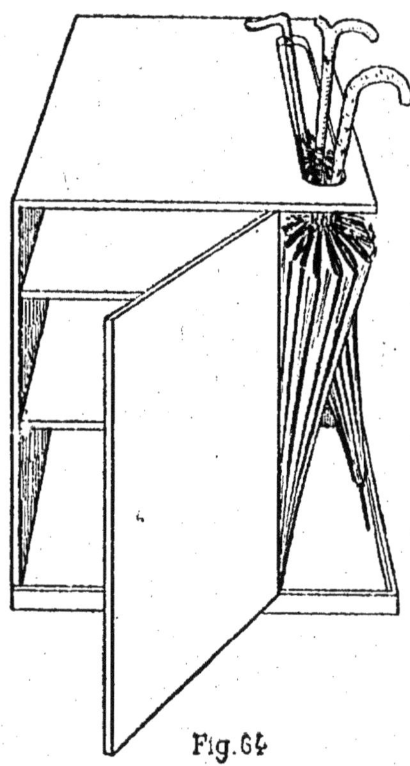
Fig. 64

Fig. 65

beaucoup plus basses; cette disposition irrégulière donnera un certain cachet particulier au tout.

On pourra recouvrir la surface supérieure de ces consoles de nattes ou de Lincrusta; les parties inférieures ainsi que les supports seront passés au Ripolin.

*Jardinière.* — Toute caisse montée sur pieds pourra nous fournir une jardinière. Point n'est besoin d'insister, arrêtons-nous seulement à la décoration extérieure; une fort jolie combinaison consiste à garnir le haut d'une suite d'arceaux; ceux-ci se font avec du rotin, analogue à celui que l'on emploie dans la petite vannerie et qu'il est facile de se procurer chez les fournisseurs [1]; on le découpe en longueurs égales de 10 à 20 centimètres et on fixe chaque morceau contre le bord supérieur de la caisse à l'aide de fines pointes. On cloue bien les morceaux à distance égale les uns des autres et on les plie chacun à son tour en forme d'arceau, en commençant par un angle; l'extrémité de chaque jonc doit être cloué contre le bord au pied de celui qui se trouve le troisième après lui dans l'ordre indiqué.

Quant à la caisse elle-même, nous pourrons peindre et vernir ses côtés et clouer sur la face de ceux-ci des joncs fendus en deux (joncs tranchés de commerce), de façon à imiter un petit treillage; nous pourrons aussi l'orner avec des baguettes de bambous et enfin la recouvrir avec de

1. Voir *L'Atelier de tout le monde : Vannerie en rotin.*

la Lincrusta imitant des plaques de faïence. Enfin le Crazzy-China dont nous avons parlé précédemment nous offre un mode de décoration particulièrement intéressant.

*Aquarium.* — Nous pouvons aisément transformer une jardinière de ce genre en aquarium, les dimensions importent peu, mais on obtient pourtant un plus heureux résultat si la jardinière a 0m,50 sur 0m,50 et 0m,25 de profondeur.

Nous remplissons notre jardinière aux deux tiers de sable fin, préalablement lavé à plusieurs eaux. Sur ce sable posons à l'envers, le bouton en bas, une cloche à melon ou à bouture en verre d'un seul morceau que l'on trouve chez tous les marchands de produits horticoles ; on cale cette cloche en achevant de remplir la jardinière de sable. Dans le fond de la cloche on dispose aussi une couche de sable qui atteindra le niveau de celui qui remplit la caisse.

On versera avec précaution, pour ne point la troubler, de l'eau jusqu'à environ 10 centimètres du bord ; alors il n'y aura qu'à peupler l'aquarium.

La cloche pourra être remplacée par une bonbonne en verre dont la garniture en osier aura été détruite ; par l'un des procédés que nous avons indiqués dans un précédent volume[1], on sectionnera le fond de façon à avoir

1. *L'Atelier de tout le monde.*

un ustensile qui nous offrira à peu près la forme d'une cloche à melon; nous boucherons avec grand soin le goulot et disposerons le tout, goulot en bas, dans la caisse de notre jardinière.

*Un classe-lettres en boîte à cigares.* — Nous ne pouvons terminer cette partie sans parler des boîtes à cigares; on trouve partout ces boîtes et souvent on ne sait qu'en faire; le cèdre d'Amérique avec lequel elles sont construites est fort joli une fois verni; étant relativement tendre, il se taille, se sculpte avec facilité. Les boîtes à cigares nous offrent donc une matière première économique et excellente que nous recommandons tout particulièrement aux débutants.

Nous ne nous arrêterons pas aux multiples petits bibelots que l'on peut faire avec les planchettes qu'elles nous fournissent lorsqu'elles sont mises en pièces; recommandons seulement de faire cette opération avec soin, car si on agissait avec force et rapidité, de nombreux éclats rendraient inutilisables les diverses parties; il faut retirer les clous à l'aide des tenailles et des pinces, et cela avec beaucoup de précaution; si un clou se casse dans le bois, on marquera au crayon son emplacement afin d'éviter d'abîmer plus tard les outils; cadres, petites jardinières, coffrets, meubles à bijoux, nécessaires de fumeurs, etc., peuvent se faire avec les planchettes ainsi obtenues.

Même sans être démontées, les boîtes à cigares peuvent

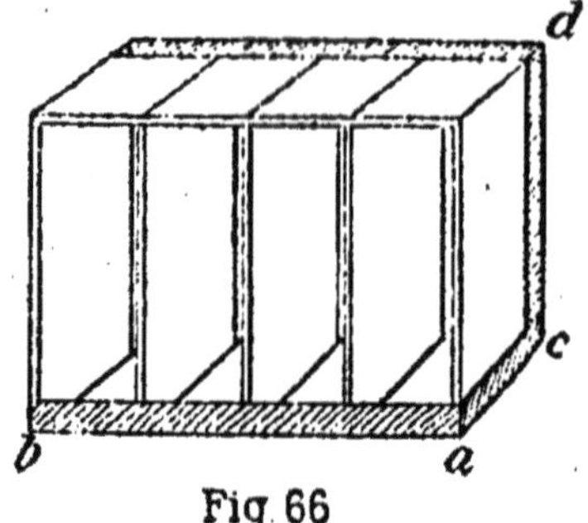


Fig. 66

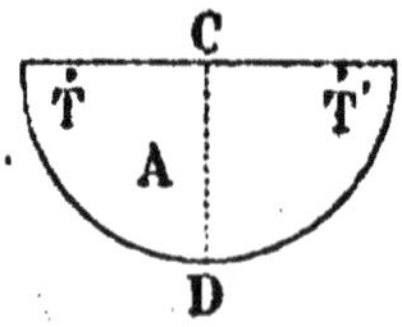

Fig. 67

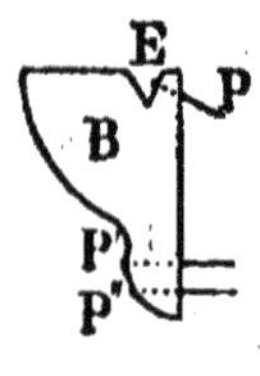


Fig. 68

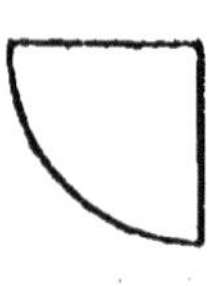

Fig. 69

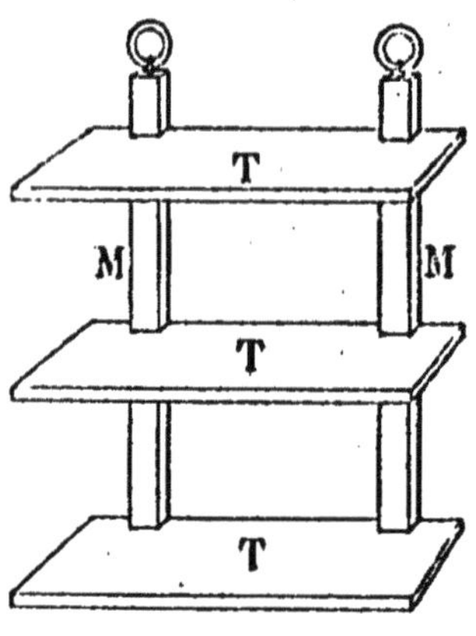


Fig. 70

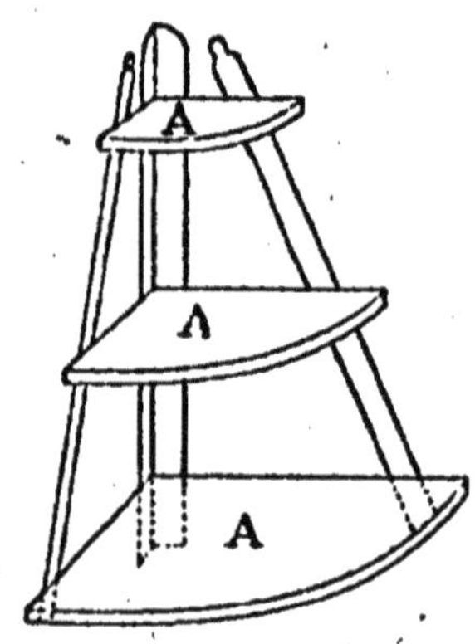


Fig. 71

nous être utiles : nous pourrons faire par exemple un casier à lettres (fig. 66).

Prenons quatre, cinq, six boîtes à cigares, suivant le nombre de compartiments que nous désirons avoir; mais il faut les prendre de même modèle afin qu'elles soient de dimensions égales. Enlevons avec soin un des grands côtés, puis clouons à nouveau le couvercle en nous servant de pointes très fines et d'un peu de seccotine. Accolons les boîtes les unes contre les autres, le côté ouvert d'un même côté, mesurons la longueur *b a* de l'ustensile ainsi formé, sa profondeur *a c* et sa hauteur *c d*. Coupons dans un liteau trois longueurs égales à *a b*, deux égales à *a c*, et deux égales à *c d*.

Collez les boîtes les unes aux autres par leur fond, puis fixez à l'aide de petites pointes les traverses et montants *a b*, *a c*, *d c*, ainsi que les pièces correspondantes qui ne sont point visibles sur le dessin.

*Consoles faciles à faire.* — De petites tablettes fixées au mur et capables de supporter quelques bibelots ou quelques objets d'art sont toujours fort utiles; l'établissement de pareilles consoles ne demande point de grandes connaissances en menuiserie; leur forme et leur décoration peuvent être variées, mais on peut les ramener toutes à deux genres principaux : celles qui se posent contre un mur plan et celles destinées à garnir un angle.

Les consoles destinées à être appppliquées contre un

mur plan se composent d'une tablette A (fig. 67) et d'un support B (fig. 68).

Lorsque le support est destiné à être simplement cloué contre le mur, comme il serait fort difficile de planter un clou le traversant entièrement à sa partie supérieure, il faut user d'un petit subterfuge pour pouvoir planter le clou qui est destiné à fixer cette partie supérieure.

Pour cela nous ferons au bord supérieur de notre support et non loin de la partie qui doit s'appliquer contre le mur une encoche E qui nous permettra d'enfoncer obliquement un clou P (fig. 68). La partie du bas se trouvant étroite, nous enfoncerons horizontalement les clous P′ et P″. Puis nous fixerons sur le support le dessus A et le devant suivant la ligne C D (fig. 67).

Si l'on désire une console qu'on puisse enlever à volonté, on ne pratiquera pas l'encoche que nous avons signalée, mais on fera sur la tablette supérieure, en T et T′, deux trous à la vrille dans lesquels on vissera deux vis à crochets ; on peut aussi visser contre le bord de la tablette des petites pièces en cuivre percées d'une ouverture pour le passage d'un clou à crochet et que l'on trouve chez tous les quincailliers. Dans ces deux cas la console est accrochée à des pitons qui auront été au préalable enfoncés dans le mur.

Les consoles d'angles (fig. 69) se composent d'un dessus qui sera découpé à l'équerre suivant un angle droit ; il sera maintenu par deux petits tasseaux dont l'angle extérieur aura été abattu ; ces tasseaux sont cloués bien de niveau contre le mur des deux côtés de l'angle.

Au cas où les deux côtés du mur ne seraient pas absolument à l'équerre, on rectifierait l'un des côtés au moyen du compas ; les dessus de ces consoles peuvent affecter différentes dispositions ; leur côté extérieur peut offrir une moulure ou simplement être arrondi à la lime.

Très souvent ces petites consoles sont garnies d'étoffe et plus particulièrement de peluche ; on peut ou clouer ou coller cette peluche. Dans les deux cas, on découpe l'étoffe suivant le patron en ajoutant deux centimètres dans tous les sens afin de pouvoir rabattre l'étoffe derrière les bords. On cloue la peluche avec des semences aussi petites qu'on peut les trouver ; en premier lieu il faut tout juste les faire entrer dans le bois afin qu'elles maintiennent l'étoffe ; on s'assure alors que la peluche repose bien exactement sans aucun pli sur le bois ; s'il en était autrement, enlevez les semences et étendez la peluche à nouveau et, après l'avoir bien tirée, reclouez. La peluche étant une étoffe qui prête beaucoup, on n'aura pas grandes difficultés pour l'étendre et l'appliquer comme il convient.

Le collage est aussi très pratique ; la meilleure préparation pour fixer la peluche sur le bois consiste en un mélange en parties égales de colle forte et de colle de farine. La colle forte seule fait prise trop vite, la colle de farine trop lentement, leur mélange donne la moyenne nécessaire.

Recouvrez le bois sur lequel doit être fixée la peluche d'une bonne couche du mélange, puis étendez soigneusement sur une table la peluche, côté extérieur contre la table, posez votre planche *côté extérieur* sur l'envers de la peluche, chargez d'un poids léger, et laissez la colle prendre ; vous rabattrez ensuite les bords de la peluche sur la tranche et sur l'envers de la planche. Ayez bien soin de ne pas tacher de colle l'endroit de la peluche, car vous éprouveriez une grande difficulté à faire disparaître ces taches. Le soin et la propreté sont indispensables dans un travail de ce genre.

Ces conseils peuvent s'appliquer d'ailleurs à la garniture en peluche de toutes sortes de meubles en bois.

*Étagères.* — Comme les consoles, les étagères peuvent varier considérablement de formes et de dimensions ; mais ce sont toujours de petits travaux de menuiserie à la portée d'un amateur.

Une caisse ouverte, garnie de tablettes et clouée contre le mur nous fournit, ainsi que nous l'avons vu, une étagère des plus pratiques, mais il nous est facile d'en construire d'autres de formes moins massives.

La figure 70 nous représente un type composé de deux montants M et de trois tablettes T. Le tout découpé dans du bois blanc de 0m,01 d'épaisseur.

Nos montants auront 0m,06 de large et 0m,50 de long, les planchettes, au nombre de trois, 0m,15 de large et 0m,50 de long. Pour soutenir ces planchettes il nous faudra six équerres ; on les trouve toutes faites chez les marchands quincailliers, en fer ou en cuivre ; nous pourrons les confectionner nous-mêmes en les découpant en forme de quart de cercle de 0$^m$, 10 de rayon. Toutes les pièces ayant été découpées, nous les recouvrirons d'étoffe, peluche ou drap, et nous garnirons les bords des montants, des tablettes et des équerres, si celles-ci sont en bois, avec un galon de passementerie large de 0$^m$,01 que nous fixerons avec des clous à tête dorée. Au sommet des montants nous visserons deux anneaux ou deux agrafes afin de pouvoir suspendre notre petit meuble.

Nous commencerons l'assemblage en clouant les supports en équerre contre les montants ; le premier devra se trouver à 0$^m$,06 de l'extrémité supérieure du montant, le second à 0$^m$,22, le troisième à 0$^m$,38 ; il restera (le support ayant 0$^m$,10 de hauteur) 2 centimètres du montant au-dessous du pied du dernier. On disposera les autres supports exactement aux mêmes distances sur l'autre montant. Nous clouerons alors nos tablettes aux supports, les laissant dépasser à droite et à gauche d'une largeur égale.

Une étagère d'angle (fig. 71) se fera à l'aide de quatre montants dont deux seront réunis à angle droit de façon à emboîter l'angle du mur et à s'appuyer contre lui, les deux autres seront munis à leurs extrémités d'anneaux pour suspendre le meuble.

Les trois tablettes de forme triangulaire seront découpées à l'équerre de façon à former un angle droit; le troisième côté sera arrondi suivant un arc de cercle.

Il sera inutile de mettre des supports pour soutenir ces tablettes, il suffira de les clouer aux quatre montants ; avant le montage, tablettes et montants auront été recouverts d'étoffe.

On pourrait aussi peindre ou laquer ces petites étagères, mais la peinture ne donne un heureux résultat que sur les surfaces bien polies ; aussi est-il plus facile, pour les amateurs qui ne savent pas bien manier la varlope, de laisser le bois brut et de le recouvrir d'étoffe.

*Une petite table à ouvrage avec des tamis.* — Une petite table à ouvrage est toujours un objet utile et les dames ne se plaindront certainement point de celle-ci que nous pouvons fabriquer avec trois vieux tamis, ou trois couvercles de boîtes rondes (fig. 72).

Si ce sont des tamis, nous garnirons tout le fond avec un morceau de carton que nous recouvrirons d'étoffe.

Procurons-nous trois manches à balai d'environ 30 centimètres de hauteur et déterminons sur eux les points où devront se trouver les tamis qui formeront les tablettes de notre table ; cela fait, taillons à ces endroits dans chaque morceau de bois deux entailles circulaires (fig. 73). Sur les bords de chaque tamis perçons à la perceretto trois séries de quatre petits trous disposés en forme de carré (fig. 74), ayant soin de disposer ces séries de trous à distance égale les uns des autres, de façon à ce que les pieds de notre petit meuble soient équidistants et cela, bien entendu, dans les trois tamis ; un des moyens des plus simples pour déterminer cette position consiste à tracer sur un des ronds de carton (avant de le recouvrir d'étoffe), qui nous servent à garnir le fond des tamis, un triangle équilatéral ; les points où les sommets viendront toucher la circonférence des tamis nous indiqueront les endroits où devront être percés les petits trous. Nous porterons notre carton dans le second tamis, puis dans le troisième, et nous serons sûrs d'avoir des points identiques pour tous les trois.

Le montage sera des plus simples : il consistera à faire passer un fil de fer par les trous percés dans le bord du tamis et à lui faire faire le tour du manche à balai en l'enserrant dans l'entaille supérieure ; on ramène le fil de fer dans l'intérieur du tamis, on le fait ressortir par un autre trou et on le ramène encore à l'intérieur après l'avoir fait passer dans la seconde entaille, on ligature ensuite à l'intérieur du tamis les deux extrémités libres du fil de fer.

Il ne reste plus qu'à passer du Ripolin sur les manches à balai et les bords des tamis.

Un nœud élégamment façonné près de l'extrémité supérieure de l'un des bâtons ajoutera une note d'élégance à notre œuvre.

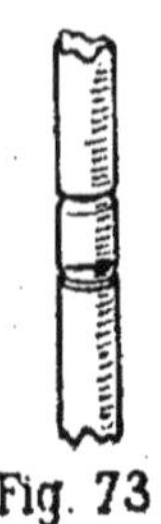

Fig. 73

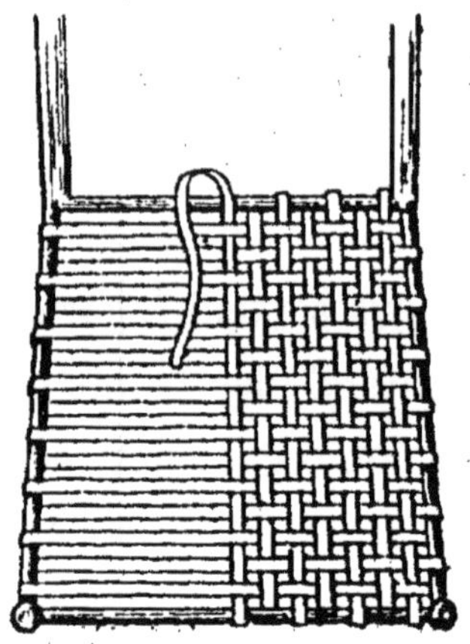

Fig. 75

Fig. 74

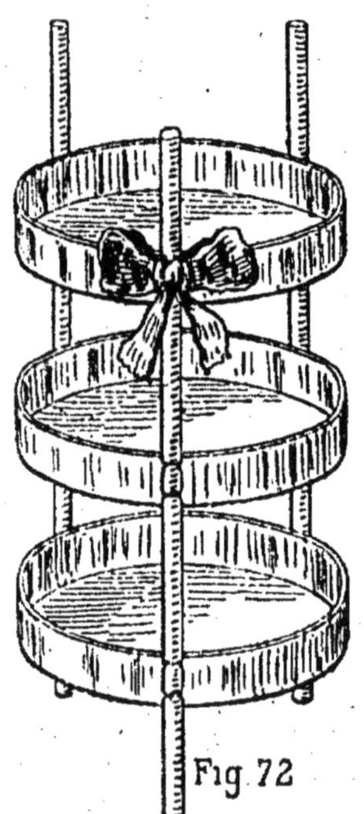

Fig 72

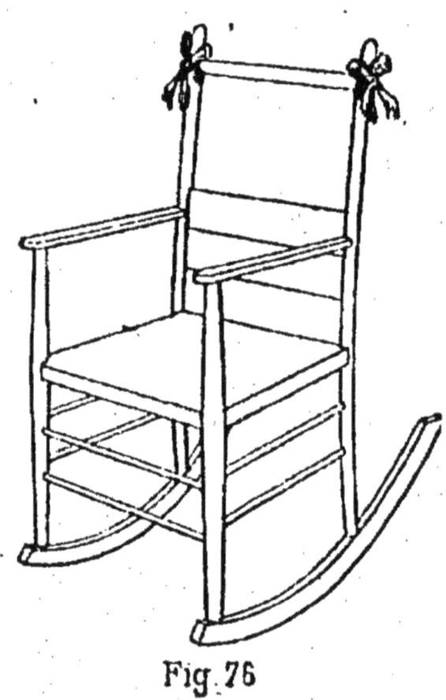

Fig. 76

## LA RÉPARATION DES VIEILLES CHAISES.

Si nous parcourons le grenier de notre habitation, nous trouverons certainement plusieurs pièces de mobilier que divers accidents auront rendues inutilisables et, parmi celles-ci, grand nombre de chaises dont la paille ou le cannage auront complètement disparu. Avec un peu d'adresse, il n'est point difficile de refaire le cannage d'une chaise et nous avons donné à ce sujet des instructions détaillées dans un précédent ouvrage, l'*Atelier de tout le monde;* nous indiquerons, cette fois, un moyen très simple de remplacer le cannage.

Dans une pièce de toile ou de coton très solide coupez des lanières de 2 centimètres environ, ajoutez ces lanières bout à bout, chacune d'elles empiétant un peu sur l'autre afin que la réunion soit très solide. Fixez l'extrémité (fig. 75) de la longue lanière ainsi obtenue contre une des traverses de la chaise et conduisez-la à l'autre traverse, faites-la passer en *dessous* pour la faire sortir en *dessus* et ramenez-la à l'autre traverse en ayant soin de la mener parallèlement à la première longueur posée, et ainsi de suite jusqu'à ce que tout le siège soit complètement garni[1]. Arrêtez votre lanière par quelques pointes

1. Afin que la lanière servant de trame se trouve régulièrement lors des différents tours *sur* et *sous* la même lanière transversale, il faut s'arranger de façon à ce que les premières placées soient toujours en nombre *impair*.

et coupez-la ; vous aurez pour ainsi dire la *chaîne* de la sorte de natte qui garnira la chaise ; agissez de même en partant des traverses perpendiculaires aux précédentes ; vous aurez soin de mener votre lanière d'abord *sur* la première longueur, puis *sous* la seconde et ainsi de suite, contournez l'autre montant, puis ramenez-la en arrière. Continuez jusqu'à ce que le siège soit entièrement garni, et arrêtez l'extrémité de la lanière par quelques pointes.

Ce ne sera pas très élégant peut-être, mais ce sera solide et si vous disposez un coussin sur votre siège, personne ne s'en apercevra.

Si le siège doit absolument être visible, choisissez une étoffe de coton dont la teinte s'assortira avec les tentures de l'appartement, et même en découpant ces lanières dans du cuir, l'on obtient une garniture à la mode en ce moment et qui imite les meubles anciens. En montant les vieilles chaises sur des traverses dont on aura découpé le bord suivant un arc de cercle plus ou moins prononcé on aura aussi des *rocking-chairs* (fig. 76).

Nous avons déjà indiqué la façon de confectionner un petit meuble pouvant servir de porte-parapluie ; en voici un autre aussi simple qu'ingénieux : avec un tuyau de drainage en terre cuite dont vous aurez soin de boucher l'extrémité qui repose sur le sol vous confectionnerez facilement cet objet de première nécessité qui, une fois décoré, meublera admirablement un vestibule d'entrée.

Mais, pour le rendre absolument artistique, il faudra le

décorer avec soin ; la terre cuite étant une matière très poreuse, il est prudent de recouvrir toute la paroi d'une couche d'huile de lin avant de commencer à peindre. Cette préparation permettra à la couleur de glisser plus facilement et donnera aux parties que l'on ne recouvrira pas de peinture le ton chaud des terres cuites anciennes.

Avant de peindre, ayez un dessin bien arrêté du sujet. Pour cela, relevez d'abord le patron du tuyau que vous avez à votre disposition (0m,60 de hauteur, 0m,20 de diamètre sont de bonnes dimensions moyennes) en enroulant autour un papier qui le recouvre entièrement comme un fourreau.

C'est là-dessus que vous dessinez attentivement la composition. Le dessin sera reporté par décalque à l'aide d'un papier gras, sur la terre cuite préalablement enduite d'huile de lin la veille et frottée avec un chiffon, pour que l'huile pénètre les pores et que la matière soit humectée seulement et non point humide lors du décalquage. Les traits ainsi indiqués pourront être repris à l'encre, et le travail de la peinture pourra être entrepris.

L'emploi des couleurs ordinaires à l'huile en tubes est tout indiqué ; elles seront délayées, suivant le besoin, avec du siccatif, et un vernis préservera la peinture en ravivant les tons imbus. Les filets dorés et les pointillés seront faits avec du ripolin d'or.

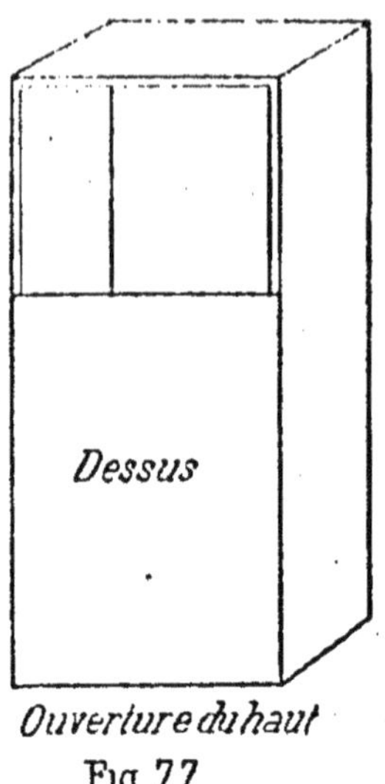

Ouverture du haut
Fig 77

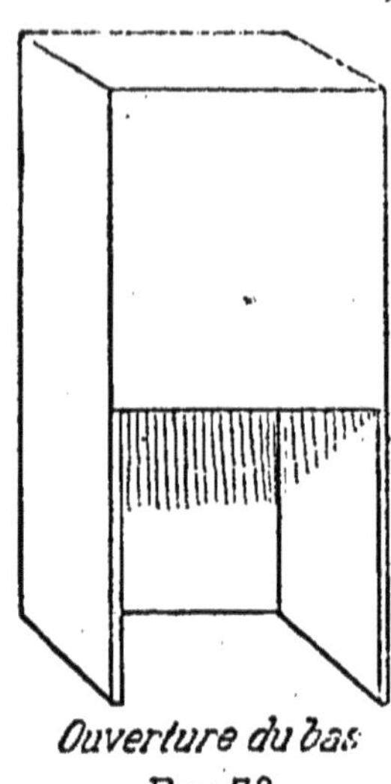
Ouverture du bas
Fig. 78

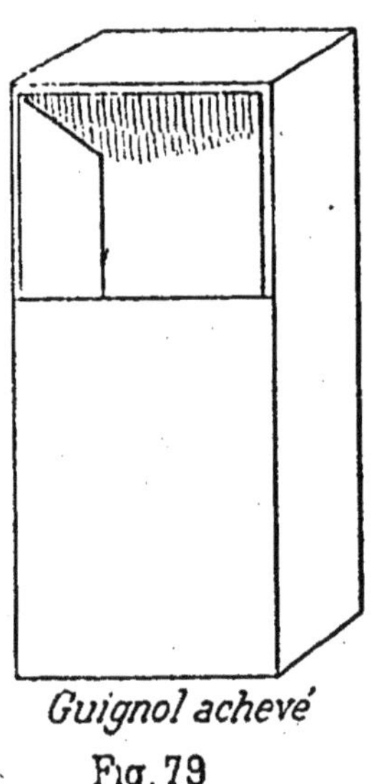
Guignol achevé
Fig. 79

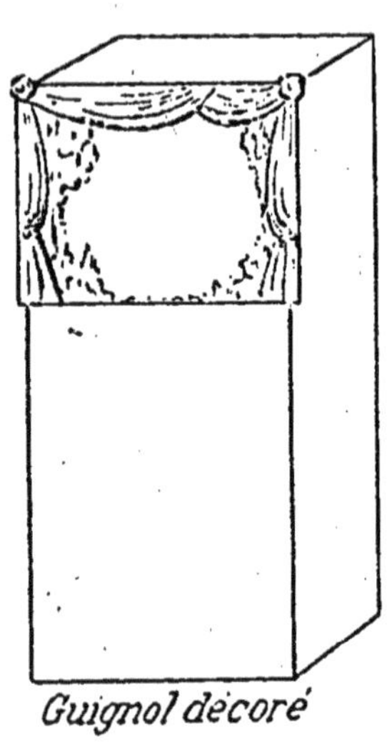
Guignol décoré
Fig. 80

## GUIGNOL FACILE A CONSTRUIRE

En terminant ce chapitre, pensons un peu à rire et à nous distraire.

Avec une vieille caisse longue d'au moins 1 mètre et large de 50 centimètres il nous sera facile de faire un théâtre de guignol. Dressons la caisse et ôtons le petit côté qui ne nous sera d'aucune utilité. A l'aide d'une petite scie et de tenailles enlevons ensuite le tiers supérieur du couvercle (33 centimètres environ si la caisse a 1 mètre de long). L'ouverture que l'on obtiendra ainsi formera la scène où joueront les poupées (fig. 77).

Divisons maintenant par un coup de crayon le dessous de la caisse, c'est-à-dire le côté opposé au dessus, au couvercle, en deux parties égales, et pratiquons suivant cette ligne et au dessous, ainsi que le montre la figure 78, une ouverture pour faire passer les mains et les personnages.

Le guignol (fig. 79) s'installera sur une table. Pour être absolument pareil à ceux qui se vendent très cher dans les bazars, il ne lui manquera qu'un peu de papier et de carton.

Tapissez l'extérieur, le plus proprement qu'il vous sera possible, avec des morceaux de ce papier bleu dont on garnit les rayons des cuisines. Puis, à l'intérieur de la caisse, collez un joli petit décor.

Par la même occasion, achetez deux coulisses et un

petit *fronton*, à moins que vous ne sachiez les peindre vous-même. Ce sont des dessins qui se vendent en feuilles comme les *constructions* et qui représentent deux rideaux ouverts réunis à leur partie supérieure par une bande d'étoffe qui va de l'un à l'autre. Au besoin, on peut les remplacer par des bandes de carton garnies de papier de couleur. Clouez-en une de chaque côté de la scène, comme le montre le dessin. Ce seront les coulisses de droite et de gauche, qui vous permettront de faire entrer les poupées comme de vrais acteurs, au lieu de les faire apparaître et disparaître par le bas comme des diables. Clouez au-dessus de la scène votre fronton. Ce sera beaucoup plus joli et donnera au tout une ressemblance de vrai théâtre (fig. 80).

Quant aux poupées elles-mêmes, il vous suffira d'acheter chez un marchand de jouets quelques têtes en carton avec des mains en carton également et de les habiller en réservant dans le costume le passage des mains de l'opérateur.

## PING-PONG.

Le ping-pong est un jeu de tennis qui se joue sur une table ; les accessoires se composent d'un filet, maintenu par des supports, de deux raquettes et d'une petite balle en celluloïd.

*Le filet et ses supports.* — Les dimensions régulières du filet fixées par le code du jeu sont de 18 centimètres de haut pour une table de 1m,80 de long ou de 3 centimètres par pied (30 cent.) de longueur de table. Quant à la longueur du filet, elle doit être supérieure à la largeur de la table de 16 centimètres afin de dépasser de 8 centimètres de chaque côté.

Le filet se tisse de la façon ordinaire avec des mailles de 15 millimètres, mais si vous ne savez point faire le filet ou si ce travail vous paraît trop long, un bande de mousseline remplira parfaitement le même but que le filet.

La figure 81 donne une vue complète de l'un des supports destinés à maintenir le filet. Il se compose de trois parties : un montant, un socle à coulisse et un ressort pour fixer le tout contre le rebord de la table.

Le montant et le socle peuvent être établis en n'importe quels bois, et peints ensuite, mais il est préférable d'employer tout de suite de bons matériaux, car le support est soumis à un certain effort ; puis, comme on est appelé à sortir et à repousser souvent sa partie extensible, la peinture pourrait s'enlever très rapidement.

La hauteur du montant doit dépasser de 15 millimètres la hauteur du filet, sa largeur est de 2 centimètres et son épaisseur de 13 millimètres. On arrondit à la râpe une de ses faces comme le montre la figure 83 et l'on fait à son extrémité un petit tenon. Voici comment s'obtient ce tenon : faites tout autour du bas du montant un trait au crayon à 4mm, 5 de son extrémité. Sciez suivant le trait jusqu'à une profondeur de 3 millimètres sur trois côtés et de 6 mil-

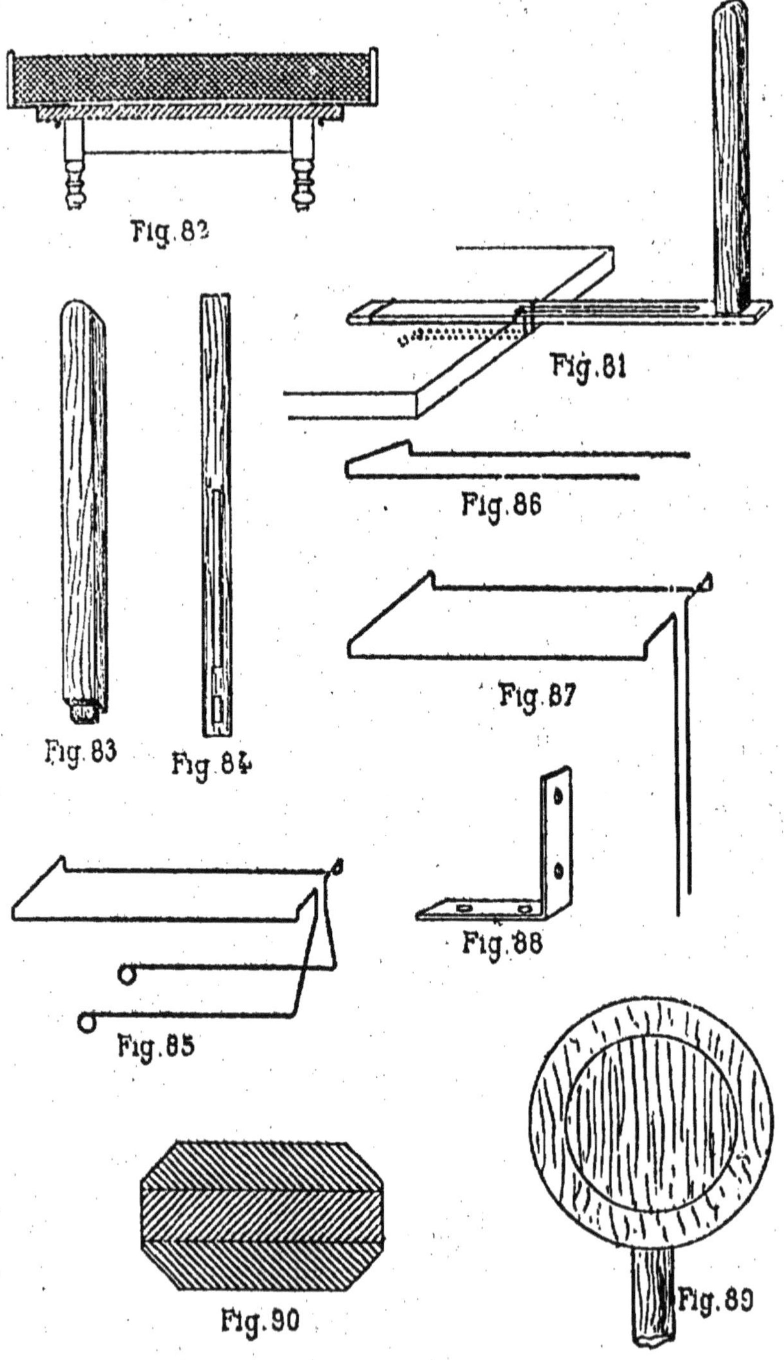
Fig. 82
Fig. 81
Fig. 86
Fig. 87
Fig. 83
Fig. 84
Fig. 88
Fig. 85
Fig. 90
Fig. 89

limètres sur le dessus celui qui doit former le bord interne du montant. Enlevez avec un ciseau le bois ainsi tranché de façon à dégager le tenon.

Le support (fig. 84) aura une longueur de 20 centimètres avec une largeur de 3 centimètres et sera découpé dans du bois de 5 millimètres d'épaisseur.

Dressez soigneusement les bords et arrondissez les angles supérieurs avec un peu de papier de verre.

Nous percerons à la scie à découper une fente de 16 centimètres de longueur et 1 centimètre de largeur; cette fente commencera à 3 centimètres de l'une des extrémités du support; les bords de cette fente devront être parallèles avec les bords de la pièce de bois: dans la partie de 3 centimètres laissée à l'extrémité nous pratiquerons une mortaise pour recevoir le tenon du montant.

Passons maintenant au ressort, qui se fera avec un fil de fer galvanisé d'environ 3 millimètres de diamètre. Une longueur d'à peu près 53 centimètres sera nécessaire pour chaque appareil. La figure 85 montre la forme suivant laquelle on doit replier ce morceau de fil de fer (le support qu'il accompagne a été enlevé dans la figure afin de la rendre plus claire).

Voici comment il faut procéder pour exécuter ce pliage: exactement à 15 millimètres du milieu de la longueur du morceau de fil de fer, nous faisons un premier coude à angle droit; ce coude doit être nettement prononcé; aussi il est bon de le faire à l'étau. De l'autre côté du milieu et à même distance nous ferons un coude pareil. Le support devra pouvoir être encastré dans l'espace libre entre les deux coudes; faisons à 3 millimètres de chacun de ces coudes, deux nouveaux coudes afin de ramener notre fil de fer dans l'horizontale, mais dans une direction perpendiculaire à celle de la partie précédente, de façon à obtenir le résultat indiqué par la figure 86.

A 6 centimètres du dernier pli, pratiquons sur chaque côté un premier coude vertical de 3 millimètres, un second horizontal de 6 millimètres, et un troisième vertical qui mènera vers le bas les extrémités du fil de fer ; nous aurons alors la figure 85, les deux extrémités du fil de fer devant passer dans la fente pratiquée dans le support.

Pour terminer cette construction, nous écarterons légèrement les extrémités du fil de fer l'une de l'autre et ayant placé le support sur la table nous plierons ces extrémités horizontalement sur le rebord de la table de façon à les fixer solidement ; enroulez sur eux-mêmes les bouts de fil de fer, comme le montre la figure 85, le support pouvant coulisser à volonté. On met en place le montant en introduisant le tenon garni de colle forte dans la mortaise pratiquée dans le support et l'on assure la solidité avec une petite équerre en cuivre (fig. 88) que l'on visse au montant et à l'extrémité du support.

*Les raquettes.* — Quelques joueurs de ping-pong préfèrent les raquettes en parchemin, d'autres celles en bois ;

les premières présentant quelques difficultés de construction, nous adapterons les raquettes en bois ; elles seront très faciles à établir à l'aide d'une scie à découper le bois ; une planche de 30 à 40 centimètres de noyer de 5 millimètres d'épaisseur nous fournira les matériaux nécessaires. Découpons dans ce bois une pièce ronde de 15 centimètres de diamètre en lui réservant un manche ou queue de 8 centimètres de long sur 3 centimètres de large (fig. 89). Les manches manqueront un peu d'épaisseur pour être bien en main ; aussi leur collerons-nous de chaque côté deux autres morceaux de même dimension et coupés dans le même bois, mais à contre-fil ; quelques vis consolideront le tout (fig. 90).

Il ne nous restera plus qu'à recouvrir les faces de la partie ronde avec deux morceaux ronds de velours, matière qui assourdit les coups et qui renvoie bien la balle. Nous emploierons de la siccotine pour fixer l'étoffe qu'on aura soin de tendre bien uniformément.

Enfin nous arrondirons à la râpe les angles du manche.

Il ne nous restera plus qu'à acheter pour un décime une petite balle en celluloïd, analogue à celle avec laquelle s'amusent les petits enfants ; c'est la seule pièce que nous n'aurons pu fabriquer nous-mêmes.

# CHAPITRE XII

## A LA CAMPAGNE

### NICHE A CHIENS

Notre premier soin, en nous installant à la campagne, sera d'établir une demeure, une niche pour notre chien, notre vigilant gardien.

Un tonneau, posé bonde en dessous et défoncé sur le devant, lui fournira un logis simple mais sain, le fût étant choisi plus ou moins grand suivant la taille de l'animal.

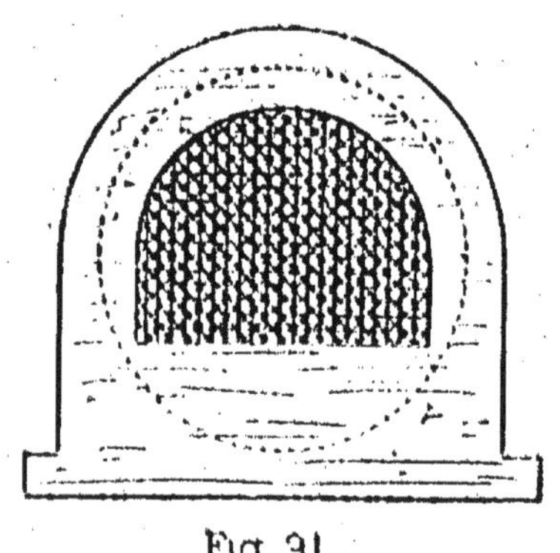

Fig. 91

Nous pourrons rendre ce domicile un peu plus élégant, en sciant le fût au-dessus du deuxième cercle de manière à lui donner un plus fort diamètre sur le devant et en clouant sur cette section une entrée découpée, suivant la forme indiquée par la figure 91, dans du bois épais; deux tasseaux vissés à l'arrière serviront à conserver à la construction une horizontalité parfaite.

Nous terminerons en donnant une bonne couche de peinture; s'il s'agit d'un chien d'appartement, nous choisirons un tout petit tonnelet et nous pourrons alors le tapisser d'une étoffe plus ou moins élégante; le fond de la niche sera garni avec un petit matelas de toile ou de flanelle bourré de paille ou de crin végétal. Il sera facile de munir la niche d'une porte que le chien pourra lui-même ouvrir en entrant ou sortant. Il suffit de découper dans du bois relativement mince deux battants pouvant jouer à l'aise dans l'entrée de la porte. Au lieu de les relier au bâti par des charnières, on les assujettit au moyen de deux lamelles en caoutchouc, collées ou clouées et assez épaisses pour remettre automatiquement les battants à leur place dans les deux sens, à la façon des portes battantes dites tambour. Enfin dans l'intervalle du milieu on découpe un rond, dans lequel le chien fourre son nez pour pousser la porte. Il faut qu'il y ait un certain jeu autour des battants et il est bon de doubler de deux lames de caoutchouc la face interne des battants.

## CULTURE DU FRAISIER EN TONNEAUX

Au jardin, les tonneaux trouvent de multiples emplois et coupés par moitié ou simplement défoncés ils remplacent admirablement les caisses d'orangers pour la culture des petits arbres ou arbrisseaux que l'on est obligé de mettre à l'abri durant la saison rigoureuse.

La culture de la fraise en tonneaux permet une exploitation assez lucrative : le produit de ce fruit par les procédés ordinaires demandent des terrains étendus exclusivement consacrés à ce but, des soins multiples, des arrosages abondants qui découragent beaucoup de personnes ; le nouveau système, qui se pratique en grand en Amérique, supprime cet inconvénient et permet de cultiver la fraise au milieu d'un jardin emplanté d'arbres fruitiers.

Voici comment il faut procéder. Sur une petite assise en pierre, on installe debout une barrique vide et défoncée par le haut et dont la périphérie est percée de trous de 5 centimètres de diamètre, espacés entre eux de 20 à 25 centimètres en tous sens. Dans chaque trou on plante un jeune fraisier couché horizontalement les racines en dedans, l'intérieur de la futaille est rempli de bonne terre de jardin et de terreau. La barrique d'une contenance d'une pièce porte cinq rangées en étage de huit plants, soit au total quarante fraisiers. On peut encore planter dix autres fraisiers en position normale et en pleine terre sur la face supérieure, mais il faut réserver au milieu un espace libre en forme de cuvette pour le déversement de l'eau d'arrosage.

On doit en effet arroser tous les jours, la futaille se recouvre rapidement d'une végétation luxuriante, la floraison et la fructification sont abondantes, la maturation parfaite, et en outre les fruits ne sont nullement entamés par les limaces ni tachés par les parcelles terreuses dont les eaux de pluie et d'arrosage les éclaboussent ordinairement.

Les avantages de ce procédé de culture sont multiples : faculté de cultiver une très grande quantité de fraises sur un espace restreint, suppression des sarclages si minutieux, suppression des paillis qui sont de véritables foyers d'élevage pour les insectes de toutes sortes, pas de fruits salis, par de fruits dévorés, précocité relative du côté du midi et du levant, et la vue d'ensemble de ces feuillages vigoureux fortement dressés et des grosses grappes de fruits pendants est des plus agréables.

Avec des tonneaux préparés de même, mais maintenus dans un local tempéré et chaud, on peut, en y plantant des plants de salades au lieu de fraisiers, obtenir des chicorées blanches durant tout l'hiver.

Les trous percés dans les flancs du tonneau et garnis de plantes nous permettent aussi de cacher la forme, et d'embellir les parois des futailles dans lesquelles sont plantés les arbustes d'orangerie. Les meilleures plantes à adopter sont les plantes annuelles grimpantes, comme les capucines, les épomées, etc.

## NICHOIRS ARTIFICIELS

Un de nos amis a eu l'idée de transformer un petit tonnelet en nichoir artificiel pour hiboux. Si donc vous aimez l'oiseau cher à Pallas et si utile à nos cultures par les nombreux rongeurs qu'il détruit, offrez-lui une demeure sûre dans laquelle il élèvera sa famille ; il suffira de vous procurer un petit fût que vous ferez soigneusement sécher au four ; vous agrandirez la bonde de manière à permettre l'entrée et la sortie de l'oiseau et vous installerez au milieu un perchoir transversal.

Fixez le tout solidement contre le tronc d'un vieil arbre à une hauteur moyenne, mais ne faites cette installation définitive qu'après avoir garni l'intérieur d'une bonne quantité d'amadou bien sec, de cela dépend tout le succès, car un hibou refusera de loger dans un de ces barils s'il ne trouve cette substance qui lui rappelle les trous creusés par le temps dans les troncs où il niche généralement.

Et puisque vous êtes à la campagne et que votre jardin ne sera vraiment gai que si la gent ailée y abonde, continuons à vous parler des nichoirs artificiels s'adressant à d'autres espèces que les hiboux et chouettes, utiles certainement, mais qui apportent avec eux moins de vie et de gaîté. La diminution dans les forêts aussi bien que dans les jardins de ces vieux arbres creux, qui servaient d'asile à un grand nombre de petits oiseaux, qui venaient y faire leur nid, est une des causes des plus sérieuses de la dépopulation de la gent ailée dans presque toutes les régions.

Les nichoirs artificiels offrent un moyen bien simple d'obvier à cet inconvénient, ce sont des bûches creuses ou de simples petites boîtes avec un trou pour servir d'entrée; on les accroche aux arbres dans les forêts, les vergers, les jardins, et dans ces petits appareils qui ne coûtent presque rien, les mésanges et tous les petits oiseaux qui nichent dans les troncs viennent y faire leurs nids.

« J'ai un jardin dans lequel j'ai planté quelques massifs d'arbres et d'arbustes, disait M. Clarté à la Société d'Acclimatation, et, au fond de ce jardin, quelques ares en petit bois d'essences variées; après une vingtaine d'arbres, depuis environ dix ans, j'accroche des bûches creuses et tous les ans, dans la plupart de ces bûches, les mésanges de toutes variétés, les rouges-gorges, les torcols, etc., viennent y faire leurs nids; dans les massifs ce sont les fauvettes, les rossignols, les accenseurs, les bruants, etc., et tous ces charmants petits hôtes, comprenant qu'ils sont là en toute sécurité, chantent du matin au soir et me paient largement de l'hospitalité que je leur accorde en purgeant mes arbres, mes légumes, mes fleurs des insectes qui les dévoraient. »

Nous pouvons tous imiter M. Clarté, car les nichoirs sont faciles à construire; on peut les faire en poterie, ils ont l'avantage, constamment soumis aux intempéries, de ne point pourrir comme ceux en bois, il suffit d'avoir de la bonne terre à tuile. Ayez un cylindre en bois, de 0m,10 de diamètre et de 0m,13 de haut dont la partie supérieure sera terminée par une calotte sphérique. Enduisez ce cylindre d'une bonne épaisseur de terre glaise, enlevez la terre aux deux tiers de la hauteur sur une surface circulaire de 0m,03 de diamètre, ce sera l'entrée du nid ; du côté opposé pratiquez un petit trou qui permettra de l'accrocher à un clou. Laissez sécher, retirez le cylindre par la base et bouchez d'une galette ronde le fond ainsi ouvert. Laissez sécher de nouveau et faites cuire comme des briques ordinaires. Si cette préparation, cette cuisine pouvons-nous dire, puisque le feu y joue un grand rôle, vous paraît un peu compliquée, vous pourrez préparer des nids bûches ou des nids boîtes.

Le nid bûche (fig. 92) consiste d'abord en un rondin de peuplier ou de saule, foré d'un bout à l'autre et circulairement, de manière à représenter un manchon ou tronçon de canon en bois. L'épaisseur de ce manchon est de 0m,02 ou 0m,03. L'écorce, bien entendu, doit être respectée ; à l'extrémité inférieure du rondin ainsi perforé, on adapte un fond en bois légèrement concave à l'intérieur, pour empêcher les œufs de s'écarter du centre, ce qui peut être utile pour certains oiseaux qui ne font point de nids. Enfin la partie supérieure est fermée par un couvercle vissé ; en dessous de ce couvercle, on perce un petit trou destiné à faciliter le passage de la buée qui s'échappe parfois lorsque le nid est plein de petits en moiteur. C'est, en un mot, la bûche creuse utilisée dans l'élevage des perruches ; elle doit avoir les dimensions suivantes prises à l'intérieur : diamètre $0^m,10$, profondeur $0^m,15$ pour les mésanges et oiseaux de taille analogue ; pour les étourneaux, le diamètre devra être de $0^m,15$ et la profondeur de $0^m,30$. Le trou percé dans l'écorce pour permettre à l'oiseau l'entrée et la sortie devra avoir à peine $0^m,03$ pour les petits oiseaux et $0^m,05$ pour les étourneaux. Un peu au-dessous et sur le côté on plante un petit bâton pour servir de perchoir.

On peut, plus simplement encore, installer des nids boîtes (fig. 93) qui se composeront d'une petite caisse parallélipipédique ayant $0^m,30$ de hauteur sur $0^m,15$ de largeur et de profondeur et $0^m,15$ de hauteur et de largeur pour les mésanges. Le bois employé aura environ un pouce d'épaisseur et ne *sera pas raboté*; on emploiera soit du peuplier, du saule, du tilleul ou un bois résineux, mais on se gardera bien d'y appliquer une couche de peinture ou de vernis, tout l'appareil doit avoir un air aussi naturel, aussi rustique que possible. Le trou de vol sera percé au vilebrequin ou à la scie, ses dimensions dépendant de l'espèce d'oiseaux qu'on cherche à attirer.

Le côté supérieur qui sert de toit fera entièrement saillie, formant une sorte d'auvent.

On peut aussi utiliser comme nichoirs artificiels de vieilles boîtes de conserves, mais celles-ci demandent une préparation spéciale. On fait fondre dans une cuvette ou une poêle autant d'asphalte qu'elle peut en contenir sans danger. Dans cet asphalte fondu on plonge les boîtes, puis on les retire et on les roule sur une couche de sable fin; si, malgré cette précaution, la couche d'asphalte qui est brun foncé ne cadre pas avec la couleur des objets environnants, et même pour donner un air plus naturel à ces nids, on les roulera dans de la mousse

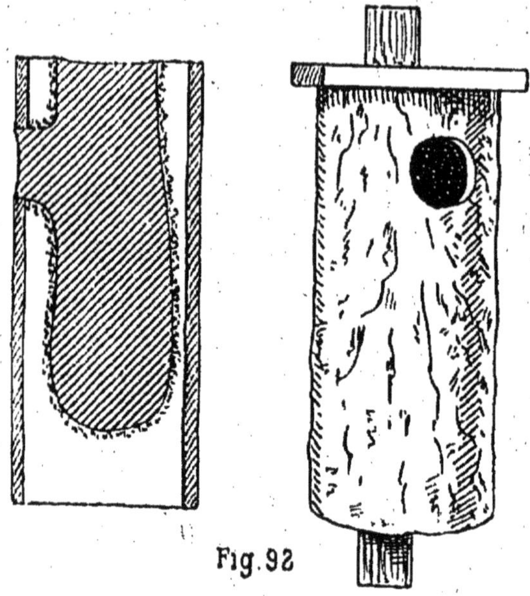

Fig. 92

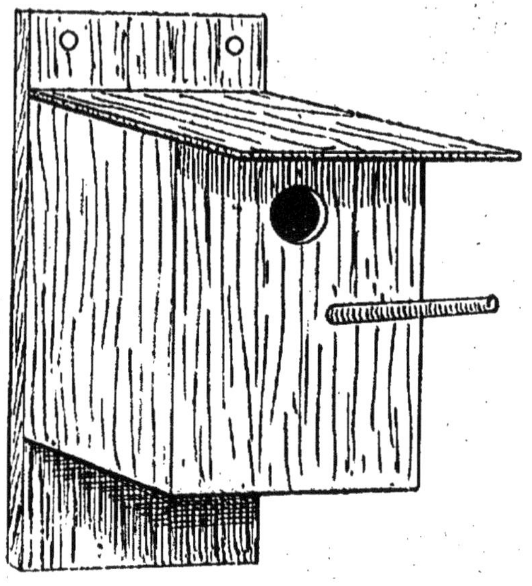

Fig 93

sèche ; de petites brindilles de bois, de petits cônes de pin peuvent être aussi collés à la boîte.

Les nichoirs artificiels seront toujours garnis d'une couche de sciure de bois destinée à remplacer l'humus et les détritus qui se trouvent dans les cavités naturelles.

Quel que soit le genre de nichoirs, l'emploi en est le même ; si vous voulez offrir un abri aux oiseaux de petite taille, choisissez les modèles de dimensions réduites et fixez solidement le nichoir contre un arbre peu élevé, il est bon qu'il soit penché en avant, de façon à ce que l'ouverture soit très légèrement tournée vers le sol, attachez près du bas une petite branche sèche de buisson, d'épine ou autre arbuste garni de piquants ; vous épargnerez ainsi aux nids la visite des chats qui seraient assez malins pour introduire leurs pattes dans l'intérieur et dénicher les oisillons.

L'endroit où l'on doit fixer les boîtes à nicher varie suivant les espèces. Pour les mésanges, la sitelle, le gobe-mouches, le rouge-gorge, le rossignol de murailles, le torcol, on placera le nid artificiel dans les vergers et les bois. Lorsqu'il s'agira de bois de haute futaie, on choisira le voisinage des chemins, le bord des clairières où se trouvent des taillis à branches basses. Les boîtes seront fixées à une hauteur de 2 à 4 mètres en s'arrangeant pour les cacher partiellement par quelques rameaux. Dans les vergers, on peut les attacher aux arbres fruitiers sur la partie qui pénètre dans la couronne. On ne mettra qu'une boîte par arbre, et on les espacera de 20 à 25 mètres, de façon à ce que le couple ait un rayon suffisant pour chercher sa nourriture. Le diamètre du trou de vol sera de 0m,03; s'il était plus grand, les moineaux pourraient s'emparer du logis ; plus petit, les mésanges ne pourraient y rentrer.

Dans les boîtes à étourneaux le trou de vol a de 0m,05 à 0m,06, mais on ne met pas de perchoir en dessous, car il servirait aux pics, geais, etc., à se poser pendant qu'ils massacreraient la couvée. Ces boîtes pourraient être fixées sur des arbres ou sur les murs des maisons à 8 mètres de hauteur environ. Les étourneaux étant des oiseaux sociables, il est utile de placer plusieurs nichoirs les uns à côté des autres.

Pour obtenir un heureux résultat aussi bien avec les étourneaux qu'avec les autres oiseaux, il faut placer les nichoirs de très bonne heure au printemps, en hiver de préférence, afin que les couples puissent s'habituer à leur vue et reconnaître leurs avantages avant la saison de la ponte. Fixez-les solidement contre l'arbre, afin que le vent ne puisse les faire balancer. Disposez-les de façon à ce que l'entrée soit face à l'est ou au nord-est ; il faut particulièrement éviter l'exposition du midi.

Ne rapprochez point les nichoirs destinés aux petits oiseaux avec ceux destinés aux étourneaux. Enfin, lorsque les boîtes auront une fois servi, on se gardera de les nettoyer, les debris du nid attirent les oiseaux et ils se contentent de rejeter ce qui n'est plus utilisable.

## BACHES OU CHASSIS

Les bâches ou châssis sont les compléments indispensables de tout jardin, ils permettent d'avoir des primeurs en fleurs et légumes, ils permettent aussi la conservation et la floraison de plantes délicates durant l'hiver.

On donne en général à la bâche une longueur de 1m,50 à 4 mètres avec une largeur de 1 mètre à 1m,40. Elle se compose de deux parties : la caisse ou coffre et le panneau vitré. On établit le coffre en fichant en terre quatre piquets carrés sur lesquels on cloue des planches qui formeront les parois ; on donne une hauteur beaucoup moins grande à la paroi de devant qu'à celle de derrière, afin que les panneaux soient en pente, en s'arrangeant de façon à ce que cette inclinaison soit dirigée vers le midi. Les panneaux ne sont autre chose que des châssis garnis de verre pour laisser pénétrer la lumière dans l'intérieur de la bâche; leur longueur est égale à la largeur de la bâche, mais quant à leur largeur ; elle ne doit point être trop grande, car les panneaux devant pouvoir se soulever pour permettre, non seulement l'aération des plantes quand le temps est beau, mais aussi, pour livrer passage au jardinier, ils doivent être assez maniables, il ne convient pas de dépasser la largeur de 1m,30 et l'on met plusieurs panneaux les uns à côté des autres de façon à recouvrir entièrement la surface de la bâche. Les panneaux sont en général en fer et assez coûteux ; on peut parfaitement les remplacer par des châssis en bois provenant de vieilles fenêtres démolies. On peut également remplacer le verre par du papier huilé ou mieux par du *verre flexible* préparé comme suit : On prend du papier d'épaisseur convenable que l'on rend d'abord transparent au moyen d'une couche de vernis copal sur les deux faces ; quand il est bien sec, on le polit et on le frotte avec une pierre ponce, puis on passe sur sa surface extérieure une couche de verre soluble, silicate de potasse, et on frotte avec du sel. La surface devient aussi polie que du verre et le papier ainsi préparé est très résistant.

En donnant une plus grande hauteur aux parois du coffre, on peut obtenir ainsi une vraie petite serre ; dans ce cas, il faut augmenter la longueur des panneaux afin qu'ils aient une grande inclinaison, la lumière devant y pénétrer en abondance ; on simplifie de beaucoup la construction en l'adossant à un mur.

## THERMOSIPHON POUR BACHES OU CHASSIS

Les horticulteurs professionnels, lorsqu'ils élèvent des plantes très délicates ou lorsqu'ils veulent les forcer vigoureusement, chauffent l'intérieur des bâches en entourant le coffre de fumier frais ; celui-ci, entrant en fermentation, produit une chaleur assez forte qui réchauffe l'intérieur de la bâche ; le fumier doit être renouvelé tous les vingt à ving-cinq jours. Ce sont là des manipulations qui ne nous conviennent guère, malgré l'économie notable qui en résulte ; aussi cherchons un autre système de chauffage, sans pourtant être obligé de construire cheminée et foyer. Les poêles à pétrole répondraient à notre désir, malheureusement la chaleur sèche qu'ils engendrent ne convient pas aux plantes qui, pour bien prospérer, exigent un chauffage à circulation d'eau chaude, au moyen du thermosiphon. Que cela ne nous épouvante pas, il nous sera très facile de construire nous-même un thermosiphon au pétrole. Cet appareil sera d'un prix de revient insignifiant, pas même un franc ; si nous ne comptons point l'achat d'une lampe à pétrole ordinaire et il durera au moins deux saisons.

La figure 94 donne la disposition générale de l'appareil. A A sont deux boîtes de conserves parallélipipédiques qui ont servi à contenir du bœuf d'Amérique, *corned beef ;* il faut prendre le plus grand modèle, et un épicier vous les vendra un décime chacune. On pourrait tout aussi bien prendre des boîtes circulaires, mais les boîtes de *corned beef* sont à préférer, car elles sont en général faites en un métal plus épais ; d'autre part, leurs parois planes facilitent le découpage des trous ; maintenant il nous faudra deux tuyaux en fer-blanc B et F d'une longueur

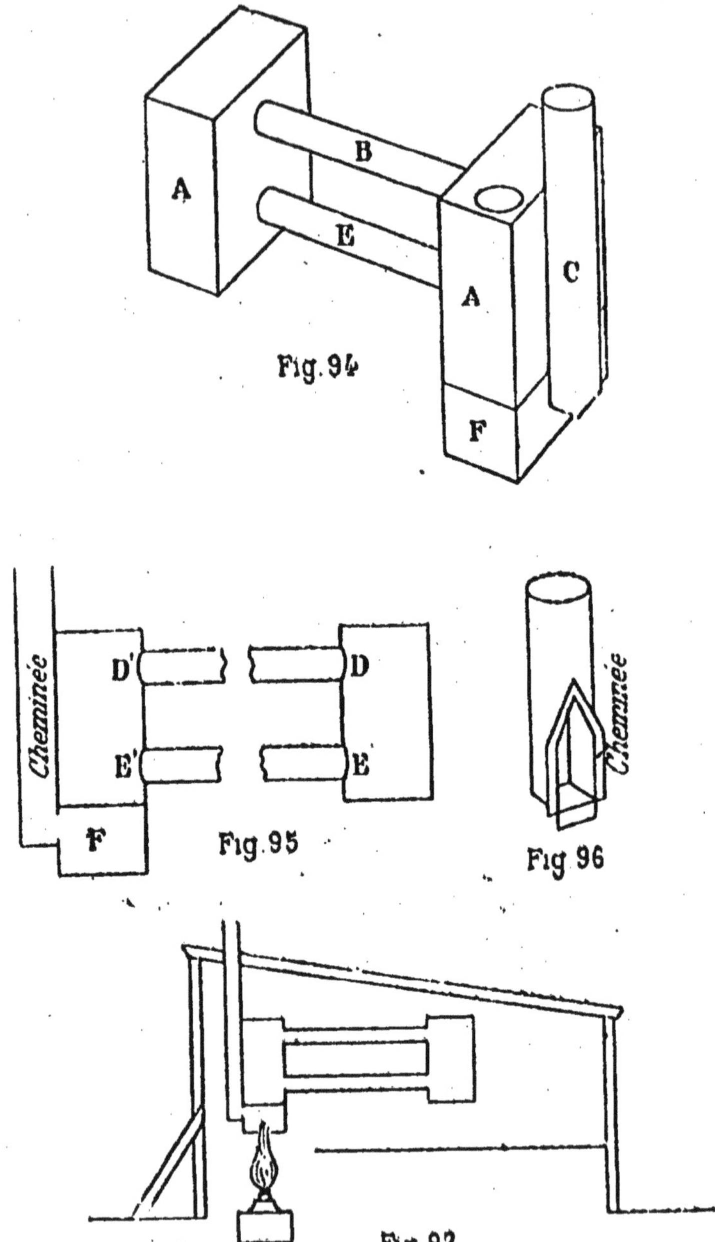


Fig. 94

Fig. 95

Fig. 96

Fig. 97

de $0^m,60$ environ pour la circulation de l'eau, B pour l'aller et E pour le retour de l'eau ; nous les ferons à l'aide d'une feuille de fer-blanc que nous achèterons au prix de 50 centimes environ. Nous découperons dans cette feuille deux bandes de $0^m,60$ et ayant une largeur égale à 7 fois le diamètre intérieur du tube qui sera de 4 à 6 centimètres ; nous enroulerons en forme de tube cette bande autour d'un morceau de bois ou d'une tige de fer offrant la grosseur convenable, un manche à balai par exemple, et nous obtiendrons une courbure bien nette en martelant, à l'aide d'un maillet en bois ; on n'arrivera que progressivement à la forme désirée, les bords devant se chevaucher légèrement, et nous les fixerons l'un à l'autre en les soudant tout le long.

Nos tuyaux terminés, il nous faudra découper dans les boîtes de conserves les 4 trous E et D (fig. 95) dans lesquels lesdits tuyaux devront s'emboîter; nous les tracerons avec le compas et, après avoir fait un trou au centre, nous couperons tout l'intérieur du cercle avec une cisaille ; un autre moyen assez pratique consiste à découper ces trous à l'aide d'un ciseau; pour cela, il suffit de mettre dans l'intérieur un bloc en bois pour soutenir la paroi et de suivre la circonférence avec le ciseau que l'on frappe avec un marteau ; lorsque tout le tour a été ainsi coupé, l'intérieur se détache ; on passe soigneusement une lime demi-ronde sur la section afin de la rendre bien nette et l'on introduit l'extrémité de l'un des tuyaux, on étend une bonne couche de soudure tout autour et l'on passe le fer. On opère de même pour souder les trois autres extrémités des tuyaux.

Il faudra alors nous procurer une lampe afin de fournir la chaleur nécessaire et, suivant la grandeur de l'endroit à chauffer, nous choisirons un modèle plus ou moins grand et à flamme plus ou moins forte.

L'extrémité du verre de la lampe s'emboîtera dans une large gaine F afin d'éviter la déperdition de la chaleur; cette gaine sera soudée au bas d'une des boîtes de conserves et sera munie d'une cheminée formée par un tuyau de même dimension que les précédents (fig. 96).

Lorsqu'on utilise l'appareil pour chauffer une bâche de très petites dimensions, on conduit l'extrémité de la cheminée au dehors (voir fig. 97); (dans ce cas, il est bien de pratiquer dans les parois du coffre une petite ouverture se fermant à volonté, pour le service de la lampe), mais pour peu que la bâche soit de grandes dimensions ou que l'on veuille chauffer une petite serre, il sera inutile de conduire à l'extérieur l'extrémité de la cheminée, les fumées dégagées par la lampe n'étant nullement nuisibles.

Ce thermosiphon à pétrole n'est pas obligatoirement destiné au chauffage d'une pièce où se trouvent des plantes, il peut s'adapter pour un chauffage des plus hygiéniques, remplaçant pour notre appartement tous les poêles à pétrole.

## BOITE AUX LETTRES

Puisque nous tenons les outils du ferblantier, il sera certainement utile de fabriquer une boite aux lettres (fig. 98), la question du courrier jouant toujours un rôle important à la campagne.

Procurons-nous tout d'abord une feuille de fer-blanc d'épaisseur et de grandeur convenables; assurons-nous que l'un des côtés (le côté gauche par exemple), soit parfaitement droit, et avec une pointe traçons l'épure représentée par la figure 99, en tenant grand compte de bien suivre les indications données pour les mesures; les pleins indiquent les lignes suivant lesquelles il faut découper à la cisaille la feuille de fer-blanc, les pointillés, les lignes suivant lesquelles il faut plier le métal.

Avant de plier, terminons d'abord le découpage extérieur avec la cisaille, puis pratiquons l'ouverture par laquelle on retire les lettres et qui sera plus tard garnie d'une porte. Pour cela plaçons la feuille de zinc sur une plaque de fer et appuyons sur un angle l'extrémité d'un ciseau à froid; donnez un coup de marteau, pour avancer le ciseau dans la direction de la ligne et ainsi de suite de façon à faire tout le tour du rectangle; l'intérieur se détachera très nettement si le travail a été bien fait, mais il ne faudrait pas tenter de l'arracher s'il tenait encore en quelque points; il faudra au contraire reprendre le ciseau et terminer la section en ces points. Ceci fait, rabattez à l'intérieur de la feuille et frappez au marteau, afin de les aplatir complètement, les recouvrements que nous avons réservés tout autour de l'ouverture rectangulaire. Percez ensuite sur les recouvrements extérieurs de la feuille les petits trous indiqués sur la figure 98, et qui serviront à fixer la boîte contre la porte; ces petits trous se percent avec un poinçon, la feuille de zinc étant toujours appliquée sur une plaque de fer. Enfin, à l'aide d'un ciseau, perforons une fente pour l'introduction des correspondances. Repliez en dessus, suivant les lignes pointillées, les quatre côtés de façon à ce qu'ils fassent des angles droits, à l'exception pourtant du côté supérieur où l'angle devra n'être que de 45 degrés environ.

Ensuite repliez en dessus à angle droit, et suivant les lignes pointillées, d'abord le fond, puis les côtés et enfin le dessus, mais celui-ci devant rester dans une position oblique ne sera rabattu qu'à 45 degrés; rabattez aussi les bords inférieurs des deux côtés, ils devront former des angles droits (dirigés intérieurement) avec les côtés auxquels ils adhèrent.

Notre boîte sera ainsi formée, il faudra alors la souder; pour cela il est bon de mettre un rivet à chaque angle, afin de maintenir les différentes parties en position durant l'opération du soudage; puis étendez de la soudure sur toute la longueur des lignes à joindre.

Il ne restera plus qu'à faire la porte (fig. 100) ; nous la découperons dans une feuille de zinc en lui donnant 2 centimètres en plus sur chaque côté afin de pouvoir rabattre les côtés. Sur trois côtés en effet nous rabattons cette longueur de 2 centimètres à l'intérieur, à l'exception du côté qui devra porter les gonds. Dans celui-ci nous commencerons par découper deux entailles A et B, l'une vers le haut, l'autre vers le bas, de 3 centimètres de long sur 2 de profondeur, qui donneront la place pour les charnières. Nous couperons ensuite un morceau de fil de fer assez fort, d'une hauteur égale à celle de la porte, puis, après avoir appliqué le fil de fer le long de la ligne pointillée X Y, nous rabattrons les parties C, D, E en dessus à gauche sur ce fil de fer. Nous découperons ensuite dans du fer-blanc deux petites languettes longues de 5 centimètres et larges de 3. Nous les glisserons sous le fil de fer dans les 2 parties A et B où il n'a pas été recouvert par le côté de la partie repliée, et cela de manière à ce que ces languettes dépassent à gauche de 2 centimètres et demi ; nous rabattrons ces parties à droite sur le fil de fer de façon à l'enserrer à son tour. Nos charnières seront ainsi faites. Nous disposerons la porte sur la boîte et nous souderons les extrémités des languettes en bonne position, pour que le tout soit solidement fixé.

Nous avons omis à dessein, pour ne pas compliquer notre explication, de parler du système de fermeture, il consiste tout simplement en un morceau de fil de fer

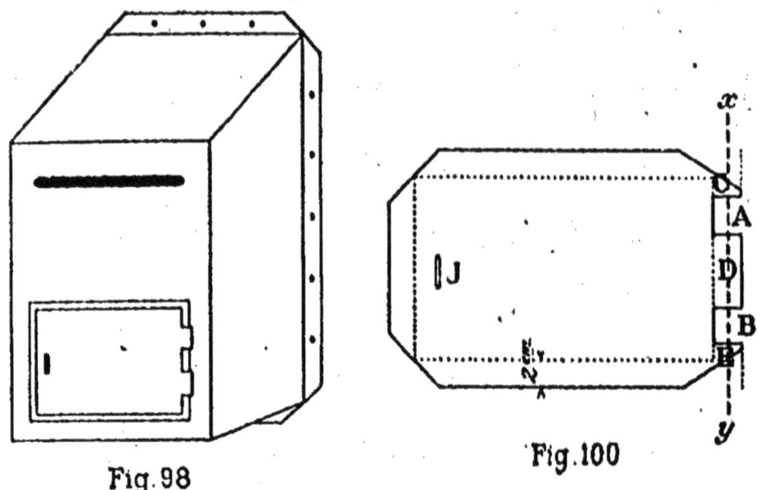


Fig. 98

Fig. 100

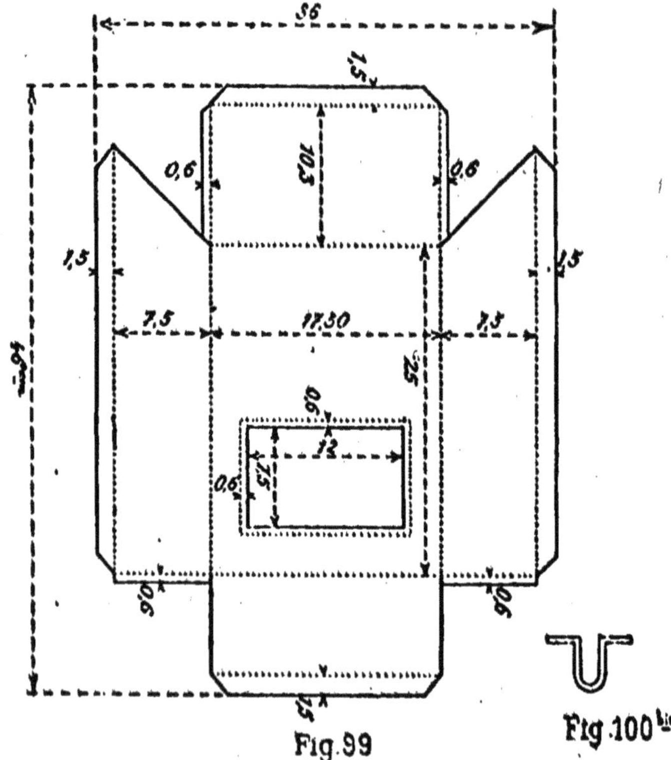


Fig. 99

Fig. 100 bis

replié en forme d'U dont les extrémités supérieures sont légèrement rabattues en dehors (fig. 100 *bis*). Au point voulu, contre le côté de la porte opposé à celui portant les charnières, en J, on perce et dans le corps de la boîte et dans la porte une fente permettant le passage aux deux branches de cet U; on en soude les extrémités repliées contre la paroi intérieure de la boîte ; un cadenas fixé en dehors entre les deux branches assurera l'inviolabilité de la boîte.

### MEUBLES RUSTIQUES

La confection des meubles rustiques sera certainement une occupation utile et amusante de notre séjour à la campagne ; par meubles rustiques nous entendons ces bancs, fauteuils, piédestal de vases, jardinières, faits avec des branches d'arbres ni dressées ni écorcées.

Toutes essences peuvent nous fournir les matériaux nécessaires à la confection de pareils œuvres : les branches de cerisier, de coudrier, d'épine noire nous serviront pour les œuvres de petites dimensions, et, pour celles dans lesquelles le bois n'entre que comme revêtement décoratif ; le sapin, le mélèze, le chêne, l'orme, le châtaignier, le bambou, le mûrier, etc., seront utilisés pour les kiosques, bancs et fauteuils dont nous ornerons notre jardin.

Il convient cependant d'éviter les bois résineux pour les sièges, car la résine qu'ils laissent exsuder pourrait tacher les vêtements. Les bois destinés à cet usage devront être coupés en hiver, la sève n'étant pas en mouvement durant cette saison. Si on les coupait en été, l'écorce s'en irait; aussi, si l'on désire des troncs ou branches dépouillés il y a avantage à les couper au moment de la pleine montée de la sève, c'est-à-dire au printemps; l'écorce s'enlève alors très facilement.

Les bois employés devront être parfaitement secs, c'est une condition essentielle de bonne conservation, et pour les obtenir ainsi, il faut les emmagasiner dans un hangar où l'air puisse bien circuler et cela pendant six mois ou un an au moins, suivant la grosseur des morceaux. Il est préférable de les disposer verticalement pour les faire sécher.

Les modèles que l'on peut exécuter ainsi sont infinis; aussi ne pouvons-nous donner ici que quelques indications générales sur leur mode de fabrication.

Pour assembler les différentes parties d'une construction ou d'un meuble fait avec des rondins non écorcés, il faut se rappeler que ceux-ci sont plus ou moins ronds et jamais d'une forme parfaitement régulière; aussi ne peut-on utiliser tous les modes d'assemblage généralement employés en menuiserie ; on doit se contenter des moyens les plus rudimentaires. Un des plus simples consiste à entailler les pièces à leurs points de jonction à l'aide d'une scie ou d'une hachette sur la moitié de leur épaisseur et d'amener la réunion par de forts clous. La figure 101 représente le mode d'assemblage des deux morceaux à leur point de jonction suivant un angle plus ou moins prononcé et la figure 102 le même procédé pour réunir deux morceaux dans la prolongation l'une de l'autre où d'une pièce transversale à l'extrémité d'une autre. On peut aussi employer le système à tenon que nous avons préconisé dans le travail du bambou [1]. Soit l'extrémité de A (fig. 103), pièce transversale à réunir à l'extrémité de B de façon à ce que la pièce A s'y emboîte parfaitement. Nous commencerons par entailler l'extrémité de A, et à l'aide d'une tarière de tonnelier, nous y percerons un trou, nous découperons ensuite un tenon que nous ferons entrer de force dans cette pièce, nous pratiquerons un trou analogue dans B et nous y ferons pénétrer l'autre extrémité du tenon; quelques gros clous pourront augmenter encore la solidité du joint.

Les bois avec leur écorce sont laissés en général tels quels; ce ne sont que les très petits objets d'intérieur faits en branches de faible diamètre et à écorce fine et lisse comme le cerisier, le bouleau, qui reçoivent une couche de vernis; il convient cependant de passer au goudron toutes les parties qui doivent être enfoncées dans la terre, pour assurer ainsi leur conservation.

Les bois rustiques avec leurs écorces ne servent souvent que de décoration en placage d'objets confectionnés en bois de menuiserie par les procédés ordinaires; dans ce cas, il n'y a pas lieu de s'inquiéter des assem-

1. Voir *L'Atelier de tout le monde.*

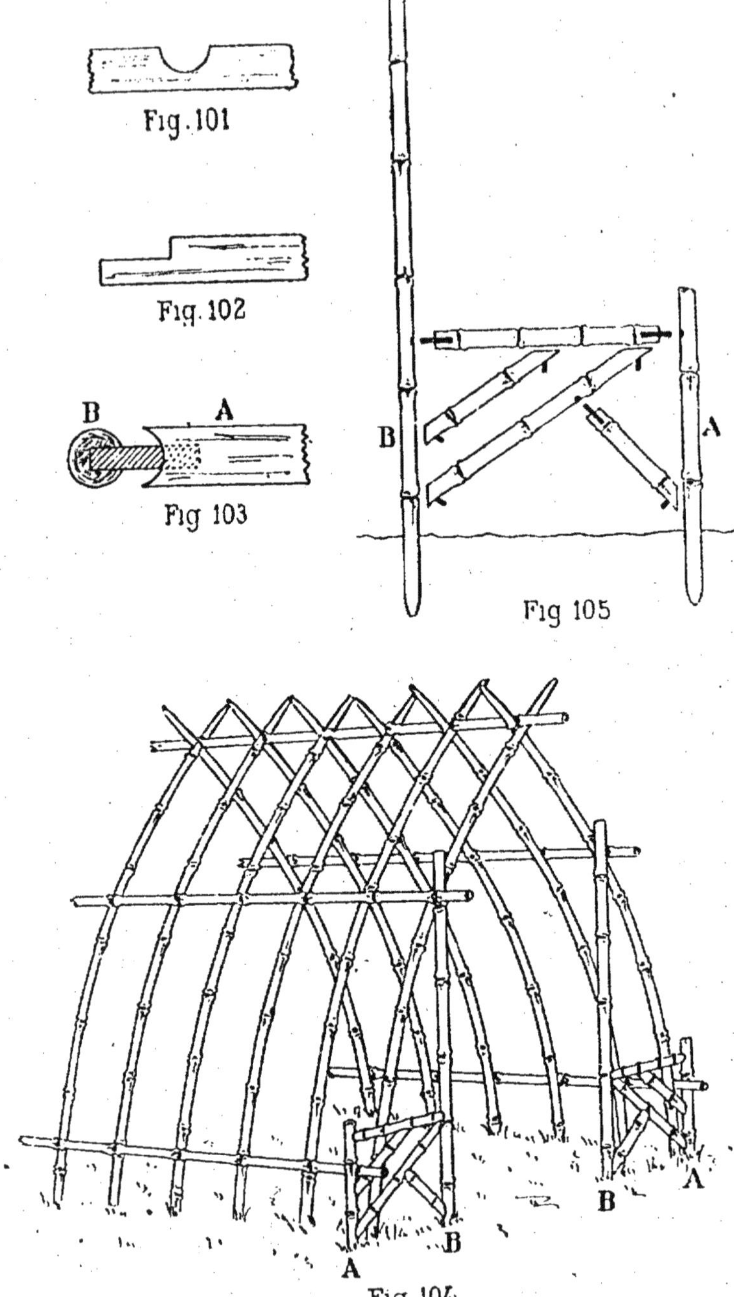

Fig. 101

Fig. 102

Fig 103

Fig 105

Fig 104

blages. Les rondins sont sciés par leur milieu et dans le sens de leur longueur, de façon à obtenir deux morceaux identiques dont une face offre une surface parfaitement plane et qui s'applique sur la carcasse déjà faite ; on les fixe par de la colle ou par des clous, suivant que les objets sont destinés à être conservés à l'intérieur ou exposés au dehors. En général, on commence par former des sortes d'encadrements en fixant, le long des angles, des rondins assez gros et assez longs pour les couvrir entièrement ; puis on garnit l'intérieur du panneau ainsi formé avec des rondins toujours sciés longitudinalement en deux, mais d'un diamètre plus petit. On les dispose soit horizontalement les uns à côté des autres, soit obliquement ou encore suivant toute façon que l'on peut imaginer. Il s'agit en somme de former une sorte de mosaïque plus ou moins compliquée avec les divers morceaux de bois que l'on a sous la main.

Malgré toute l'habileté que l'on peut déployer dans l'arrangement de cette mosaïque, il arrive que, par suite de leur irrégularité, les rondins sciés placés les uns à côté des autres laissent toujours un certain espace entre eux ; il convient donc, si la carcasse est en bois blanc, de la passer en couleur sombre, de la terre de Van Dyck à l'eau par exemple, avant d'appliquer la mosaïque de bois afin qu'on ne puisse apercevoir la couleur blanche de la carcasse entre les différents rondins appliqués. Pour les objets qui ne doivent point être exposés à la pluie, on peut cacher la carcasse par le procédé suivant : Prenez un morceau d'écorce d'orme brun et sciez-le en plusieurs endroits de façon à obtenir une certaine quantité de sciure aussi grossière que possible. Enduisez de colle forte bien chaude toutes les parties visibles de la carcasse et saupoudrez de sciure les points ainsi encollés ; il y en adhérera suffisamment pour donner à tout le fond visible un aspect rustique.

### TONNELLE EN BAMBOU

Les bambous peuvent également former de très jolis meubles de jardins ; ces meubles s'obtiennent d'après les principes que nous avons déjà donnés dans un ouvrage précédent [1]. Ils nous permettront aussi de faire très aisément des tonnelles de formes les plus variées ; car il suffit de les planter en terre et de réunir leur extrémité par des ligatures en rotin ou en fil de fer.

La figure 104 offre l'exemple très simple d'une tonnelle en arches que l'on peut allonger indéfiniment. Calculons la hauteur à donner à cette construction, soit 3 mètres, et coupons un certain nombre de bambous à une longueur de 3$^{m}$,20. Le nombre de bambous dépendra évidemment de la longueur que nous donnerons à la tonnelle, ils devront être équidistants de 15 centimètres environ les uns des autres sur une même ligne.

1. Voir l'*Atelier de tout le monde.*

Établissons maintenant la largeur à donner à notre tonnelle et plaçons à chaque angle un premier montant en bambou qui devra dépasser le sol de 0m,90 environ. A 0m,60, du côté de l'intérieur de la tonnelle, nous planterons un second montant dépassant le sol de 1m,50. Ces deux montants seront réunis par une traverse que l'on assemble au moyen de deux tenons fixés à chacune de ses extrémités et pénétrant dans les montants; on peut enjoliver la construction par quelques traverses obliques, comme l'indique la figure 105. Il est préférable d'assembler les montants entre eux avant de les planter en terre.

Les montants ainsi disposés ayant été fichés en terre aux quatre angles de la tonnelle, nous planterons les bambous en deux lignes parallèles, chaque bambou à égale distance de l'autre et en face du bambou planté sur l'autre ligne, les sommets de ces deux tiges devant être plus tard réunis. A 0m,40 du sol nous fixerons, tout près des petits montants, aux croisillons qui y aboutissent, et cela de chaque côté de la tonnelle, une traverse formée d'un bambou de longueur égale à celle de la construction, cette traverse commencera à chasser en dedans les bambous qui sans cela se tiendraient verticalement; au moyen de ligatures en fil de fer nous fixerons la traverse par ses deux extrémités aux croisillons des montants d'entrée et sur sa longueur à chaque bambou qu'elle rencontrera. De simples ligatures suffisent, mais nous avons constaté que la solidité est grandement augmentée en faisant passer le fil de fer par des trous perforés dans le montant et dans les bambous. Nous obtenons très facilement ces trous à l'aide de la pointe de notre appareil à pyrograver, à son défaut, on peut se servir d'une petite tige de fer rougie au feu.

A $1^m,25$ du sol nous fixerons contre les montants d'entrée les plus élevés une seconde traverse de bambou qui sera également fixée à ces montants avec du fil de fer, ainsi qu'à tous les bambous qu'il forcera à prendre une courbe assez prononcée.

Enfin, à $0^m,20$ de leur extrémité, nous réunirons les bambous qui se font face et, dans l'angle ainsi formé nous ferons repasser une dernière traverse. Une ligature en fil de fer consolidera le tout. Notre œuvre sera ainsi terminée. Pareille tonnelle conviendra admirablement pour soutenir soit de la vigne, soit des rosiers grimpants.

## TONNELLES EN FICELLES

Un journal américain a donné il y a quelques années le procédé suivant, assez ingénieux pour obtenir à peu de frais une tonnelle (fig. 106).

On choisira un arbre aux branches horizontales assez développées pouvant donner trois points assez distants les uns des autres pour former les sommets de notre construction. On pourrait, si l'on n'avait point d'arbre à sa disposition, former ces trois points au moyen de grands pieux plantés par trois suivant une circonférence d'un diamètre assez fort pour permettre la libre circulation, et réunis ensemble à leur sommet de façon à former un cône.

De deux sommets vous laissez pendre un fil à plomb qui vous donnera le centre de deux cercles à tracer de la grandeur voulue. Vous marquerez sur les circonférences de ces cercles un certain nombre de points équidistants assez rapprochés, en ayant pourtant soin de laisser des espaces libres pour la porte d'entrée de la tonnelle et pour la circulation à l'intérieur. En chacun de ces points vous planterez solidement un petit piquet et vous fixerez par une ficelle ou petite cordelette chacun de ces piquets au sommet correspondant, formant ainsi deux cônes de ficelles qui seront les pavillons principaux du bosquet.

Réunissons maintenant nos trois sommets avec une cordelette bien tendue et de cette cordelette conduisons au sol, en leur donnant une direction assez oblique, une série de ficelles équidistantes que nous attacherons à des piquets plantés en terre comme nous l'avons fait pour les deux cônes. Nous aurons le corps principal de notre logis.

Notre tonnelle sera terminée; il ne s'agira plus qu'à la garnir de plantes grimpantes ; nous planterons des pieds déjà levés ou bien nous sèmerons des gobéas, des volubilis, pois de senteurs, et en bordure régulière tout autour des piquets de bois. Surveillons nos plantes, arrosons-les lorsque le besoin s'en fera sentir, puis, lorsqu'elles auront commencé à prospérer, dirigeons les premières le long des ficelles.

En remplaçant ces ficelles par du fil de fer on obtient une tonnelle de beaucoup plus durable.

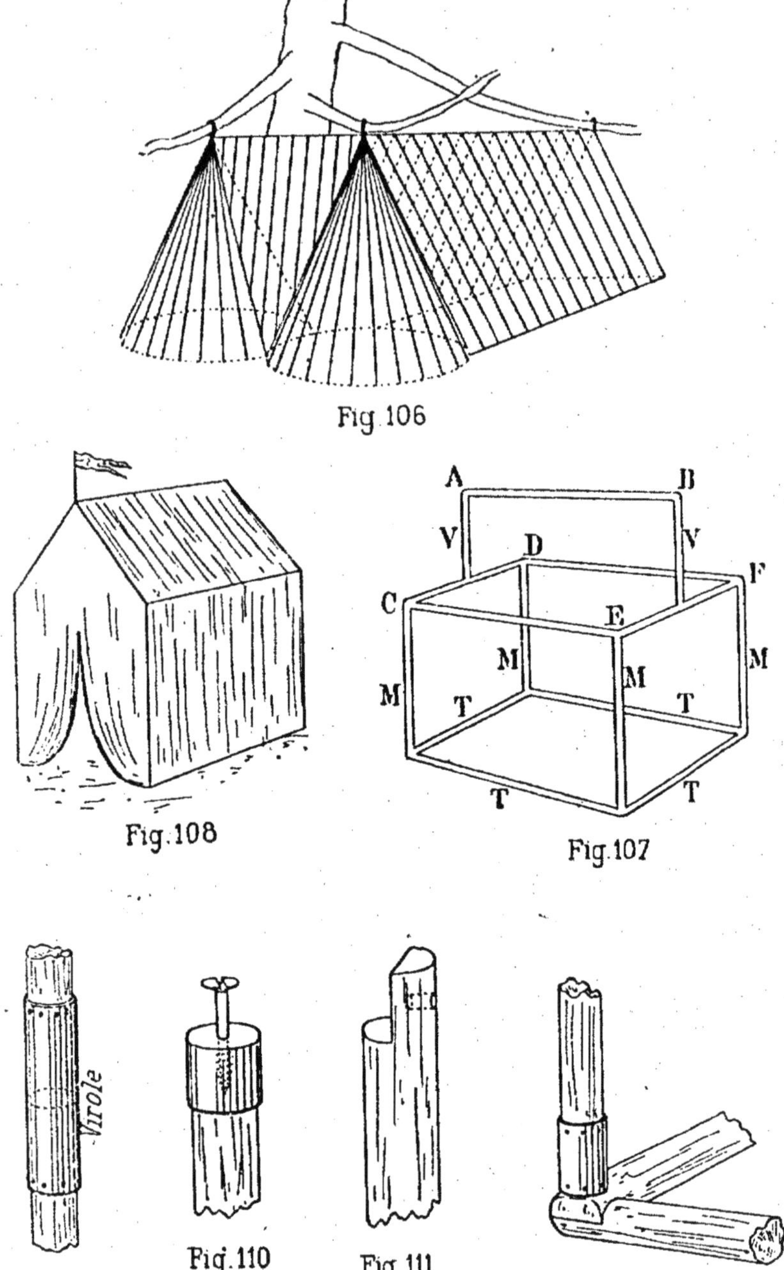


Fig. 106

Fig. 108

Fig. 107

Fig. 109

Fig. 110

Fig. 111

Fig 112

## TENTES

Une tente peut rendre des services dans tous les jardins ainsi qu'au bord de la mer ; voici le moyen peu compliqué d'en construire une : La figure 107 montre la tente complète, et la figure 108, le bâti dont il faut s'occuper en premier lieu.

Procurons-nous d'abord 28 baguettes de bois blanc, rondes : des manches à balai feront parfaitement notre affaire ; ces baguettes devront avoir une longueur uniforme de 0m,75 avec un diamètre de 0m,025.

Il nous faudra aussi 13 viroles (fig. 109), de 0m,17 de long. Nous pourrons facilement construire ces viroles nous-mêmes en découpant dans de vieilles boîtes de conserves des bandes que nous roulerons autour d'un morceau de bois et dont nous souderons la ligne de jonction. Il faudrait enduire de couleur noire ou de vernis ces viroles. Nous fixerons chacune d'elles à l'extrémité d'un des bâtons au moyen de petits clous en cuivre ; ces viroles ne devront être enfoncées qu'à moitié ; dans la partie restante, nous introduirons un autre de nos morceaux de bois, ce qui fait que nous aurons ainsi 13 longueurs de 0m,75 × 2 = 1m,50.

Quatre de ces bâtons serviront de montants verticaux, ils devront être terminés par une virole de zinc ou de fer-blanc de 2 centimètres et demi de longueur et complètement enfoncée ; elle aura pour but d'empêcher le bois de se fendre lorsqu'on y enfoncera des vis, comme nous allons l'expliquer.

Procurons-nous en effet une douzaine de vis en cuivre d'une longueur de $0^{m},06$ et vissons-les, comme l'indique la figure 110, à l'extrémité des montants ; ne les faites pas pénétrer entièrement, mais laissez dépasser l'extrémité supérieure d'une longueur de $0^{m},03$ environ ; enlevez la tête à la lime et arrondissez l'extrémité.

Il restera neuf bâtons encore non utilisés. A une distance de 2 centimètres du bord de chacun d'eux, percez un trou qui puisse laisser pénétrer la partie des vis dépassant les baguettes verticales. Puis, sur une longueur de 2 centimètres et demi, sciez le bâton à mi-bois, vous obtiendrez ainsi une coche à l'extrémité de chaque bâton. Laissez seule intacte la longueur transversale supérieure A B (fig. 111).

Percez ensuite au milieu de C D et E F un trou qui traversera la virole afin d'y permettre l'entrée de l'extrémité des vis qui terminent les montants. Enfin, le long des pièces de bois, vissons à certaines distances les uns des autres des pitons qui nous serviront à fixer l'extrémité de ficelles tendues diagonalement, qui assureront la stabilité de l'édifice.

Notre bâti est alors prêt à être dressé. Pour cela placez quatre des baguettes T de $1^{m},50$ (formées par deux bâtons réunis par une virole) en carré sur le sol, les extrémités découpées s'emboîtant l'une dans l'autre, comme l'indique la figure 112. Mettez ensuite les quatre montants M dans leurs trous respectifs; en même temps les quatre baguettes horizontales C D, D F, F E, C D sur les montants M. Tendez des cordelettes passant par les pitons, afin de rendre absolument solide tout l'édifice, puis placez sur les baguettes horizontales C D et E F les deux montants supérieurs V et enfin emboîtez à leur extrémité le faîte A B. Tendez également des ficelles de manière à consolider aussi cette partie qui forme la toiture. Il ne restera plus qu'à mettre la toile; celle-ci doit être de bonne qualité, tout en étant très légère; le calicot écru, peu coûteux d'ailleurs, conviendra parfaitement; il nous faudra 22 mètres de long sur 0m,80 de large. Coupez d'abord deux pièces de 6 mètres que l'on réunira par une couture dans le sens de la longueur. Tout le long des bords et dans le sens de la longueur, vous formerez une rangée de boutonnières, puis à 10 centimètres une rangée de boutons, de façon à pouvoir enserrer, lorsque les boutons seront passés dans les boutonnières, les deux traverses T longitudinales. Dans le sens de la hauteur vous mettrez simplement sur les bords une rangée de boutons. Cette pièce de toile jetée sur la traverse supérieure enserrera le sommet et les côtés. Deux longueurs de calicot cousues formeront le fond de la tente et deux autres le devant, leurs bords seront garnis de boutonnières qui se fixeront aux boutons que nous avons cousus aux bords de la pièce précédente. La couture faite dans la pièce de devant ne sera point continuée sur toute la longueur, mais seulement dans la partie supérieure, les deux largeurs de biais garnies de boutons et de boutonnières devront pouvoir s'écarter afin de former l'entrée ou la porte de la tente.

Enfin, pour fixer encore plus solidement la toile, on coud entre chaque pince et à des distances assez rapprochées, de petits cordons que l'on noue autour des montants et des traverses.

Dans certains cas, il sera utile d'imperméabiliser le calicot afin d'empêcher la pluie de pénétrer dans l'intérieur; cette opération doit se faire lorsque le calicot est en pièce. Passez simplement à la surface du calicot une espèce de peinture jaune formée de 1/2 litre de térébenthine et 3/4 de litre d'huile de lin bouillie, ajoutez un peu de minium rouge ainsi qu'une petite quantité de terre d'ombre brûlée; la préparation doit toujours être fort claire, aussi ne faut-il pas trop la charger en couleur.

Laissez sécher pendant une bonne semaine, puis appliquez une nouvelle couche mais composée d'huile de lin cuite cette fois-ci. Laissez sécher une quinzaine. Votre calicot, de blanc sera devenu d'un beau jaune brun, mais la pluie la plus violente ne pourra le traverser.

## BANC-TENTE

Sur un principe à peu près analogue nous pourrons construire un banc-tente pour nous garantir de la pluie, du vent et du soleil et qui sera particulièrement utile au bord de la mer.

Cette tente (fig. 113-114), se compose de deux bancs droits, munis de bras aux deux extrémités et ayant 1m,50 de longueur sur 0m,45 de largeur. On les disposera parallèlement l'un à l'autre à une distance de 0m,85 environ. Le troisième côté sera garni d'un autre banc de 0m,85 de long, mais sans bras, et sera perpendiculaire aux deux autres bancs, de façon à ce que son dossier forme le prolongement des bras de ces derniers. Cela nous donnera un parallélogramme de 1m,50 sur 1m,75. Aux extrémités de chaque banc latéral, on fixe dans l'angle formé par le dossier et les bras un tube de fer-blanc (fig. 115), ayant un peu plus de 2c,5 de diamètre. Dans chacun de ces tubes on introduit un montant de 1m,50 formé par la réunion au moyen d'une virole de deux bâtons de 0m,75, comme nous l'avons expliqué précédemment. L'extrémité et les montants seront également munis de pointes en cuivre dans lesquelles viendront s'adapter des traverses supérieures, deux de 1m,50, deux de 1m,75. Il faudra consolider la construction par des cordelettes au moyen desquelles on réunira les montants entre eux, d'abord suivant les côtés du rectangle, puis suivant les diagonales.

Il ne nous restera plus qu'à garnir de calicot ce bâti. Les trois côtés seront pleins, sur le devant se trouveront simplement deux bandes égales à la largeur des bras des bancs.

Les différentes pièces de toile se réuniront entre elles

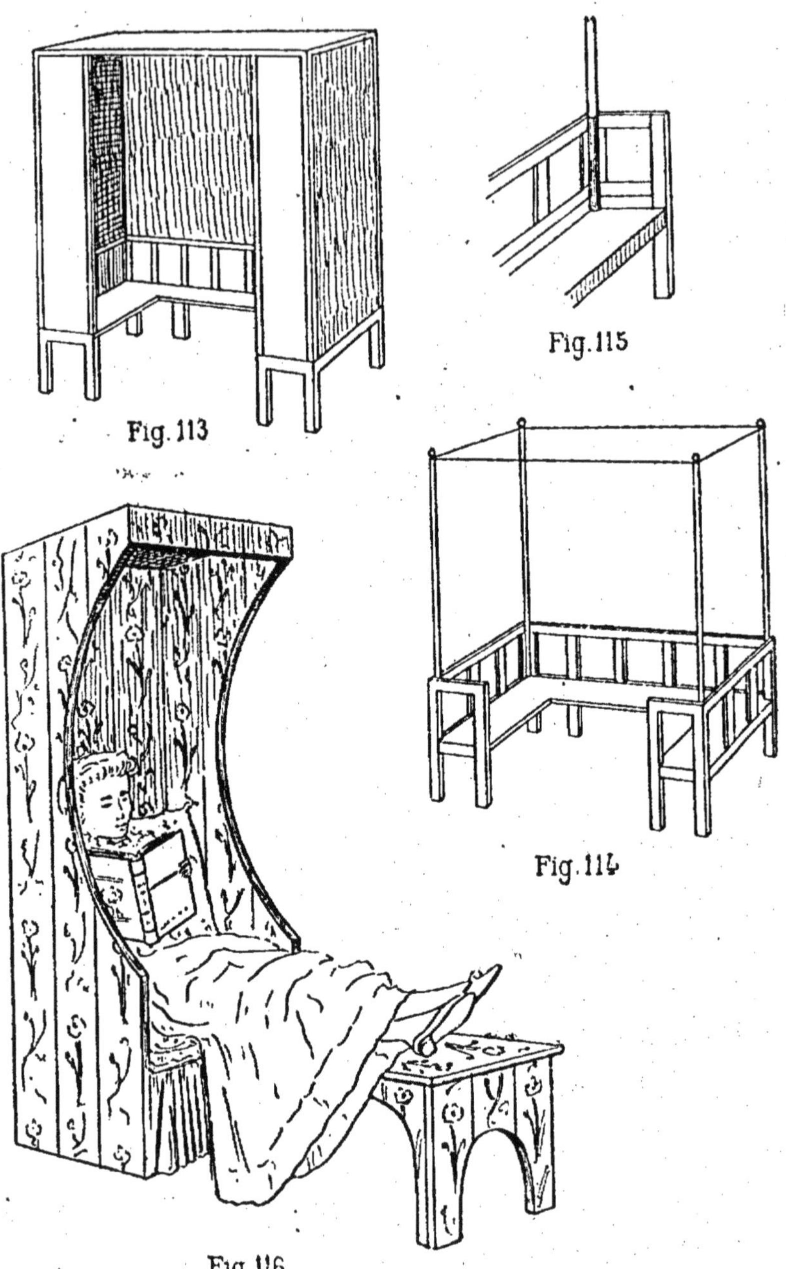

Fig. 113

Fig. 115

Fig. 114

Fig. 116

au moyen de boutons et de boutonnières et se fixeront aux montants et aux traverses à l'aide de petits cordons. La partie inférieure qui se fixe aux sièges des bancs sera simplement munie de boutonnières; et l'on vissera tout le long des bancs une série de boutons métalliques ou de vis à grosses têtes qui, passant par les boutonnières, permettront de tendre et de fixer la toile du bas et aussi de la relever assez facilement lorsque le besoin s'en fera sentir.

## FAUTEUIL-GUÉRITE

Pour s'abriter du vent, on se sert souvent aux bains de mer de fauteuils-guérites; ceux-ci sont généralement faits en osier et garnis à l'intérieur d'étoffe plus ou moins belle. Nous pouvons faire un fauteuil guérite (fig. 116) tout aussi élégant avec une grande caisse d'emballage. Cette caisse (que nous dresserons plus tard dans le sens de la longueur) devra avoir à peu près 1m,70 de longueur sur 0m,30 de large et 0m,45 de profondeur. Enlevons le couvercle qui nous sera inutile et dressons la caisse verticalement, sur chacun des côtés et sur le fond clouons deux liteaux épais de 0m,32 de long et 0m,04 de large E, F, G, H de la figure 119. Ce croquis ne montre que l'un des côtés et le fond. Les liteaux E qui se trouvent sur le devant de notre fauteuil devront être cloués à 2cm,5 en retrait du bord. Reposant sur l'extrémité de ces montants, nous clouerons également sur les deux côtés et sur le fond des traverses horizontales I J (fig. 119). Couchons la caisse sur un de ses grands côtés et, à l'aide d'une scie à main, découpons le bord du côté qui se trouve en dessus suivant la forme donnée par la figure 117. Il faudra, bien entendu, tracer au préalable, à l'aide d'un morceau de fusain, la ligne à suivre, et ne pas s'en écarter lors du découpage ; on arrondira légèrement les angles avec une râpe. Retournez la caisse et découpez exactement suivant la même forme l'autre côté. Clouons entre ces côtés et à leur extrémité supérieure une planche de 10 centimètres de large M N qui formera une sorte de corniche. Clouons aussi des planches sur les montants A, de façon à garnir également la partie du devant O P Q R.

Sur les traverses horizontales E F clouons aussi des planches de façon à former le siège proprement dit. A 5 centimètres en retrait du bord antérieur et à 5 centimètres des bords de côté nous percerons dans les planches formant ce siège deux trous de 2 centimètres de diamètre ; nous en verrons plus loin l'utilité. L'extérieur et l'intérieur de la caisse sont garnis d'une étoffe quelconque, suivant le goût de chacun ; mais en général la cretonne ornée de fleurs fait toujours un bon effet. La partie formant le siège sera garnie d'un coussin mobile.

Nous avons recommandé plus haut de percer deux trous dans le siège de notre fauteuil ; ces trous nous serviront à y adapter un repose-pied qui complètera notre meuble et le transformera en une confortable chaise longue. La figure 120 indique assez clairement la forme de ce repose-pied et nous dispense de donner des détails sur sa construction ; sa longueur sera de 1 mètre et sa largeur légèrement moindre que celle du siège prise à l'intérieur. La hauteur prise en dessous de la planche supérieure sera égale à celle du siège. Sur cette planche, à 5 centimètres du côté sans pied qui doit s'appuyer sur le siège lui-même, nous percerons deux trous de 2 centimètres de diamètre qui correspondront aux trous déjà percés dans le fond du siège du fauteuil. Par ces trous nous ferons passer des chevilles en bois qui réuniront le fauteuil au repose-pied et en feront un tout solide, mais qui, se retirant à volonté, permettront toujours de séparer les deux pièces.

Le repose-pied sera garni de la même étoffe que le fauteuil lui-même.

## MOULIN A VENT

Un moulin à vent peut rendre à la campagne de nombreux services en actionnant une pompe pour monter l'eau d'un puits ; il nous sera facile de construire un petit modèle tel que celui représenté par la figure 121.

Le moyeu (fig. 122) aura la forme d'un hexagone de 0m,15 de côté ; il aura aussi 15 centimètres de long ; des mortaises seront pratiquées sur tous ses côtés de façon que chaque face reçoive un rayon. Ces rayons (au nombre de six bien entendu) auront 0m,90 de long. Leur largeur

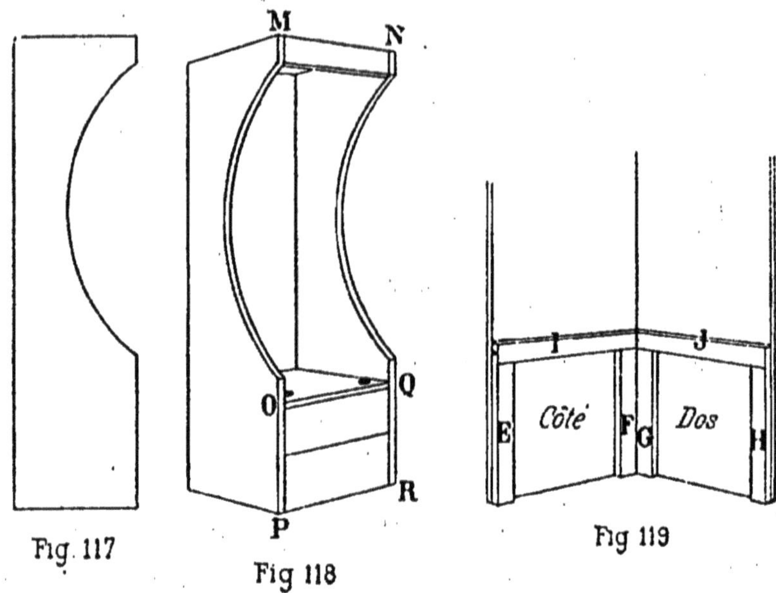

Fig. 117

Fig 118

Fig 119

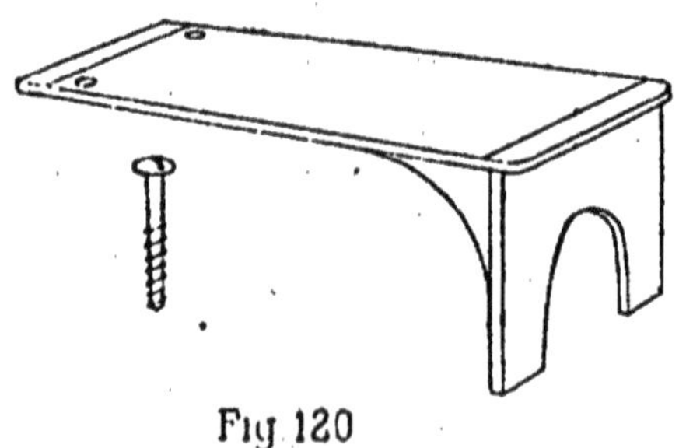
Fig 120

et leur épaisseur qui seront de 8 et 4 centimètres près du moyeu se réduisent à 4 et 3 centimètres à l'extrémité opposée; les rayons sont introduits dans les mortaises du moyeu et solidement cloués en place. Des morceaux de calicot triangulaires seront cloués contre chaque rayon, l'autre angle libre sera muni d'un cordon que l'on attachera à l'extrémité du rayon suivant. La roue est fixée au sommet du poteau support par un arbre qui traverse le moyeu; ce dernier y est fixé par un écrou.

On fera établir par un serrurier cet arbre (fig. 123), l'extrémité A passant au travers du moyeu sera carrée aura 2 $^{cm}$, 5 sur chaque côté, l'extrémité sera filetée et et munie d'un écrou. Un anneau B sera soudé à l'autre extrémité de la partie carrée de façon à empêcher la roue de glisser. Deux autres anneaux seront soudés en C et C'. La longueur totale de l'arbre aura 37 centimètres; il sera muni d'un coude formant vilebrequin, la profondeur de ce coude est de 5 centimètres. L'arbre reposera sur un support de la forme indiquée par la figure 124; il sera maintenu dans des encoches taillées à la partie supérieure des des pièces M et M' et que l'on garnira de coussinets en fer, les anneaux C et C' se trouvant à l'intérieur de ces deux pièces; deux plaques de fer seront alors vissées sur le bord supérieur de M et M' empêchant l'arbre de se dégager.

Tout cet appareil reposera sur une sorte de gaine dans laquelle pourra se mouvoir une tige de fer qui sera le pro-

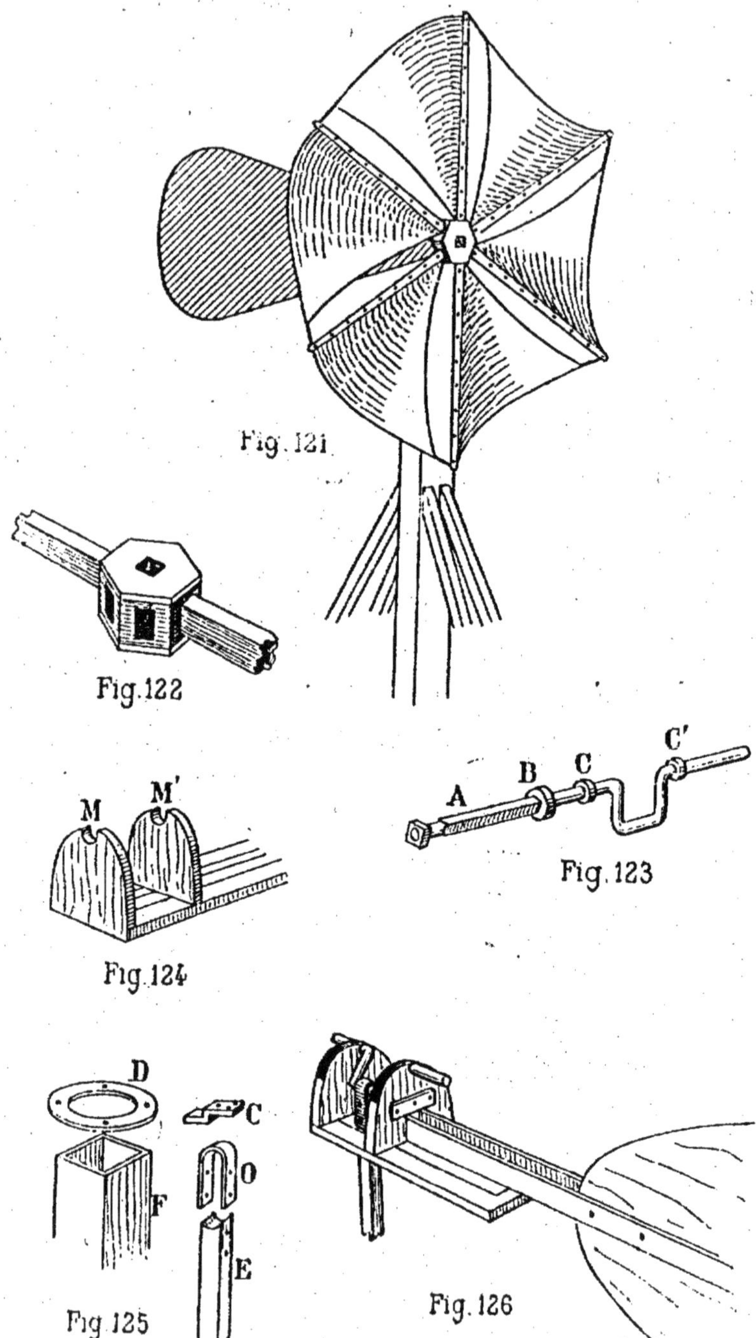
Fig. 121
Fig. 122
A
B
C
C'
Fig. 123
M
M'
Fig. 124
D
C
F
O
E
Fig. 125
Fig. 126

longement du piston de la pompe. Cette gaine F (fig. 125) sera établie en planches de 2 centimètres d'épaisseur et sera munie d'un anneau en fer épais et assez large pour avancer de 2 centimètres en dehors des parois de la gaine. Le support sera fixé à cet anneau au moyen de 4 petites pièces en fer de la forme indiquée en C ; la partie supérieure passera sur l'anneau, la partie inférieure étant vissée au-dessus du support ; ce mode d'attache permettra au support d'exécuter un mouvement de rotation complet autour de la gaine.

La tige de prolongement du piston E sera fixée à la partie coudée de l'arbre au moyen d'une petite pince de fer en forme d'U qui enserrera l'arbre et sera reliée à la tige par un boulon et un écrou afin de pouvoir facilement être démontée au besoin. La flèche sera fixée au support, comme l'indique la figure 126, elle sera faite en bois de 2 centimètres d'épaisseur et aura 75 centimètres de long et 60 de large à son extrémité la plus éloignée de la roue. Le moulin sera établi sur une bâti plus ou moins élevé, construit au-dessus de la pompe ; il faut que la partie supérieure soit facilement accessible et garnie, si possible, d'une plate-forme, afin qu'on puisse visiter l'appareil et l'huiler lorsque le besoin s'en fait sentir.

Pour mettre le moulin en mouvement, dépliez les voiles et attachez les cordons de celles-ci aux rayons suivants. Pour l'arrêter, détachez ces cordons et enroulez les voiles autour des rayons auxquels elles sont fixées.

GIROUETTE

Indiquons en passant, puisque nous sommes dans la région des airs, le moyen de faire une girouette fort sensible (fig. 127); celle-ci se composera d'un cône en étamine ou en étoffe très légère mais solide et aura 37 centimètres

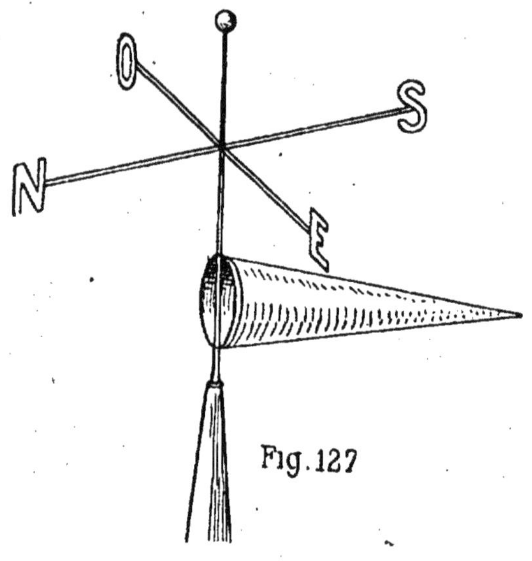

Fig. 127

de longueur. On fixera l'extrémité ouverte de ce cône à un anneau plat en fer de 12cm,5 de diamètre. Aux deux extrémités d'un même diamètre on percera dans cet anneau deux trous par lesquels on fera passer une tige métallique. Cette tige, dont l'extrémité supérieure a une rose des vents, sera fichée par l'extrémité inférieure dans une pièce de bois qui servira de support et d'arrêt à l'anneau de la girouette. Si l'on désire au contraire une tige métallique, plus longue, il suffira de souder en cet endroit un anneau métallique qui empêchera la girouette de glisser.

## GLACIÈRES

Les boissons glacées sont entrées dans nos mœurs, mais il est difficile à la campagne de se procurer journellement la glace nécessaire. Le plus simple est de recueillir l'hiver celle produite naturellement par les cours d'eau voisins et de la conserver dans une glacière.

On établit économiquement et simplement une glacière en creusant dans le sol une excavation de 2 mètres en tous sens (fig. 128), en ayant soin de réserver en dessous une rigole pour l'écoulement des eaux provenant de la fonte de la glace. Au fond de l'excavation, on dispose des pièces de bois de 2 mètres de long sur 15 centimètres d'épaisseur. Les extrémités de ces pièces de bois doivent être appuyées sur le sol. En travers, on pose d'autres pièces de bois qui supporteront des solives en nombre indéterminé, longues de 2 mètres sur 5 centimètres d'équarrissage. Les montants de 8 centimètres d'épaisseur cloués sur ces solives, forment le revêtement intérieur. Pour mieux isoler la glace, on fixe sur le revêtement une couche de 8 centimètres de paille. On emplit l'intérieur avec de la glace. Le couvercle se compose de pièces de bois de 16 centimètres d'équarrissage et de 3 mètres de long, en travers desquelles on cloue des planches surmontées d'un lit de paille et d'un tertre de 2 mètres d'épaisseur. Dans le tertre, on ménage un vide que l'on revêt de planches et que l'on emplit de paille. L'entrée de la glacière, pourvue de 4 ou 5 marches, doit toujours regarder le nord ; on l'isole au moyen de paille que l'on sème contre la porte et contre la trappe.

Lorsqu'il est facile de se procurer à intervalles réguliers, toutes les semaines ou tous les quinze jours par exemple, une certaine quantité de glace, on peut se contenter de l'appareil suivant, qui permettra de la conserver pendant assez longtemps.

Cet appareil, qui a une certaine analogie de construction avec le filtre que nous avons indiqué précédemment et qui s'établit d'une façon à peu près identique, se compose aussi de deux futailles de dimensions différentes, la plus petite étant introduite dans la plus grande.

On prend d'abord une futaille d'une pièce ; au fond on établit une couche de charbon en poudre, cette couche devra avoir au moins 5 à 8 centimètres d'épaisseur. Dans cette première futaille nous placerons un petit fût. Entre les parois de ces deux tonneaux nous tasserons du charbon en poudre ; le petit fût intérieur mis en place, devra mesurer 8 centimètres d'élévation de moins que celui qui le contient, de manière à permettre d'y placer un couvercle. Ce couvercle se compose de deux fonds de tonneaux séparés par une bonne couche de charbon pulvérisé. Une bande de fer-blanc ou de zinc lui sert de pourtour; elle fait saillie et, par ce moyen, ferme très bien l'appareil.

Cette glacière doit être déposée à la cave dans un endroit aussi frais que possible.

### MÉLANGES RÉFRIGÉRANTS

Il existe plusieurs systèmes de machines à fabriquer la glace, mais elles sont en général assez coûteuses. Lorsqu'on ne veut obtenir que de très petites quantités de glace, de 200 à 300 grammes, l'on peut se servir de mélanges réfrigérants. L'eau à congeler est déposée dans un récipient conique, et plongée dans un baquet contenant le mélange réfrigérant; celui-ci doit être constamment agité jusqu'à ce que l'eau ait fait prise. Le mieux est de faire établir un appareil comme celui dont nous donnons le croquis (fig. 129). Un agitateur mis en marche par une manivelle agite constamment le réfrigérant par suite du mouvement circulaire qui lui est imprimé.

Il existe plusieurs formules de mélanges réfrigérants; nous indiquerons les plus usités.

Mélanges refrigérants comportant un acide :

**N° 1. — Sulfate de soude, 8 parties. Esprit de sel (acide chlorhydrique), 5 parties; il produit un abaissement de température de 27 degrés.**

**N° 2. — Sulfate de soude, 3 parties. Acide nitrique, 2 parties. Abaissement produit : 29°.**

**N° 3. — Sulfate de soude, 8 parties. Sel ammoniac (chlorhydrate d'ammoniaque), 4 parties. Nitrate de potasse, 2 parties. Acide nitrique, 4 parties. Abaissement de température produit : 33°.**

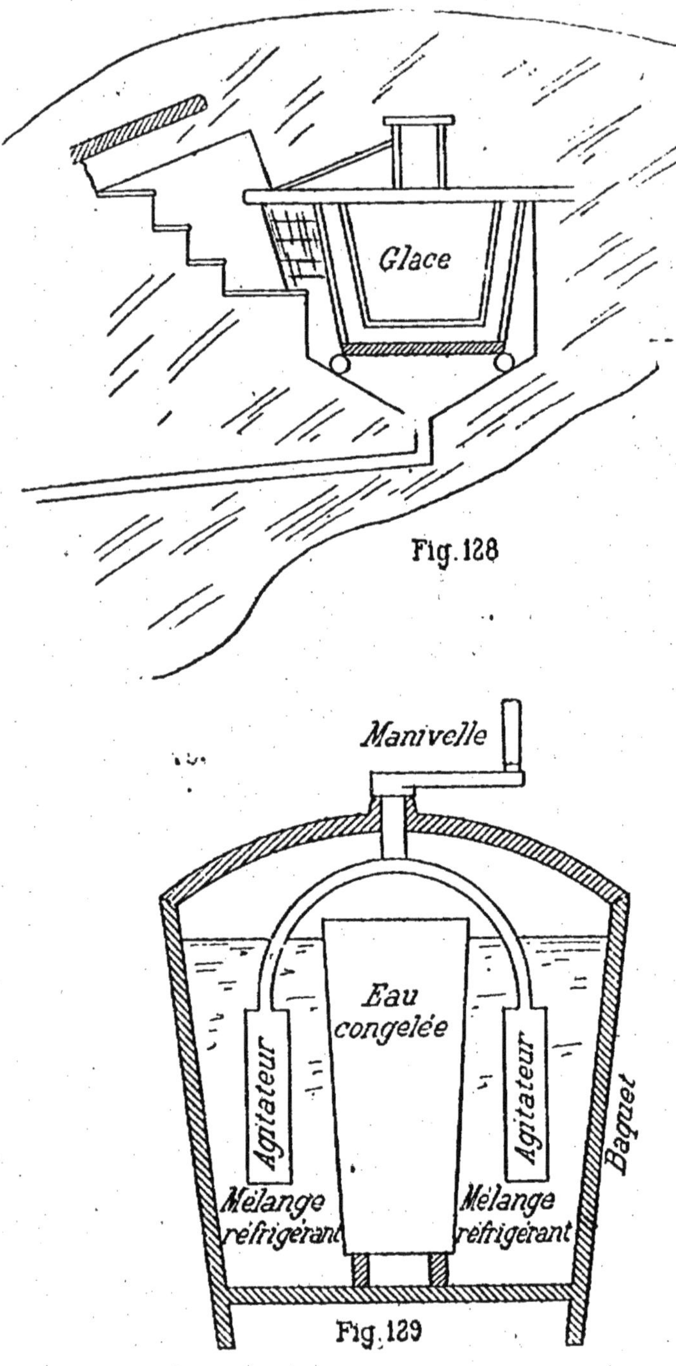


Fig. 128

Fig. 129

N° 4. — Phosphate de soude, 9 parties. Acide nitrique, 4 parties. Abaissement produit : 39°.

## Mélanges réfrigérants sans acide :

N° 5. — Nitrate de potasse, 5 parties. Sel ammoniac, 5 parties. Eau, 16 parties. Abaissement : 22°.

N° 6. — Nitrate de soude, 5 parties. Sel ammoniac, 5 parties. Sulfate de soude, 8 parties. Eau, 16 parties. Abaissement : 26°.

N° 7. — Azotate d'ammoniaque, 5 parties. Eau, 5 parties. Abaissement : 26°.

N° 8. — Azotate d'ammoniaque, 5 parties. Carbonate de soude, 5 parties. Eau, 5 parties : Abaissement : 24°.

Les mélanges réfrigérants dans la composition desquels entrent des acides produisent, ainsi qu'on peut le constater par les données précédentes, des abaissements de température beaucoup plus considérables ; mais les acides violents sont d'une manipulation délicate, aussi donne-t-on la préférence aux mélanges où ils n'entrent pas; ce qui permet en outre d'employer pour maintenir l'eau à congeler des récipients métalliques que les acides corroderaient bientôt ; le métal étant meilleur conducteur de la chaleur que le bois, le verre et la faïence, l'eau est plus rapidement congelée lorsqu'elle est renfermée dans un récipient de métal.

La plus généralement employée d'entre ces dernières formules est la septième à base d'azotate d'ammoniaque. Ce sel se trouve chez tous les droguistes et coûte environ 1 fr. 35 le kilogramme, et avec un kilogramme on peut produire environ 150 grammes de glace. Cette quantité ainsi que la rapidité de la congélation dépendent de la température ambiante et de la température initiale de l'eau, aussi faut-il opérer dans un endroit frais avec de l'eau aussi fraîche que possible. Le prix de revient de 1 fr. 35 les 150 grammes peut paraître excessivement cher, mais il faut remarquer que l'azotate d'ammoniaque peut servir à de nouvelles opérations si l'on prend la peine de le dessécher en faisant évaporer l'eau. Ce sel se décomposant à près de 200 degrés, il ne faut jamais le chauffer à plus de 150 degrés.

## BAROSCOPE

Pleuvra-t-il ou fera-t-il beau temps? Voilà une question qui se pose incessamment à la campagne; établissez un *baroscope* et vous serez renseigné aussi bien qu'avec un baromètre. Procurez-vous un flacon ou tube de verre long et étroit. Remplissez-le à peu près d'alcool à 42° dans lequel vous dissoudrez 2 grammes de camphre. D'autre part faites disssoudre dans la quantité nécessaire d'eau et séparément 6 grammes de chlorhydrate d'ammoniaque et 50 centigrammes de nitrate de potasse. Versez les deux solutions dans le tube et bouchez hermétiquement. Le baroscope doit être placé en plein air, au nord, et de façon que le tube reste parfaitement immobile. Les transformations et changements de cristallisation apparaissent dans le tube de 24 à 36 heures avant le changement de temps qu'ils indiquent :

*Beau temps :* Le liquide est clair et limpide ; quand le temps est froid, il se forme au fond du tube des flocons assez grands.

*Vent :* Un nuage de cristaux s'élève dans le tube se tenant en général du côté opposé à celui d'où vient le vent.

*Variable :* Dépôt au fond du tube ; les cristaux augmentent, mais le liquide reste clair ; la surface commence à former un disque.

*Orage :* Le liquide se trouble par la formation de petites étoiles ; plus tard, le dépôt s'élève comme des flocons de neige.

*Pluie :* Il apparaît à la surface du liquide un disque ressemblant à de la glace, les cristaux augmentent, le dépôt s'élève.

*Tempête :* Disque à la surface du liquide ; nuages très forts dans le tube, s'attachant à la paroi opposée à la direction de l'orage ou de la tempête.

*Froid :* Le disque du haut et la couche du bas deviennent plus épais et se continuent par des cristaux semblables à du duvet et ils se touchent presque quand il fait très froid. Par un temps neigeux et très froid, ils deviennent admirablement blancs et étoilés.

*Grande pluie :* De longues aiguilles descendent du disque du haut ; le dépôt du bas augmente et monte vers le milieu du tube ; le liquide reste clair.

# CHAPITRE XIII

## A LA BASSE-COUR

### LE TONNEAU-LOGEMENT DES ÉLÈVES

L'élevage des lapins conduit à la fortune, à ce que l'on assure, et les vieux tonneaux nous permettent de loger économiquement ces animaux prolifiques.

Les tonneaux sont, en effet, depuis longtemps utilisés pour le logement des lapins ; les cuniculteurs de profession font à de pareilles installations le reproche de ne pas permettre de soigner aussi facilement et aussi rapidement les sujets que dans les cabanes ; de plus, le lapin faisant son nid dans le fond du fût, on ne peut aisément surveiller sa portée ; mais il présente une si grande économie de construction que beaucoup l'adoptent.

Les meilleurs tonneaux pour cet usage sont d'anciens fûts à pétrole qu'on peut se procurer à bon compte chez un négociant, et dans lesquels on fait une flambée qui carbonise l'intérieur et les rend absolument imputrescibles. Le devant du tonneau est défoncé et l'on y établit une porte grillagée; le tonneau est disposé la bonde en bas; on applique à l'intérieur un plancher à claire voie qui permet aux urines de se rendre vers le trou de la bonde et de s'écouler. L'intérieur est également garni d'un ratelier et d'une augette.

On aligne ainsi les uns près des autres un certain nombre de tonneaux et, s'ils sont nombreux, on en forme deux rangs superposés; il faut veiller à ce que les bondes se trouvent placées sur la même ligne, ce qui permet d'établir une rigole de zinc ou de fer-blanc à pente un peu inclinée, qui entraîne les urines dans une fosse où elles sont recueillies pour être transportées sur le fumier.

Les tonneaux sont en général placés sous un hangar, on se contente souvent aussi de recouvrir les tonneaux d'une toiture grossièrement faite avec quelques chevrons et quelques tuiles ou, plus simplement, avec du papier goudronné.

Un grand fût (fig. 130) dans lequel on aura établi deux perchoirs transversaux et dont la porte sera munie d'un grillage pourra nous fournir également un poulailler. Il est bon de percer en haut des deux fonds une série de petits trous se correspondant pour l'aération de l'intérieur. Si nous trouvons le local ainsi établi trop étroit pour le nombre de poules, prenons trois tonneaux (fig. 131), garnis également de perchoirs et de portes grillagées, disposons le troisième sur les deux premiers et recouvrons le tout d'un morceau de carton bitumé.

En faisant reposer les deux tonneaux supérieurs sur un soubassement formé de planches dans lesquelles nous percerons deux ou trois entrées, nous pourrons former un petit local sombre et discret où les poules aimeront à pondre, et une ouverture pratiquée par derrière nous permettra de venir récolter les œufs.

Un fût nous donnera aussi un pigeonnier (fig. 182); à l'extrémité d'un poteau établissons une plate-forme et sur cette plate-forme dressons un fût dans lequel nous aurons pratiqué une série d'ouvertures arrondies à leur extrémité supérieure. Nous conservons les morceaux provenant de ce découpage et après les avoir réunis par une traverse nous les clouerons sur un petit support au-dessous de chaque ouverture, de façon à permettre aux oiseaux de se poser avant de pénétrer dans leurs loges. L'intérieur du tonneau sera garni de nids; au lieu des paniers en osier que l'on emploie habituellement, il est préférable d'adopter des cases : ce sont des sortes de petites boîtes presque entièrement ouvertes sur le devant et mesurant $0^m,30$ sur toutes faces; on dispose à l'intérieur un nid en plâtre ou en bois; les pigeons ainsi logés sont beaucoup plus tranquilles pour élever et mener à bien leur famille.

## COUVEUSE ARTIFICIELLE

L'incubation artificielle est une occupation lucrative et amusante ; malheureusement les bons appareils coûtent relativement cher ; avec un peu d'adresse il nous sera facile d'établir une couveuse artificielle.

Nous donnons ici les détails d'une couveuse à air chaud, le système qui est actuellement le plus en vogue, et d'une contenance de 36 œufs. Ce type réduit permettra aux futurs aviculteurs de faire leurs premiers essais, il sera d'ailleurs facile d'en établir une de contenance plus grande en augmentant les dimensions de la caisse et les endroits où reposent les œufs, le système de chauffage et le régulateur conservant les mêmes dimensions.

L'incubateur (fig. 133) se compose essentiellement d'une caisse rectangulaire dont les dimensions extérieures sont de 42$^{cm}$,5 de long, 35 de large et 22$^{cm}$,5 de profondeur ; elle sera faite en bois de 15 millimètres d'épaisseur ; une fois blanchie, cette caisse sera fixée sur quatre pieds ; ces pieds pourront se dévisser afin de permettre le transport facile de l'appareil ; ils seront en bois dur, tandis que les autres parties pourront être confectionnées avec du sapin ou du pin ; mais, quel que soit le bois employé, il devra être parfaitement sec ; cela est d'une grande importance, car, sous l'influence de la chaleur humide qui régnera à l'intérieur, il ne tarderait pas à jouer et à

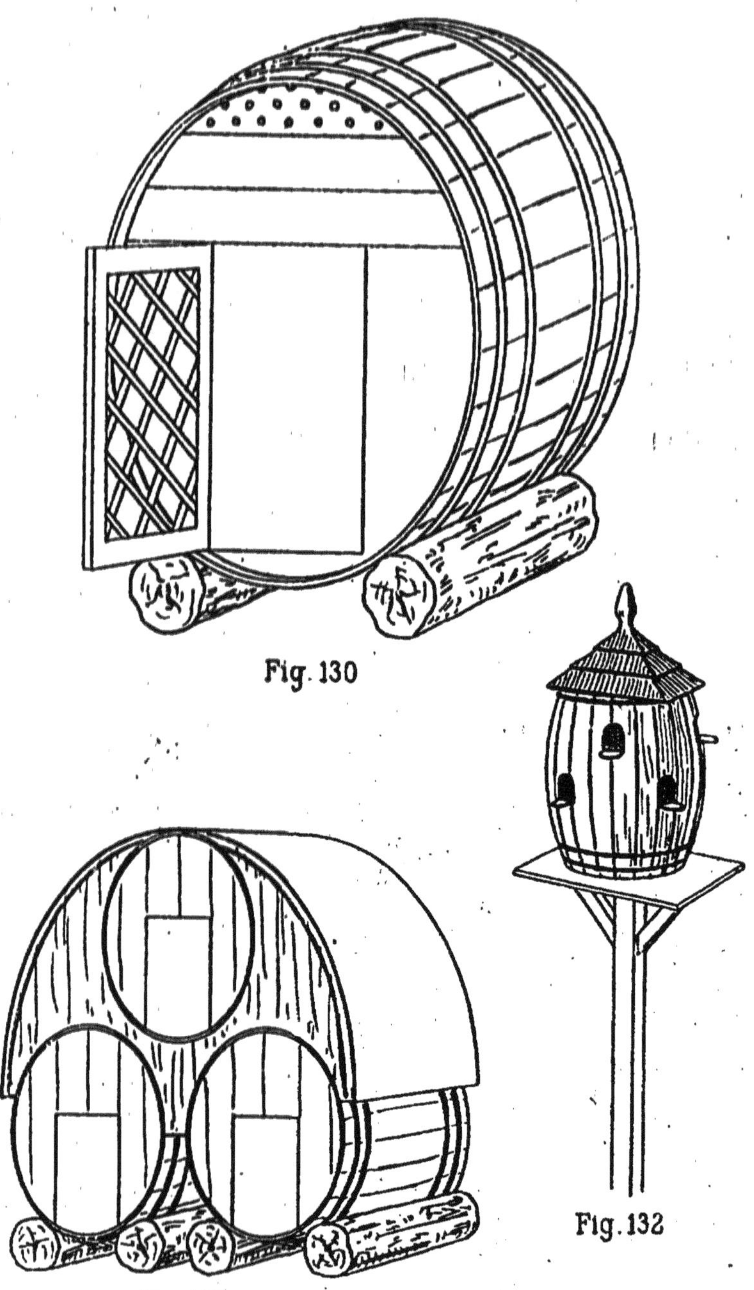

Fig. 130

Fig. 132

Fig. 131

se déjeter, rendant notre appareil parfaitement inutilisable. Les parois de la caisse seront assemblées à queue d'aronde, c'est le meilleur procédé, mais un peu plus long et difficile que les autres; pour simplifier, on pourrait les assembler à onglet ou enfin les clouer simplement; dans ce dernier cas, il serait nécessaire de recouvrir les joints avec une petite bande métallique, travail supplémentaire qui se compenserait par l'économie réalisée.

Exactement au centre du fond, nous découperons une ouverture carrée de 7cm,5 de côté, et tout autour de cette ouverture nous clouerons à l'intérieur de la couveuse les parois, c'est-à-dire les côtés sans couvercle ni fond, d'une boîte carrée faite en bois de 1cm d'épaisseur et mesurant *à l'intérieur* 7cm,5 de côté et 7cm,5 de profondeur. A 6mm des parois extérieures de cette première boîte, nous en établirons une autre de même forme, mais mesurant 11cm à l'intérieur. Ces deux boîtes, souvent désignées sous le nom de cadres du centre, ont pour but, à l'aide du vide de 6mm qui règne entre leurs parois, d'empêcher que la chaleur de la lampe pénétrant dans la couveuse ne s'étende brusquement dans l'appareil, chauffant à l'excès les premiers œufs disposés au centre, ne compromette leur éclosion par un excès de chaleur. L'espace qui se trouve entre le cadre extérieur et la paroi de la caisse forme la chambre à œufs, ceux-ci reposent sur un fond en zinc perforé Z (fig. 134), supporté par des planchettes *b*, *b*, clouées tout autour des parois de la caisse et du cadre central, deux de ces planchettes traverseront entièrement le fond de l'appareil et formeront quatre cases de deux grandeurs différentes; ces planchettes, de 1 centimètre d'épaisseur environ, devront être coupées un peu obliquement de façon à ce que la feuille de zinc qui y sera clouée offre une légère pente vers le centre; cette feuille devra en effet être contre les bords à 6 centimètres au-dessus du fond, et vers le centre, à 4 centimètres seulement.

Le dessus, ainsi que le montre la figure 134, sera formée de trois parties: la partie pleine, large de 7$^{cm}$,5, sera clouée aux bords supérieurs de la caisse, en son milieu qui devra être le centre exact de la couveuse. On découpera une ouverture ronde de 5 centimètres de diamètre au-dessus de laquelle sera suspendu le registre du régulateur. Les deux autres parties sont mobiles et se composent de deux châssis vitrés que l'on fixe à l'aide de charnières à la partie pleine. Sur tout le dessus, à 7$^{cm}$,5 environ des bords, nous percerons une rangée de trous V (fig. 134), pour la ventilisation; ces trous auront un diamètre d'environ 1 centimètre et seront à 8 centimètres les uns des autres.

Enfin, pour enjoliver la construction, on peut appliquer une moulure au bas et au haut de la caisse.

Nous avons maintenant fini avec la partie bois de l'appareil, nous avons à établir le système de chauffage.

La chaleur est fournie par une lampe à pétrole ; le bec est un bec ordinaire assez puissant, le récipient doit être d'assez vastes dimensions et plat afin que le niveau reste sensiblement le même. Il est nécessaire d'employer du pétrole de première qualité; car la lampe débouchant dans l'intérieur de la couveuse, il ne faut point qu'il y ait de fumées qui puissent nuire aux œufs.

La chaleur pénètre dans la couveuse et passe au travers de la chambre à œufs par un tube cylindrique de zinc de 14cm,5 et de 4cm,5 de diamètre; son extrémité est soudée de manière à se trouver à 40 centimètres du fond d'un récipient à eau E de 12 centimètres de diamètre et de 3 centimètres de profondeur; ce récipient repose aussi sur les cadres du centre qui le maintiennent solidement.

Au sommet du tube sont fixées trois petites pièces de zinc de manière à former un trépied à 2cm,5 de hauteur, sur lequel repose une pièce métallique ronde de 6cm,5 qui joue le rôle du radiateur R D, rabattant à l'intérieur la chaleur arrivant par le tube central.

Ces pièces ont la forme indiquée par la figure 135, B étant rivé et non soudé au tube central et A formant le support du radiateur; la distance entre l'extrémité du tube central et du radiateur doit être de 2 centimètres.

Un autre radiateur formé d'une petite plaque ronde de 2cm,5 de diamètre est attaché à trois petits morceaux de fil de fer dont l'autre extrémité forme crochet, il est introduit dans le tube central et doit y descendre d'environ 2 centimètres. Il doit être disposé de façon à se trouver bien au centre de ce tube, laissant un espace vide et régulier sur tout son tour; son but est de repousser la chaleur

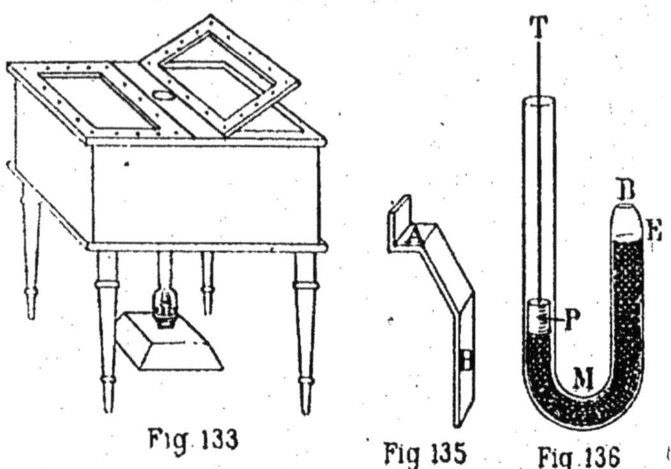


Fig. 133  Fig 135  Fig. 136

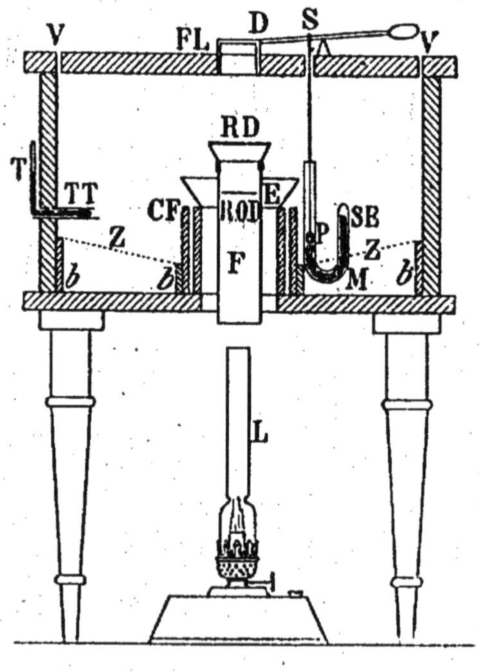


Fig. 134

sur les bords du tube et de chauffer ainsi l'eau du récipient que le tube traverse. Ce deuxième radiateur est indiqué par les lettres R O D (fig. 134).

Dans la partie pleine du couvercle, on fixe tout autour de l'ouverture centrale de 5 centimètres que nous avons découpée précédemment, un petit cercle en zinc projetant d'environ 15 millimètres et sur lequel vient s'appuyer le registre ; ce registre est découpé dans une feuille de cuivre ou de laiton et a un diamètre de 6 centimètres ; et on y fixe par des rivets une bande de cuivre de 6 millimètres de large sur 15 centimètres de long.

Placez le disque du registre en correcte position et marquez sur la bande de cuivre la place où elle rencontrera la tige du régulateur ; percez en cet endroit la bande de cuivre et introduisez une vis à l'extrémité de laquelle vous aurez soudé une petite pièce en cuivre en forme de cône à base assez ouverte dans laquelle viendra s'engager la tige du régulateur.

A 2 centimètres de l'endroit où la tige rencontre le bras de levier du registre nous établirons le support dans lequel ce levier doit pénétrer.

A cet effet nous souderons au levier dans le sens de sa largeur un petit tube en cuivre de diamètre suffisant pour permettre le passage d'un fil de fer assez gros. Le support sera fait avec une bande de cuivre repliée en U ; les deux branches doivent être écartées de 8 millimètres et avoir une hauteur de 4 centimètres ; à 3 centimètres nous percerons sur chaque branche un trou pour permettre le passage du fil de fer; enfin nous introduirons l'extrémité du bras de levier dans un bloc de plomb, muni d'une fente dans laquelle s'introduira le levier; la fente devra être un peu large afin de permettre au plomb de glisser sur le levier.

Le montage de cette partie du régulateur sera assez simple; le support sera d'abord fixé par des vis (il y aura fallu, bien entendu, percer au préalable des trous dans la partie horizontale de la pièce en U) à 2 centimètres du trou d'où sortira la tige du régulateur. On introduira par un des trous d'un des montants verticaux de ce support un morceau de fil de fer d'environ 3 centimètres; on le fera passer dans le petit tube soudé au bras du levier, puis dans le trou correspondant de l'autre montant vertical du support; on rabattra les extrémités du fil de fer le long du montant; le levier sera ainsi solidement fixé, tout en pouvant pivoter de haut en bas.

Nous avons laissé le bloc de plomb dans une position lui permettant de glisser sur le bras de levier; en l'avançant ou en le reculant cherchons la position convenable de ce bloc pour que le tout soit parfaitement équilibré, c'est-à-dire que la plus légère pression verticale au point S (fig. 134) soulève le levier de façon à entraîner la plaque du registre et découvrir l'ouverture centrale de dessus; dès que cette pression cesse, le registre doit s'abaisser et obturer entièrement cette ouverture. Le point où doit se trouver le plomb, pour que ce fonctionnement soit correct, étant fixé par des tâtonnements successifs, nous serrerons fortement entre des pinces le bloc de plomb afin qu'il ne bouge plus.

Le régulateur (fig. 136) se compose d'un tube en verre en forme de J, de 13 millimètres de diamètre intérieur environ, la petite branche doit avoir une dizaine de centimètres et doit être fermée à son extrémité; l'autre branche qui est ouverte doit avoir au moins 15 centimètres, une plus grande longueur serait préférable. Ce tube est rempli de mercure M, puis on introduit une petite quantité d'éther E; enfin dans le grand tube se trouve un petit cylindre en os ou même en liège portant une longue tige, qui passant au travers du dessus de l'appareil, va rejoindre le bras de levier du registre.

Voici comment fonctionne l'appareil sous l'influence de la chaleur : lorsque la température intérieure de la couveuse dépasse 40 degrés et que le mélange éther et alcool qui se trouve au haut du petit tube se volatilise et par suite augmente considérablement de volume, il chasse en partie le mercure du petit tube; celui-ci pénètre dans le grand tube et fait monter le bouchon et par suite la tige; celle-ci agit par une pression verticale sur le bras de levier qui soulève le registre; le trou central de dessus se trouve donc ouvert et l'excès de chaleur qui allait se produire dans l'intérieur de la couveuse est prévenu, l'air chaud s'échappant par cette ouverture. Lorsque la température est ramenée à la normale de 40 degrés, le mélange éther redevient liquide et diminue de volume, il n'exerce plus de pression sur le mercure, si ce dernier remonte dans le petit tube et s'abaisse dans le grand, s'abaissent aussi le bouchon et la tige du régulateur ; le bras de levier n'étant plus soulevé, le registre se ferme et toute la chaleur produite par la lampe est utilisée à chauffer les œufs.

Le tube en J est fixé au fond de la couveuse contre les parois du cadre central, on le maintient à l'aide d'une petite douille et deux vis afin de pouvoir le démonter aisément s'il survient quelques réparations.

Il convient d'ajouter quelques mots sur la façon de remplir de mercure et d'éther le tube en J.

Tenez le tube dans la position indiquée dans la figure, c'est-à-dire les deux branches dressées verticalement, et versez dans le grand une quantité suffisante de mercure (il en faudra environ de 150 à 200 grammes) ; la plus grande partie de ce mercure restera dans cette branche, la petite étant garnie d'air repoussé par le mercure. Bouchez l'extrémité de la grande branche et penchez légèrement et à plusieurs reprises le tout sur la *droite* de façon à permettre à l'air de s'échapper du petit tube. Redressez les branches verticalement et introduisez le mélange d'éther (éther 3 parties, alcool méthylique 1 partie) de façon à recouvrir le mercure d'une couche de 15 millimètres environ. Le tube étant maintenu dans la même position que précédemment et l'extrémité de la branche étant bouchée avec le pouce, penchez le tout à *gauche* cette fois-ci, ce qui permettra au mélange d'éther de passer dans le petit tube. Lorsque quantité suffisante aura ainsi passé dans le petit tube, laissez s'évaporer le surplus, ce qui demandera une à deux heures, puis, penchant de nouveau à *gauche* laissez entrer une bulle d'air qui se placera dans le petit tube au-dessus de l'éther.

Il ne manquera qu'à munir notre couveuse d'un thermomètre que nous pourrons examiner de l'extérieur; ce thermomètre sera coudé à angle droit, le réservoir à mercure se trouvera dans l'étuve juste au-dessus des œufs et, pour éviter les accidents, sera enfermé dans un petit tube en métal perforé de nombreux trous juste au-dessus de l'ampoule; ce tube accompagnera la tige au travers de la paroi du cylindre et sera coudé à angle droit, ainsi que le thermomètre lui-même; dans ce tube métallique sera emboîté un tube en verre qui protégera la partie verticale du thermomètre tout en permettant de lire les degrés.

Enfin, en dernier lieu, nous peindrons ou vernirons l'extérieur de l'appareil; on peut se contenter d'une simple couche d'huile de lin.

## MIRE-ŒUFS

Le mirage des œufs qui permet d'enlever les œufs non fécondés qui se corrompraient dans la couveuse est une opération indispensable pour la bonne réussite de l'incubation ; on trouve chez les marchands d'aviculture des mire-œufs, des appareils spéciaux plus ou moins compliqués pour faciliter singulièrement cette opération qui peut se faire d'ailleurs à la main seule.

Un ovoscope facilement construit se composera d'un simple carton dans lequel on a découpé un trou de la forme d'un œuf, mais légèrement plus petit afin que celui-ci ne puisse y passer. On place l'œuf à mirer dans le trou et on l'expose à la lumière d'une bougie ou d'une lampe dans une pièce obscure.

Un autre mireur très facile à construire et convenant à des œufs de dimensions différentes consiste en un petit cône tronqué en carton garni à l'intérieur de drap noir. Les deux ouvertures doivent être un peu plus petites que les œufs à examiner.

Pour reconnaître les œufs fécondés, on prend l'œuf de la main gauche dans l'étuve de l'incubateur (avant qu'il n'ait été retourné, parce qu'alors le germe, se trouvant dans le dessus de l'œuf, est plus visible), le gros bout tourné en haut. En appliquant l'œuf d'un côté du mire-œufs tenu de la main droite, l'œil placé à l'autre côté et tourné vers la lumière, soit lampe, bougie ou soleil, on verra distinctement le contenu de l'œuf.

S'il est fécondé, on aperçoit un point noir de la grosseur d'un petit pois flottant au centre avec des veines rouges partant de ce point et allant à la circonférence. On a comparé non sans raison la forme de ce germe à celle d'une araignée. Si la fécondation n'a pas eu lieu, l'œuf paraît semblable à un œuf frais qui n'aurait pas été cassé.

### ÉLEVEUSE ARTIFICIELLE

Une éleveuse artificielle est le complément indispensable de l'incubateur; en effet, l'éclosion des jeunes poussins s'étant faite sans mère, il faut remplacer encore celle-ci pour les maintenir au chaud durant les premières semaines de leur naissance. On peut établir les éleveuses sur le même principe que les couveuses à air chaud, c'est-à-dire chauffer l'intérieur de l'appareil au moyen d'une lampe, mais personnellement nous préférons de beaucoup pour les éleveuses l'ancien système à eau chaude (fig. 137).

L'éleveuse se composera donc d'une caisse rectangulaire de dimensions variables suivant le nombre de poussins que l'on veut élever, les dimensions de 45 centimètres sur 30 centimètres suffisent pour une trentaine de poussins. Afin de rendre le nettoyage de l'intérieur plus facile, le fond sera mobile, et la caisse y étant fixée au moyen de crochets pourra se soulever et se séparer du fond. Sous le couvercle de la caisse nous disposerons un réservoir en zinc de 15 centimètres de profondeur et de dimensions légèrement plus petites que celles de la caisse. Ce réservoir sera muni à sa partie supérieure d'un tuyau qui traversera le couvercle et qui servira à remplir le récipient; au bas se trouvera un autre tuyau traversant aussi

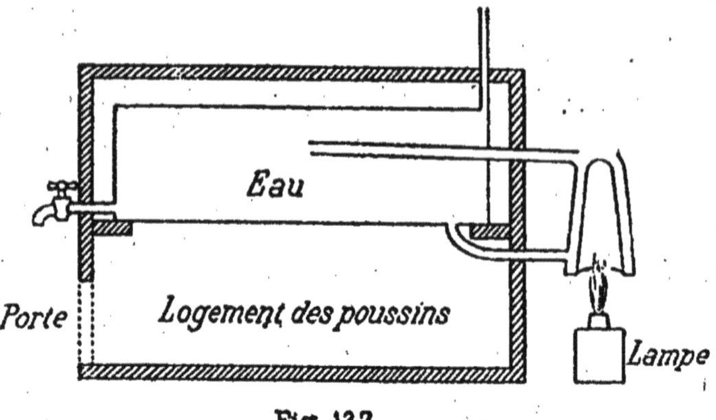

Fig. 137

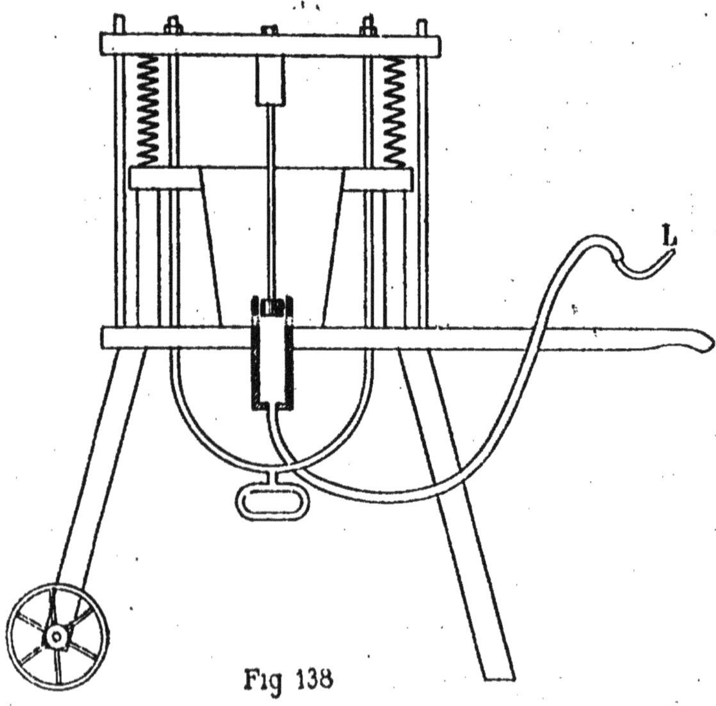

Fig 138

les parois et qui, muni d'un robinet, sera utilisé pour la vidange; enfin, à 2 centimètres du fond et à 2 centimètres du haut seront également soudés deux tuyaux qui assureront la communication de l'eau du réservoir avec le thermosiphon. Le bas du réservoir sera garni d'une pièce de drap, afin d'éviter aux poussins le contact direct du métal. Enfin, sur un des côtés de la caisse et au bas on pratiquera une ouverture se fermant avec un petit rideau pour permettre l'entrée des poussins, et quelques trous d'aération seront percés dans les parois, juste au-dessus du réservoir.

Passons maintenant à la construction du thermosiphon ; il se composera essentiellement d'un cylindre de cuivre de 10 centimètres de haut et de 10 centimètres de diamètre, communiquant avec le réservoir de la couveuse par deux tuyaux que nous avons déjà signalés : le tuyau du bas amène dans le cylindre l'eau froide plus dense, celui du haut sert à la sortie de l'eau réchauffée par la lampe et plus légère par conséquent ; il est bon, pour établir un courant général, que ce dernier tuyau pénètre de 15 centimètres environ dans l'intérieur du réservoir ; il est utile de souder au bas du cylindre un petit tuyau muni d'un robinet, afin de pouvoir vider plus aisément cette partie de l'appareil lorsqu'on remise l'éleveuse ; mais cela n'est pas indispensable, car, en tenant l'appareil penché, le thermosiphon se videra aussi par le tuyau de vidange du réservoir. Le cylindre du thermosiphon est traversé en son centre par un tuyau de 4 centimètres de diamètre, qui recevra le verre de la lampe.

Pour la lampe, il suffira de se procurer chez le premier quincaillier venu un bec de lampe de 20 millimètres de diamètre, et on le fera souder à un réservoir de 15 centimètres de long, sur 9 de large et 9 de haut.

La lampe et le thermosiphon seront installés dans une petite caisse que l'on clouera à côté de l'éleveuse ; il faudra, bien entendu, ménager d'abord une porte pour introduire la lampe ainsi que des trous dans le haut et le bas pour assurer le tirage de la lampe, mais ils devront être combinés de façon à ce que le vent le plus violent ne puisse éteindre la lampe.

On a remarqué que souvent, dans les éleveuses rectangulaires, les tout jeunes poussins se serrent dans les angles au point de s'étouffer, et c'est pour cette raison que bien souvent on adopte une éleveuse circulaire. On peut facilement transformer une éleveuse rectangulaire en un modèle circulaire, en arrondissant les angles au moyen de plaques de fer-blanc ou de planches arrondies.

Pour être complet, il ne restera plus qu'à adapter un petit parc, afin que les poussins puissent jouir des bienfaits de l'espace sans trop s'éloigner de l'éleveuse ; ce sera facile : nous découperons, dans des planches de 18 à 20 centimètres de hauteur, des longueurs de 1m,50 et une planche de la largeur de l'éleveuse elle-même. Les deux morceaux les plus longs s'accrocheront à l'éleveuse avec deux crochets chacun, et la petite planche se fixant aussi par des crochets aux deux précédentes, formera le devant de ce petit parc.

Un cadre, dont les dimensions seront égales à celles du parc et qui est garni de toile métallique, formera le dessus de la construction ; il sera bon de mettre deux traverses au cadre pour assurer sa solidité ; il se fixera aussi par des crochets aux parois latérales en planches.

GAVEUSE ARTIFICIELLE.

Il est aussi très facile de construire une gaveuse mécanique. L'appareil est porté par quatre montants (fig. 138). Le devant du support est muni de deux roues permettant un déplacement facile.

Sur ce bâti se trouve un récipient métallique dans lequel on met la pâtée ; au fond de ce récipient, et s'élevant un peu dans l'intérieur, se trouve un tuyau cylindrique dans lequel se meut un piston. Le tuyau cylindrique est percé de gros trous un peu au-dessus du point où le piston est au sommet de sa course, afin de permettre à la pâtée contenue par le récipient d'y pénétrer et de remplacer celle qui vient d'être expulsée par le piston lorsqu'il était au sommet de sa course. Le cylindre est terminé par un tube métallique qui reçoit un autre tube de caoutchouc, lequel est terminé par une lance ou douille en-fer blanc de 16 millimètres de diamètre ; cette douille est recourbée comme le montre la figure 138, et son extrémité est garnie d'une rondelle en caoutchouc pour éviter d'érailler le gosier des volailles dans lequel elle est introduite.

La tige du piston est fixée à une traverse supérieure; cette traverse supérieure est maintenue relevée par deux ressorts à boudin et elle peut être abaissée à l'aide de deux tiges en fer qui aboutissent à la pédale; la tige du piston porte une plaque qui est percée de trous destinés à recevoir une clavette pour régler la course du piston et permettre de régler ainsi la quantité de pâtée à donner. A cet effet est disposée une deuxième traverse, non indiquée dans la figure 138, et qui va d'un montant à l'autre; elle porte en son milieu un anneau allongé dans lequel peut passer la plaque perforée du piston, mais qui arrête la clavette. Le premier trou est disposé de façon à ce que le piston comprime 5 centilitres de pâtée, le deuxième 10, le troisième 15 et ainsi de suite par 5 centilitres jusqu'à 25 centilitres. Pour obtenir cette graduation il faut faire des essais successifs.

Voici comment fonctionne l'appareil : les volailles étant maintenues dans une épinette à engraissage, de la main gauche on saisit un animal par la tête, on lui allonge le cou et on lui ouvre le bec qu'on maintient ainsi avec le pouce ; puis on introduit la lance à une longeur de 7 à 8 centimètres. Ensuite on presse sur la pédale qui envoie la ration voulue.

Fig. 139. — La maison.

Gravure extraite du *Dictionnaire* Bénard (Belin frères, éditeurs).

# APPENDICE

## A

## TERMES TECHNIQUES

### EMPLOYÉS DANS LA CONSTRUCTION D'UNE MAISON

*Pour la compréhension des chapitres précédents, il nous a paru utile de mettre dans une figure représentant la maison avec tous ses détails, de la cave au grenier, l'application des termes généralement employés par les gens du métier — et dont beaucoup n'offrent qu'un sens assez vague pour les non-initiés.*

*On en trouvera l'explication dans les lignes ci-dessous, en se reportant aux numéros correspondant à ceux portés sur la figure* (fig. 139).

1. **Aisselier.** — Pièce de bois qui fortifie l'assemblage de deux autres pièces (2).
2. **Allège.** — Mur à hauteur d'appui pratiqué devant une croisée, accoudoir (2).
3. **Ancre.** — Barre de fer, quelquefois droite, quelquefois contournée en S, en Y, ou en X, qu'on fait passer dans l'œil d'un tirant pour empêcher soit l'écartement des murs, soit la poussée des voûtes, soit le déversement d'une cheminée (2).
4. **Appui.** — Support, soutien, partie d'une fenêtre où l'on s'appuie (1).

*N. B.* — L'appel de note (1) indique les définitions extraites du *Dictionnaire* de Bénard (Belin frères, Éditeurs), et (2) celles extraites du *Dictionnaire des termes techniques* de L. T. Pernot (J. Hetzel, Éditeur).

4. **Appui.** — En général, toute partie de menuiserie disposée horizontalement et dont la hauteur ne dépasse pas 1 mètre à $1^{m},33$ (2).
5. **Arbalétrier.** — Pièce de bois qui sert à former le comble d'un bâtiment (1).
6. **Balcon.** — *Saillie* au delà d'un mur, portée sur des *consoles* ou sur des *colonnes,* et formée par une *balustrade* de pierre ou de fer. Les grands balcons sont ceux qui portent en saillie, et sont plus larges que les croisées ; et les petits, ceux qui sont entre les tableaux des mêmes croisées et servent d'appui (2).
7. **Corniche.** — Ornement composé de moulures en saillie (1).
8. **Balustre.** — Petite colonne, ou pilastre orné de moulures, tourné en rond ou carré, pour remplir un appui à jour sous une tablette (2).
9. **Bandeau.** — *Chambranle* simple, à l'entour d'une porte, ou d'une croisée (2).
10. **Cave.** — C'est un lieu généralement voûté, dans l'étage souterrain, qui sert à mettre le vin, etc. (2).
11. **Chaîne d'angle ou d'encoignure.** — Pierre qui forme l'encoignure d'un bâtiment et sert à lier les deux côtés de l'angle formé par le mur de pignon et le mur de face.
12. **Chambranle.** — Encadrement d'une porte, d'une fenêtre, d'une cheminée (1).
13. **Chatière.** — Petite ouverture ménagée sur le versant des combles et garantie par un ouvrage en plomb, en zinc ou en terre cuite (2).
14. **Cheminée.** — Endroit d'une maison où l'on fait du feu, conduit par où passe la fumée (1).
15. **Chéneau.** — Conduit qui recueille les eaux du toit et les porte dans la gouttière (1).

16. **Chevron.** — Pièce de bois sur laquelle on cloue des lattes et voliges pour porter la tuile ou l'ardoise d'un toit (2).
17. **Clef.** — Pierre du milieu qui forme une voûte (1).
18. **Comble.** — Charpente en bois ou en fer qui sert à porter la toiture (2).
19. **Cymaise.** — Pièce de bois ornée de moulures, servant de couronnement aux lambris d'appui (2).
20. **Ébrasement.** — Élargissement ou évasement que l'on fait intérieurement aux jambages d'une porte ou d'une croisée, suivant une ligne oblique à la face du mur depuis la feuillure jusqu'au parement, soit pour faciliter l'ouverture des vantaux et guichets, soit pour donner un peu plus de lumière (2).
21. **Écoinçon.** — Pierre qui fait l'encoignure de l'embrasure d'une porte, d'une fenêtre, menuiserie qui dissimule les angles d'une chambre (1).
22. **Encorbellement.** — Construction en saillie et portant à faux au delà d'un mur (1).
23. **Entablement.** — Dernier rang de pierre sur lequel pose le toit; partie qui surmonte une colonne, un pilastre (1).
24. **Épi.** — Pointe et crochet qu'on met sur des murs d'appui et de clôture pour servir de défense (2).
25. **Escalier.** — Suite de degrés pour monter et descendre (1).
26. **Étage.** — Espace entre deux planchers formant un ou plusieurs appartements de plain-pied (1).
27. **Façade.** — Un des côtés d'un édifice; côté principal d'un édifice.
28. **Faîtage.** — Pièce de bois qui forme la crête d'un toit; se dit aussi du comble d'un bâtiment, de la couverture (1).

29. **Fenêtre.** — Ouverture pour donner du jour et de l'air dans un bâtiment : châssis vitré qui ferme l'ouverture (1).
30. **Fondations.** — Travaux pour asseoir les fondations d'un édifice (1).
31. **Girouette.** — Plaque mobile qui tourne au moindre vent (1).
32. **Imposte.** — Traverse d'un dormant de croisée, laquelle sépare les châssis du bas avec ceux du haut (2).
33. **Jambe de force.** — Pièce de charpente posée debout, un peu inclinée, dans un comble brisé, entre l'entrait et l'entrait retroussé (2).
34. **Lambourde.** — Pièce de bois pour soutenir un parquet (1).
35. **Lambris.** — Revêtement de bois, de stuc, etc., appliqué sur les murs d'une chambre (1).
36. **Linteau.** — Pièce de bois, de pierre ou de fer que l'on met en travers au-dessus de l'ouverture d'une porte ou d'une fenêtre, pour en soutenir la maçonnerie (1).
37. **Lucarne.** — Petite fenêtre pratiquée au toit d'une maison (1).
38. **Main coulante ou main courante.** — Bois adapté sur la plate-bande en fer d'une rampe d'escalier (2).
39. **Marche.** — Pièce de bois d'un escalier sur laquelle on pose le pied pour monter et descendre (2).
40. **Marquise.** — Espèce de couverture légère, quelquefois même en toile, qu'on établit au-dessus et en avant d'une porte d'entrée, ou en avant d'un mur, comme abri contre la pluie ou le vent (2).
41. **Modillons.** — Petites consoles renversées (2).
42. **Mur de clôture.** — Mur formant enceinte autour d'une propriété (2).

43. **Œil-de-bœuf.** — Fenêtre ronde ou ovale (1).
44. **Palier.** — Plate-forme ménagée à chaque étage d'un escalier (1).
45. **Panne.** — Pièce de charpente qui soutient les chevrons (1).
46. **Panneau.** — Partie de menuiserie composée de plusieurs planches de bois minces, jointes ensemble, et qui entrent à rainure et languette dans les cadres ou les bâtis d'un ouvrage (2).
47. **Paratonnerre.** — Verge de fer terminée en pointe, que l'on place sur la partie la plus élevée d'un édifice pour le garantir du tonnerre (1).
48. **Parquet.** — Assemblage de pièces de bois minces qui forment un plancher (1).
49. **Perron.** — Plate-forme ou terrasse construite sur le devant d'une maison, à la hauteur du rez-de-chaussée, un peu élevée au-dessus du sol, et à laquelle on accède par un petit nombre de marches placées extérieurement et précédées d'un palier (2).
50. **Persienne.** — Sorte de jalousie composée de lames disposées en abat-jour et montées sur châssis, s'ouvrant en dehors comme les contrevents (1).
51. **Petits-bois.** — Montants et traverses des châssis, des croisées et châssis vitrés qui reçoivent les verres (2).
52. **Plafond.** — Surface plane ou cintrée qui forme la partie supérieure d'un lieu couvert, d'une salle, d'une chambre (1).
53. **Plinthe.** — Se dit d'une planche mince et de largeur convenable qui règne au bas du lambris, tout au pourtour, et qu'on peint ordinairement en marbre (2).
54. **Poinçon.** — Une des pièces de bois les plus importantes dans le système d'un comble. Les poinçons,

qui entrent dans la composition des fermes, reçoivent le cours de faîtage, les arbalétriers sur un entrait, lequel est assemblé dans les arbalétriers pour prévenir leur écartement (2).

55. **Porte.** — Ouverture ou baie, pratiquée dans un mur ou une cloison, pour servir d'entrée à une maison, à une chambre, à une armoire. — Menuiserie mobile sur des gonds et qu'on place dans une baie de porte pour la fermer (2).

56. **Rampant.** — Dessous de comble qui est apparent dans l'intérieur.

57. **Rez-de-chaussée.** — Partie d'une maison qui est au niveau du terrain (1).

58. **Sablière.** — Pièce de charpente qui soutient l'extrémité des solives (1).

59. **Solive.** — Pièce de charpente qui soutient un plancher (1).

60. **Soubassement.** — Partie inférieure d'une construction, sur laquelle semble porter l'édifice (1).

61. **Soupirail.** — Ouverture pratiquée pour donner de l'air, du jour, à une cave, à un lieu souterrain (1).

62. **Tabatière.** — Fenêtre percée sur un toit, et dont le châssis s'ouvre comme le couvercle d'une tabatière (1).

63. **Tirant.** — Pièce de bois ou de fer qui empêche l'écartement d'une charpente d'une voûte (1).

64. **Toit.** — Partie d'un bâtiment qui s'étend au-dessus de l'étage le plus élevé et qui abrite l'intérieur des injures du temps (2).

65. **Trumeau.** — Espace d'un mur entre deux fenêtres.

66. **Vantail.** — Chacun des battants d'une porte, d'une fenêtre (1).

67. **Volet.** — Fermeture mobile placée en dedans des châssis d'une croisée.

# B

## OBJETS DÉCRITS
### ET
## OPÉRATIONS MANUELLES EXPLIQUÉES
### DANS L'OUVRAGE

---

# TABLE DES MATIÈRES



TYPOGRAPHIE FIRMIN-DIDOT ET Cie. — [illegible] (EURE).

# Bibliothèque

des

# Professions

## industrielles
## commerciales
## agricoles
## et libérales

ENSEIGNEMENT PROFESSIONNEL

PARIS

J. HETZEL, ÉDITEUR

18, rue Jacob, 18


*Envoi franco de toute demande accompagnée de son montant.*

# TABLE DES MATIÈRES

TRAITÉES DANS LA

# BIBLIOTHÈQUE DES PROFESSIONS

INDUSTRIELLES, COMMERCIALES, AGRICOLES ET LIBÉRALES

*Le cartonnage toile de chaque volume se paye 0 fr. 50 en plus des prix indiqués.*

**BRIS ET NAUFRAGES** (*Code des*), par J. TARTARA, commissaire ordonnateur de la marine. 1 volume. . . . . 4 fr.

**CANARDS** (Voir Lapins, Oies et Canards, page 9).

**CHARCUTERIE PRATIQUE** (*La*), par Marc BERTHOUD, ex-président de la corporation des charcutiers de Genève. 10e édition. 1 volume avec 74 figures. . . . . . . . . . . . . . . . 4 fr.

Ouvrage honoré d'une souscription du *Ministère de l'Instruction publique* pour les bibliothèques populaires.

**CHAUFFEUR** (*Manuel du*), guide pratique à l'usage des mécaniciens, des chauffeurs et des propriétaires de machines à vapeur; exposé des connaissances nécessaires, suivi de conseils afin d'éviter les explosions des chaudières à vapeur, par JAUNEZ, ingénieur civil. Nouvelle édition revue, corrigée et augmentée d'une étude sur les nouvelles chaudières multitubulaires par H. THIVET, ingénieur E. C. P. 1 vol., 51 figures dans le texte et hors texte . . . . . . . . . . . . . . . . . . . . . . . . 4 fr.

Ouvrage honoré de souscriptions du *Ministère du Commerce*.

**CHIMIE GÉNÉRALE ÉLÉMENTAIRE**, par Frédéric HÉTET, professeur de chimie aux écoles de la marine, pharmacien en chef.

TOME Ier. — *Généralités, Métalloïdes*. 1 volume, 112 fig. 4 fr.
TOME II. — *Métaux*. 1 volume avec 62 figures . . . . . . 4 fr.

**CHIMISTE-AGRICULTEUR** (*Manuel du*), par A.-F. POURIAU. 1 volume avec 148 figures dans le texte et de nombreux tableaux, suivi d'un appendice. . . . . . . . . . . . . . . 4 fr.

Ouvrage honoré d'une souscription du *Ministère de l'Agriculture*.

**COMMENT ON DEVIENT UN DESSINATEUR,**

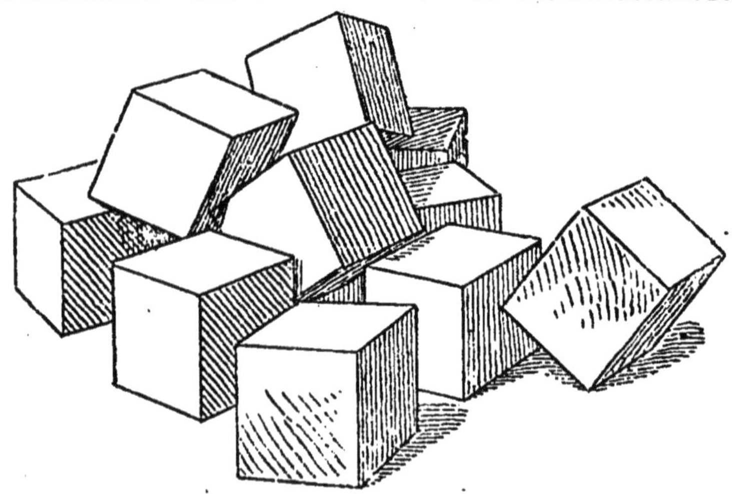

Gravure extraite de *Comment on devient un Dessinateur*.

par VIOLLET-LE-DUC. 1 volume, orné de 110 dessins par l'auteur et d'un portrait de Viollet-le-Duc. 32e édition. . . . . . . 4 fr.

**Ouvrage honoré d'importantes souscriptions du *Ministère de l'Instruction publique* pour les bibliothèques scolaires et populaires, ainsi que de la *Ville de Paris* pour les distributions de prix et les bibliothèques municipales.**

EXTRAIT DE LA TABLE DES MATIÈRES. — Notables découvertes. — Comment il est reconnu que la géométrie s'applique à plusieurs choses. — Autres découvertes touchant la lumière et la géométrie descriptive. — Où on commence à voir. — Une leçon d'anatomie comparée. — Opérations sur le terrain. — Cinq ans après. — Où une vocation se dessine. — Douze jours dans les Alpes. — Conclusion.

**COMMENT ON CONSTRUIT UNE MAISON**, par VIOLLET-LE-DUC. 1 vol. avec 62 dessins par l'auteur. 33e édit. 4 fr.

**Ouvrage honoré d'importantes souscriptions du *Ministère de l'Instruction publique* pour les bibliothèques scolaires et populaires, ainsi que de la *Ville de Paris* pour les distributions de prix et les bibliothèques municipales.**

*Extrait de la table des matières.* — Plantations de la maison et opérations sur le terrain. — La construction en élévation. — La visite au chantier. — L'étude des escaliers. — Ce que c'est que l'architecture des études théoriques. — La charpente. — La fumisterie. — La menuiserie. — La couverture et la plomberie. — L'inauguration.

**COMMENT ON ORNE, ON ENTRETIENT & ON RÉPARE SA MAISON**, précédé de **L'ATELIER DE TOUT LE MONDE**, par H.-L.-ALPHONSE BLANCHON. 1 vol. avec 42 figures dans le texte . . . . . . . . . . . . . . . . . . . . . . . . 4 fr.

Gravure extraite de *Comment on orne, on entretient et on répare sa maison.*

EXTRAIT DE LA TABLE DES MATIÈRES. — Vannerie en rotin. — Sculpto-gravure. — Marqueterie peinte et cloisonnée. — Cloutage. — Cuir martelé et repoussé. — Cuivre et étain repoussés, bois grainé. — Travail des fils de fer, de cuivre, d'argent ou d'or. — Pyrogravure, bois incrusté. — Fer recourbé. — Vitraux. — Bambous. Ornementation de l'appartement. — Peinture et papiers peints, décoration au pochoir, peinture des plafonds, pose des papiers. — Entretien des peintures. — Sonneries électriques et téléphones. — Appareils d'éclairage. — Décoration, entretien et réparation du mobilier. — Travaux d'intérieur : clous, tampons, pose des tapis. — Comment faire les petites réparations locatives. — Raccommodage des porcelaines et objets d'art.

**COMMERCE DES VINS** (Voir Vins, vinification, etc., pages 15 et 16).

**CONDUCTEUR DES PONTS & CHAUSSÉES** (Voir Ponts et Chaussées, page 14).

**CONSTRUCTEUR.** Trois volumes se vendant séparément.

* **MAÇONNERIE**, par A. DEMANET. 1 vol. avec 137 figures. (Voir page 9.)

** **MATÉRIAUX ARTIFICIELS**, par H. DE GRAFFIGNY. 1 vol. avec 100 figures. (Voir page 10.)

*** **DICTIONNAIRE DES MOTS TECHNIQUES** employés dans la construction. (Guide pratique du Constructeur). A l'usage des architectes, propriétaires, entrepreneurs de maçonnerie, charpente, serrurerie, couverture, etc., par L.-P. PERNOT, architecte-vérificateur des travaux publics. 5e édition, corrigée, augmentée et entièrement refondue, par C. TRONQUOY, ingénieur civil, et Ch. BAYE. 1 volume. . . . . . . . . . . . . . . . . . . . . . 4 fr.

Ouvrage adopté par le *Ministère de l'Instruction publique* pour les bibliothèques scolaires et par la *Ville de Paris* pour les bibliothèques municipales. Honoré de souscriptions du *Ministère du Commerce et de l'Industrie*.

---

**CONSTRUCTIONS A LA MER** (*Etudes et notions sur les*), par BOUNICEAU, ingénieur en chef des ponts et chaussées. 8 francs (1 volume, 4 fr. 1 atlas de 44 planches, 4 fr.)

---

**CORPS GRAS INDUSTRIELS** (*Guide pratique de la connaissance et de l'exploitation des*), par Th. CHATEAU, chimiste. 5e édition, revue et augmentée des procédés nouveaux d'analyse des huiles grasses et d'indications pratiques sur les *Huiles minérales*. 1 volume avec tableaux. . . . . . . . . . . . . . . . . . 4 fr.

Ouvrage honoré d'une souscription *du Ministère du Commerce et de l'Industrie*.

---

**CUBAGE DES BOIS** (Voir Bois, page 2).

---

**CUISINE PRATIQUE** (*La*). — Les secrets de la Cuisine d'amateur révélés aux maîtresses de maison, par Marie de SAINT-JUAN. 1 volume avec 154 figures. 4e édition. . . . . 4 fr.

---

**CULTURE MARAICHÈRE** (*Manuel pratique de*). 7e édition, par COURTOIS-GÉRARD. 1 vol. avec 89 fig. dans le texte. 4 fr.

Ouvrage ayant obtenu une médaille d'or de la Société centrale d'agriculture, et une grande médaille de vermeil de la Société centrale d'horticulture, adopté par le *Ministère de l'Instruction publique* pour les bibliothèques scolaires et populaires, et honoré d'une souscription du *Ministère de l'Agriculture*.

---

**DESSINATEUR** (Voir Comment on devient un dessinateur, page 3).

---

**DINDONS** (Voir Lapins, Oies et Canards, page 9).

---

**DROIT MARITIME INTERNATIONAL ET COMMERCIAL** (*Notions pratiques de*), par Alph. DONEAUD, professeur à l'Ecole navale. 1 volume. . . . . . . . . . . 2 fr.

---

**EAUX GAZEUSES** (*Traité de la Fabrication industrielle des*) et des boissons qui s'y rattachent, par FÉLICIEN MICHOTTE, ingénieur des arts et manufactures, et E. GUILLAUME, ingénieur civil. 1 volume avec 21 figures dans le texte, 14 planches doubles et de nombreux tableaux . . . . . . . . . . . . . . . . . . . . . . 4 fr.

**ÉCLAIRAGE ÉLECTRIQUE** (*Manuel de montage des appareils d'*), par le baron von Gaisberg, traduit de l'allemand, par Ch. Bayr. 1 vol. avec 104 fig., 19e édit. 2 fr.

**Ouvrage adopté par la** *Ville de Paris* **pour les bibliothèques municipales.**

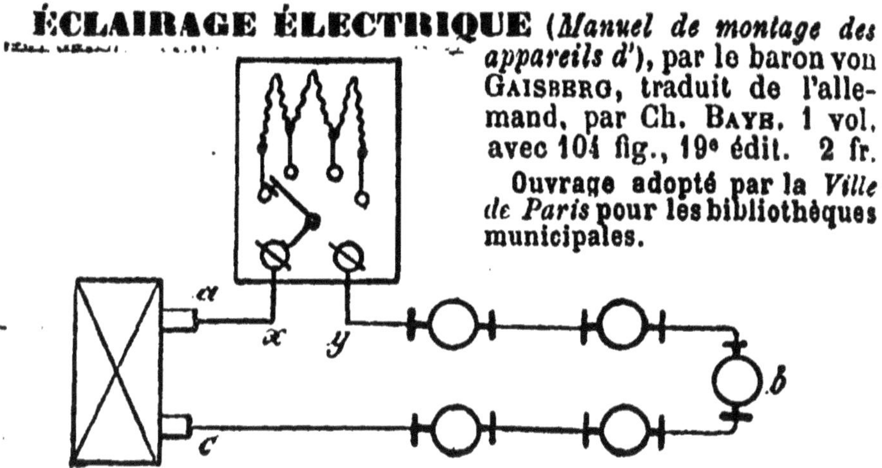


Gravure extraite de *L'Éclairage électrique*.

**ÉLECTRICIEN** (*L'Ingénieur*). Guide pratique de la construction et du montage de tous les appareils électriques à l'usage des amateurs, ouvriers et contremaîtres électriciens, par H. de Graffigny. 1 volume avec 109 figures. 12e édition augmentée d'un appendice sur la **Télégraphie sans fil**, etc., etc. . . . . 4 fr.

**Ouvrage adopté par la** *Ville de Paris* **pour être distribué en prix.**

**ENTOMOLOGIE AGRICOLE** (*Guide pratique d'*), et petit traité de la destruction des insectes nuisibles, par H. Gobin. 1 volume orné de 42 figures, 2e édition . . . . . . . . . . . 4 fr.

**ESCOMPTEUR** (*Nouveau manuel de l'*), du banquier, du capitaliste et du financier, ou Nouvelles tables de calculs d'intérêts simples avec le calendrier de l'Escompteur, par Lacombe, précédé d'une instruction sur les calculs d'intérêt et l'usage des tables, par Laass d'Aguen, et d'un exposé des lois sur les intérêts, les rentes, les effets de commerce, les chèques, etc. 1 fort volume. 6 fr.

**FÉCULIER** et de l'**AMIDONNIER** (*Guide pratique du*), par L.-F. Dubief. 4e édit. 1 vol. avec grav. dans le texte. 2 fr.

**FILATURE DE LA LAINE** (Voir Laine, page 9).

**GALVANOPLASTIE** (*Traité de*) et d'**ÉLECTROLYSE** avec indications pratiques fondées sur les dernières découvertes, par Geymet. 1 volume. . . . . . . . . . . . . . . . . . . 4 fr.

**HABITATIONS DES ANIMAUX** (*Guide pratique pour le bon aménagement des*), par E. GAYOT, membre de la Société centrale d'Agriculture de France.

BERGERIES, PORCHERIES, CLAPIERS, etc. 1 volume. . . 2 fr.

**Ouvrage adopté par le *Ministère de l'Instruction publique* pour les bibliothèques scolaires et populaires.**

**HERBORISEUR** (*Manuel de l'*). Comment on devient botaniste. — Clefs analytiques. — Description des genres et des espèces, suivie d'un vocabulaire, par E. GRIMARD, ancien directeur de l'École normale de Toulouse. 7e édition. 1 vol. . . . . . . 4 fr.

**Ouvrage adopté par le *Ministère de l'Instruction publique* pour les bibliothèques scolaires et populaires.**

**HORLOGER ET MÉCANICIEN DE PRÉCISION** (*Manuel de l'*). Guide pratique à l'usage des ouvriers rhabilleurs et repasseurs de montres et de pendules, des apprentis horlo-

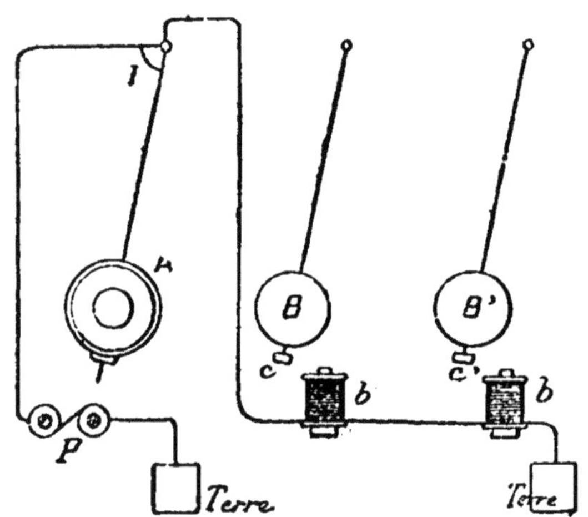


Gravure extraite de *Horloger et Mécanicien de précision.*

gers et des élèves des écoles d'horlogerie, des amateurs de mécanique, etc., etc., par H. DE GRAFFIGNY, ingénieur civil. 1 volume avec 224 figures. 4e édition. . . . . . . . . . . . . . . . . 4 fr.

**Ouvrage adopté par la *Ville de Paris* pour les bibliothèques municles**

EXTRAIT DE LA TABLE DES MATIÈRES. — Définitions et mesure du temps, la chronométrie au service de la mesure du temps, historique des premiers instruments, invention des horloges mécaniques, les montres et les chronomètres; horlogerie moderne. — Éléments des sciences nécessaires à l'horloger. — Les organes des instruments chronométriques, les trois pièces fondamentales : le moteur, le régulateur, l'échappement. Outillage de l'horloger, machines, métaux et alliages en usage en horlogerie. — Démontage, nettoyage, repassage, rhabillage d'une montre. — L'horlogerie électrique; la pendule régulatrice, les récepteurs. — L'atelier de l'amateur, travail du bois et des métaux, outillage, automates. — L'horlogerie de l'amateur. Ce qu'il est indispensable de connaître sans être horloger. — Procédés et recettes, tours de main, secrets d'atelier, renseignements, formules, compositions, vernis pouvant être utiles aux horlogers et aux mécaniciens. — Vocabulaire des termes techniques.

**HYGIÈNE DU TRAVAIL** (*L'*), par le Dr Monin, avec une préface de M. Yves Guyot, ancien ministre des Travaux publics. 1 volume. . . . . . . . . . . . . . . . . . . . . . . . 4 fr.

Ouvrage adopté par le *Ministère de l'Instruction publique* pour les bibliothèques populaires, et honoré de souscriptions du *Ministère du Commerce et de l'Industrie* et de la *Ville de Paris*.

**IMPRESSIONS PHOTOGRAPHIQUES** (*Traité des*), par A. Poitevin, suivi d'appendices relatifs aux procédés de photographie négative et positive sur la gélatine, d'héliogravure, d'hélioplastie, de photolithographie, de phototypie, de tirage au charbon, d'impression aux sels de fer, par Léon Vidal. 2e édition entièrement revue et complétée. 1 volume. . . . . . . . . 4 fr.

**INCENDIE** (Voir Assurances, page 1).

**INGÉNIEUR ÉLECTRICIEN** (Voir Électricien, p. 6).

**JAPON PRATIQUE** (*Le*), par Félix Regamey. 5e édition. 1 volume illustré de 98 dessins de l'auteur. . . . . . . . . 4 fr.

Gravure extraite du *Japon pratique*.

Ouvrage honoré de souscriptions du *Ministère de l'Instruction publique* pour les bibliothèques scolaires et populaires, et adopté par la *Ville de Paris* pour les distributions de prix.

*Table des matières.* — Le Japon vu par un artiste. — La pierre. — Le bois. — Le métal : fondeurs, armuriers. — Céramique : fabrication de la porcelaine et de la faïence. — Les Tissus. — Vers à soie. — La Laque. — Arts graphiques : le papier, l'encre de Chine, les pinceaux, les images, cuirs décorés. — Mœurs et coutumes. — Notions diverses, etc. — Vocabulaire. — Bibliographie

**JARDINAGE** (*Manuel pratique de*), manière de cultiver soi-même un jardin ou d'en diriger la culture, par Courtois-Gérard, horticulteur. 1 volume. 12e édition avec 1 planche et de nombreuses figures dans le texte. . . . . . . . . . . . . . . . 4 fr.

Gravure extraite de *Manuel pratique de Jardinage.*

Ouvrage adopté par le *Ministère de l'Instruction publique* pour les bibliothèques scolaires et populaires, et honoré de souscriptions du *Ministère de l'Agriculture.*

*Sommaire des principaux chapitres :* Dispositions générales d'un jardin potager. — Calendrier. — Travaux de chaque mois. — Les outils. — Les défoncements. — Les fumiers. — Les arrosements. — Les couches. — Semis. — Repiquages. — Marcottes. — Boutures. — De la greffe. — De la conservation des plantes. — Les maladies des plantes potagères. — La culture des arbres fruitiers. — La culture des arbres d'agrément. — Destruction des animaux nuisibles, etc.

**LAINE** peignée, cardée, peignée et cardée (*Traité pratique de la*), contenant : 1re *partie*, mécanique pratique, formules et calculs appliqués à la filature; 2e *partie*, filature de la laine peignée, cardée peignée, sur la Mull-Jenny; 3e *partie*, filage anglais et français sur continu ; 4e *partie*, laine cardée, par Charles Leroux, ingénieur mécanicien, directeur de filature. 1 volume avec 32 figures dans le texte et 4 planches . . . . . . . . . . . . 9 fr.

Ouvrage honoré de souscriptions du *Ministère du Commerce.*

**LAPINS** (*Guide pratique de l'éducateur des*), ou Traité de la race cuniculine, avec l'Art de mégisser leurs peaux et d'en confectionner des fourrures, par Mariot-Didieux, et guide pratique de l'éducation lucrative des **OIES** et des **CANARDS**, par Mariot-Didieux. 6e édition revue et augmentée d'un chapitre sur l'élevage des **DINDONS**, des **PINTADES** et des **PIGEONS**, par Abel Linard, aviculteur. 1 volume. . . . . 4 fr.

Ouvrage adopté par le *Ministère de l'Instruction publique* pour les bibliothèques scolaires et populaires, et honoré d'une souscription du *Ministère de l'Agriculture.*

**MAÇONNERIE.** Guide pratique du Constructeur, par A. Demanet, lieutenant-colonel honoraire du génie, membre de l'Académie royale de Belgique, etc 1 volume avec tableaux et 20 planches doubles renfermant 137 figures. 1 volume. . 4 fr.

Ouvrage adopté par le *Ministère de l'Instruction publique* pour les bibliothèques scolaires et populaires, et honoré de souscriptions du *Ministère du Commerce et de l'Industrie.*

Voir *Guide pratique du Constructeur*, page 4 et *Matériaux artificiels*, page 10.

**MAGNANIER** (*Manuel du*). Application des théories de M. PASTEUR à l'éducation des vers à soie, par Léopold ROMAN. 1 volume avec 32 figures dans le texte et 6 planches. . . . 4 fr.

**MAISON** (Voir Comment on construit une maison, et Comment on orne, on entretient et on répare sa maison, page 4).

**MATÉRIAUX ARTIFICIELS** (*Les*). Voir aussi *Guide pratique du Constructeur*, pages 4 et 9.) Matières premières argile, chaux, sable, silex, plâtre, agglomérés en tous genres.

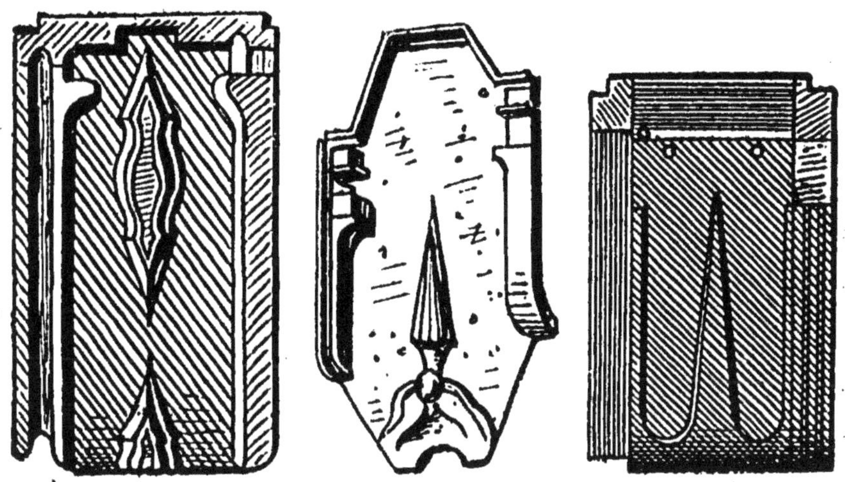

Gravure extraite de *Matériaux artificiels.*

Fabrication des briques d'argile et de sable, tuiles, poteries, carreaux. Pierres artificielles. Ciment et béton. Verre armé. Pavages et linoléums. par H. DE GRAFFIGNY, ingénieur civil. 1 volume avec 100 gravures dans le texte et hors texte. . . . . . . . 4 fr.

**MÉCANICIEN** (*Guide de l'ouvrier*), par J.-A. ORTOLAN, mécanicien en chef de la flotte, officier de la Légion d'honneur et de l'Instruction publique, avec la collaboration de MM. Bonnefoy, Cochez, Dinée, Gibert, Guipont, Juhel, anciens élèves des Ecoles d'arts et métiers. Édition revue et notablement augmentée, comprenant 3 volumes et 62 planches.

Chaque volume, 4 fr. — L'ouvrage complet, 12 fr.

Ouvrage adopté par le *Ministère de l'Instruction publique* pour les bibliothèques populaires et par la *Ville de Paris* pour les bibliothèques municipales. Honoré de souscriptions du *Ministère du Commerce et de l'Industrie.*

* **MÉCANIQUE ÉLÉMENTAIRE**. 9e édition. 1 volume avec figure et 11 planches . . . . . . . . . . . . . . . . . . . . . . . . 4 fr.

PREMIÈRE PARTIE. — *Arithmétique.* — Numération. — Premières règles. — Fractions. — Système décimal. — Carrés, cubes. — Racines carrées, racines cubiques. — Règles d'intérêt, de mélange et d'alliage. — *Algèbre pratique.* — Équations algébriques. —

Géométrie pratique. — Tracés géométriques et mesure et division des lignes et des angles. — Solides. — Mesures des surfaces des volumes. — *Lignes trigonométriques*. — *Annexe :* Système métrique.

DEUXIÈME PARTIE. — *Mécanique élémentaire, forces, frottements*. — Principe des machines. — Chute, poids, densité des corps. — Forces. — Composition des forces. — Centre de gravité. — Travail des forces et sa mesure. — Équilibre des machines simples. — Frottements et glissements. — Origine des forces produisant le mouvement dans les machines. — Des machines en général.

****MÉCANIQUE DE L'ATELIER.** 8e édition. 1 volume avec 34 figures et 26 planches. . . . . . . . . . . . . . . . . . . . . . 4 fr.

TROISIÈME PARTIE. — Transmissions et transformations de mouvement.

QUATRIÈME PARTIE. — *Résistance des matériaux :* Effort de traction. — Effort de compression. — Force de flexion. — Résistance au cisaillement. — Résistance à la torsion. — Épaisseur des murs. — Pans de bois, planchers et combles.

CINQUIÈME PARTIE. — *Machines motrices à air et hydrauliques. Machines à presser*. — Moulins à vent. — Machines soufflantes. — Scieries. — Appareils et machines à élever l'eau. — Pompes élévatoires. — Machines motrices hydrauliques. — Roues à aubes planes, à aubes courbes. — Roues à augets. — Roues pendantes. — Turbines. — Roues à niveau constant. — Roues à admission intérieure. — Résultats pratiques des divers systèmes de roues hydrauliques. — Presses hydrauliques. — Pressoirs.

***** PRINCIPES ET PRATIQUE DE LA MACHINE A VAPEUR.** 11e édit. 1 vol. avec 36 fig. et 25 planches . . . . . . . . . . 4 fr.

SIXIÈME PARTIE. — *Formation de la vapeur. Chaudières :* De la chaleur. — De la vapeur. — Condensation. — Chaudières à vapeur. — Dimensions. — Consommation

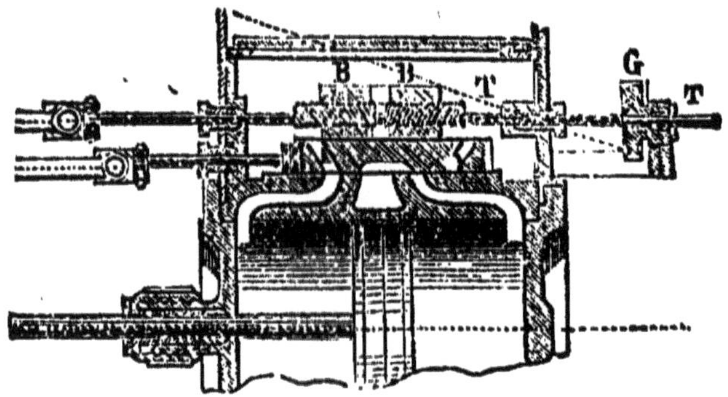


Gravure extraite de *Principes et pratique de la machine à vapeur.*

d'eau et de combustible. — Données sur l'établissement des détails des chaudières.

SEPTIÈME PARTIE. — *Machines motrices à vapeur, à gaz :* Calcul de la puissance et dimensions des pièces principales des machines à vapeur. — Appréciation des divers systèmes de machines. — Principaux types de machines à vapeur admis dans la pratique, de 1869 à 1887. — *Annexes :* Généralités sur les nouvelles chaudières à vapeur. — Principes de la combustion. — Vocabulaire des éléments et des produits divers de la combustion. — Combustibles usuels. — Essais et mise en service des chaudières, des machines. — Matières employées au service des moteurs à vapeur. — Décret sur l'établissement des machines à vapeur.

---

**MÉTÉOROLOGIE AGRICOLE** (*Manuel de*) appliquée aux travaux des champs, à la physiologie végétale et à la prévision du temps, par F. CANU et A. LARBALÉTRIER. 1 vol. avec 3 figures et de nombreux tableaux . . . . . . . . . . . . . 2 fr.

Adopté par le *Ministère de l'Instruction publique* pour les bibliothèques populaires, et par la *Ville de Paris* pour être distribué en prix.

**MÉTIERS MANUELS** (*Le livre des*), répertoire des procédés industriels, tours de main et ficelles d'atelier, recueillis par J.-P. Houzé. Nouvelle édition. 2 vol. avec planches et figures. — **En préparation.**

**MINÉRALOGIE APPLIQUÉE** (*Guide pratique de*), histoire naturelle inorganique ou connaissance des combustibles minéraux, des pierres précieuses, des matériaux de construction, des argiles céramiques, des minerais, etc., par A.-F. Noguès, professeur de sciences physiques et naturelles.

Première Partie. — 1 volume avec 124 figures . . . . 4 fr.

Deuxième Partie. — 1 volume avec 124 figures. . . . . 4 fr.

**MOTEURS MODERNES** (*Les*), à Eau, à Gaz, à **Pétrole** ou **Électriques.** Étude et applications des divers moteurs. Leur

prix de revient, leur installation, leur entretien. — Nouvelle législation concernant les moteurs, etc., par FÉLICIEN MICHOTTE, ingénieur E. C. P., conseil expert, nouvelle édition revue et complétée. 1 vol. avec 76 figures dans le texte. . . . . . . 4 fr.

**MOTOCYCLISTE** (*Guide-Manuel pratique du*). Théorie du moteur à explosion. Moteurs divers. Carburateurs. Allumage. Les motobicyclettes. Les tricycles et quadricycles à pétrole. Apprentissage et conduite des motocycles. Examen du moto-

Gravure extraite du *Guide-Manuel pratique du Motocycliste.*

cycliste. Les pannes. Voyage à motocycle. Soins divers. Entretien. Réparation. Règlement sur la circulation des motocycles, par H. DE GRAFFIGNY, ingénieur civil, professeur d'automobilisme à l'Association philotechnique. 1 volume in-18 avec 94 figures. 4 fr.

**NOUVEAUTÉS** (Voir Tissus, Manuel de Commerce (page 15).

**OIES et CANARDS** (Voir Lapins, page 9).

**OUVRIER MECANICIEN** (Voir page 10).

**PARFUMEUR** (*Guide pratique du*), dictionnaire raisonné des **cosmétiques et parfums**, contenant : la description des substances employées en parfumerie, les altérations ou falsifications qui peuvent les dénaturer, etc., les formules de plus de 500 préparations diverses, par le docteur B. LUNEL. 1 volume rédigé sous forme de dictionnaire. Nouvelle édition. . . . 4 fr.

**PHOTOGRAPHIE** (*Traité pratique de*). **Éléments complets.** Perfectionnements et méthodes nouvelles. Procédé au gélatinobromure, par GEYMET. 4e édition revue et augmentée par Eug. DUMOULIN. 1 volume. . . . . . . . . . . . . . . . 4 fr.

**PHOTOGRAPHIE** (Voir Impressions photographiques, page 8).

**PIANISTE** (*L'Art du*), par J. ROMBU, membre de l'Académie de musique de Bologne. 1 volume. . . . . . . . . . . . . . 4 fr.

**PIGEONS** et **PINTADES** (Voir Lapins, Oies et Canards, page 9).

**PISCICULTURE** et **AQUICULTURE FLUVIALES** (*Manuel de*), appliquées au repeuplement des cours d'eau et à l'élevage en eaux fermées, par Albert LARBALÉTRIER, diplômé

de l'École de Grignon, professeur à l'École d'agriculture du Pas-de-Calais, etc. 3e édit. 1 volume avec figures et tableaux. 4 fr.
**Ouvrage adopté par le *Ministère de l'Instruction publique* pour les bibliothèques populaires.**

**PONTS ET CHAUSSÉES** (*Guide pratique du Conducteur des Ponts et Chaussées et de l'Agent voyer*). Principes de l'art de l'ingénieur, comprenant : plans et nivellements, routes et chemins, ponts et aqueducs, travaux de construction en général et devis, par F. BIROT, ingénieur civil, ancien conducteur des ponts et chaussées. Revu et augmenté.

*Première partie.* — **ROUTES.** — 1 volume accompagné de 12 planches doubles, contenant 99 figures. . . . . . . . . 4 fr.

*Deuxième partie.* — **PONTS.** — 1 volume accompagné de 8 planches doubles, contenant 44 figures. . . . . . . . . . . 4 fr.

**PORCHERIES** (Voir Habitations des animaux, page 7).

**POULES** (*Éducation lucrative des*), ou traité raisonné de gallinoculture, par MARIOT-DIDIEUX, vétérinaire en premier aux remontes de l'armée, membre et lauréat de plusieurs Sociétés savantes. *Nouvelle édition* entièrement revue et mise au courant des derniers perfectionnements, par Abel LINARD, aviculteur. 1 volume. . . . . . . . . . . . . . . . . . . . . . . . . . . . . . 4 fr.

Ouvrage honoré d'une souscription du *Ministère de l'Agriculture.*

**RELIURE** (*L'Art et la pratique en*), par H.-L.-Alph. BLANCHON. 4e édition. 1 volume illustré de 78 figures. . . . . . . . . . 2 fr.

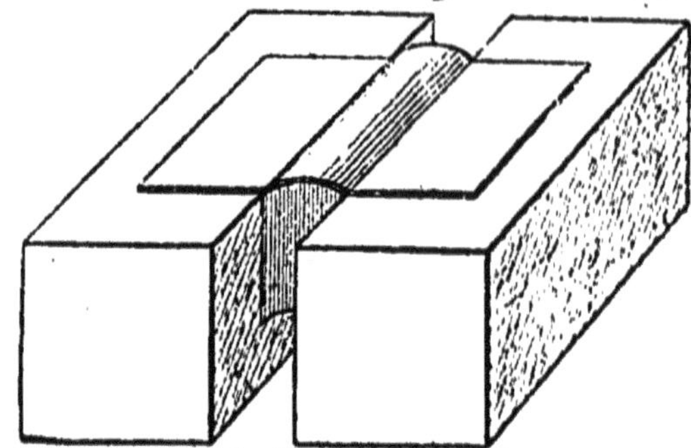

Gravure extraite de *L'Art et la pratique en Reliure.*

Outillage, matières et produits nécessaires aux relieurs. — Opérations préliminaires. — Endossage, rognage. — Ornementation des tranches — Couvrure. — Cartonnage. — Coup d'œil dans le passé. — La reliure moderne. — Dorure et finissage.

Ouvrage honoré d'une souscription du *Ministère de l'Instruction publique.*

**ROUTES** (Voir Ponts et Chaussées, page 14).

**SCIENCES PHYSIQUES** (*Éléments des*), appliquées à l'agriculture, par A.-F. POURIAU, docteur ès sciences, ancien élève de l'École centrale, professeur à l'École d'agriculture de Grignon.

*Première partie.* CHIMIE INORGANIQUE. 1 volume avec 153 figures dans le texte et tableaux. . . . . . . . . . . . . . 4 fr.

*Deuxième partie.* CHIMIE ORGANIQUE. 1 volume avec 65 figures dans le texte et tableaux . . . . . . . . . . . . . . 4 fr.

**SERRURERIE** (*Nouveaux Barèmes de*), par E. ROULAND. 1 volume. . . . . . . . . . . . . . . . . . . . . . . . . . . . . . 4 fr.

*Extrait de la table des matières.* — *Balcons* en barreaux de fer rond, plat, carré avec ou sans ornements. — *Grilles fixes et Grilles ouvrantes* à deux vantaux en barreaux de fer rond avec ou sans petits barreaux, avec ou sans ornements. — *Portes* à un vantail et à deux vantaux en fer à T avec panneaux tôle. — *Poids des fers*, fers plats, carrés, ronds, T et cornières double T. — *Poids des tôles.*

**TISSUS** (*Manuel du commerce des*). *Vade-mecum* du Marchand de Nouveautés, par Edmond BOURDAIN. 1 volume . . . . 3 fr.
Ouvrage adopté par la *Ville de Paris* pour les bibliothèques municles.

**TRAVAIL** (Voir Assurances contre les accidents du, page 1).

**VIE** (Voir Assurances, page 1).

**VIGNERON** (✱ *Guide pratique du*), culture, vendange et vinification, par Fleury-Lacoste, suivi des *Maladies de la* **VIGNE,** causes et effets morbides depuis l'origine de sa culture jusqu'à nos jours, avec les moyens à employer pour les prévenir et les combattre. Précédé d'une description historique et botanique de cette plante précieuse, par Serigne (de Narbonne). 1 volume . . . . . . . . . . . . . . . . . . . . . . 4 fr.

**Ouvrage adopté par le *Ministère de l'Instruction publique* pour les bibliothèques scolaires et populaires.**

**VIN** (*Guide pratique pour reconnaître et corriger les fraudes et maladies du*), par Jacques Brun et Albert Brun. 1 volume, avec de nombreux tableaux. 2e édition revue et augmentée . . 2 fr.

**VINIFICATION** (*Traité complet de*). Art de faire du vin avec toutes les substances fermentescibles, en tout temps et sous tous les climats, par L.-F. Dubief. 8e édition. 1 vol. 4 fr.

**VINS FACTICES** (*Guide de la fabrication des*) et des boissons vineuses en général, ou manière de fabriquer soi-même les vins, cidres, poirés, bières, hydromels, piquettes et toutes sortes de boissons vineuses, par des procédés faciles, économiques et hygiéniques, suivi de l'*Immense Trésor des* **VIGNERONS** et des **Marchands de Vin,** indiquant des moyens inédits pour vieillir instantanément les vins, leur enlever les mauvais goûts, même celui de terroir, colorer les vins blancs en rouge d'une manière hygiénique et sans aucun coupage et éviter leur dégénérescence, par L.-F. Dubief. 5e édition. 1 vol. 4 fr.

**VINS** (*Traité du commerce des*) et autres boissons, par V. et G. Emion. 2e édition. 1 volume avec de nombreux tableaux. 4 fr.

*Extrait de la table des matières.* — EXERCICE DU COMMERCE DES BOISSONS : Personnes qui peuvent exercer le commerce. — Formalités à remplir pour ouvrir des débits de boissons. — Poids et mesures. — Vente. — Conclusion des marchés. — Transport des boissons. — Commerce des boissons avec l'étranger. — Délits et quasi-délits en matière de vente de boissons. — RAPPORTS AVEC LA RÉGIE.

**Envoi *franco* de toute demande accompagnée de son montant, en billets de banque, timbres ou mandats-poste.**

3249. — Imp. Motteroz et Martinet, 7, rue Saint-Benoît, Paris.

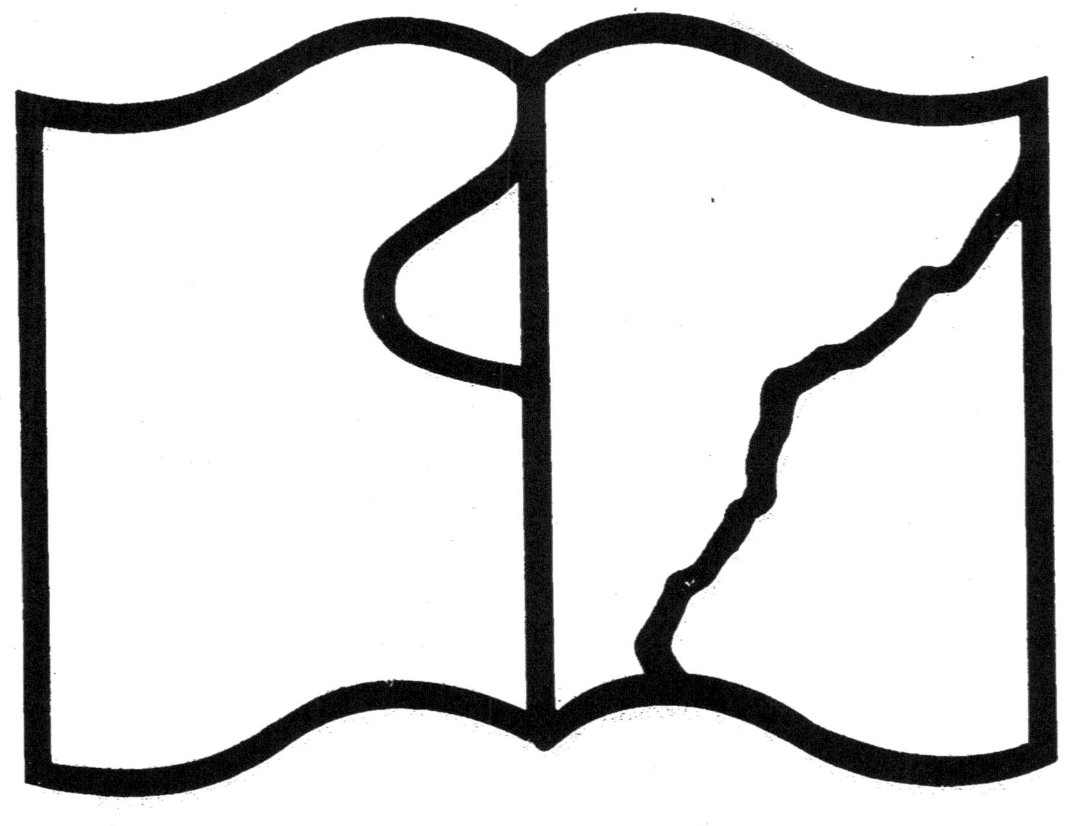

Texte détérioré — reliure défectueuse

**NF Z 43**-120-11

A
B

www.ingramcontent.com/pod-product-compliance
Ingram Content Group UK Ltd.
Pitfield, Milton Keynes, MK11 3LW, UK
UKHW021845190726
13855UKWH00001B/161